我們與動物的距離

在動物身上發現無私的人性

The
BONOBO
And The
ATHEIST

In Search of Humanism Among the Primates

FRANS DE WAAL
法蘭斯．德瓦爾——著 陳信宏——譯

獻給凱瑟琳，我最心愛的靈長類動物。

目次 *Contents*

第一章 人間樂園

人只是上帝無心釀成的錯誤嗎？還是說，上帝是人無心釀成的錯誤？

——弗里德里希・尼采（Friedrich Nietzsche）[1]

我出生於丹波希（Den Bosch），也就是耶羅尼米斯．波希（Hieronymus Bosch）用來為自己命名的那座荷蘭城市。[2]我沒有因此成為這位畫家的專家，但在成長過程中看著他的雕像矗立在市集廣場上，我一直都相當喜歡他的超自然畫風、他的象徵語彙，以及他的作品如何涉及人類在這個上帝影響力日趨衰微的宇宙當中的地位。

他著名的三聯畫《人間樂園》（The Garden of Earthly Delights）描繪了許多裸體人物嬉戲玩耍的情景，是一幅頌揚天堂般純真的作品。中幅呈現的景象太過歡樂放鬆，並不合乎嚴肅拘謹的專家所提出的那種敗德罪惡的詮釋。這幅畫呈現了人類絲毫不受罪惡感與羞恥困擾的模樣，也許是被逐出伊甸園之前的情形，或者這幅畫裡的人類根本就沒有被逐出伊甸園的問題。對於像我這樣的靈長類學家而言，這幅畫裡的裸體、對於性與生育的影射、豐富的鳥兒與果實，以及在群體當中的活動，都是極為熟悉的現象，根本不需要宗教或道德上的詮釋。波希似乎描繪了我們的自然狀態，而把他的道德觀點保留於右幅，在其中懲罰的**不是**中幅裡那些歡樂嬉戲的人物，而是僧侶、修女、貪食者、賭徒、戰士以及酒鬼。波希極為厭惡神職人員以及他們的貪婪，而這點即可解釋畫裡的一個小細節：有個人拒絕把自己的財富簽字讓予一頭戴著道明會修女頭紗的豬。據說那個可憐的傢伙就是畫家自己。

五百年後，我們對宗教在社會上的地位仍然爭辯不休。和波希的時代一樣，中心議題就是道德。我們可以想像一個沒有上帝的世界嗎？這麼一個世界會是良善的世界嗎？可別以為當前的基督教基要主義與科學之間的戰線是由證據決定的。只有完全不受證據資料影響的人，才有可能對演化論抱持懷疑，旨在說服懷疑人士的書本與紀錄片對他們來說都是徒勞。換句話說，這些作品對願意聆聽的人們相當有用，卻引不起其目標對象的注意。這種辯論的重點不在真相，而是在怎麼因應真相。對於相信道德直接來自造物主上帝的人們而言，接受演化論將會開啟道德的深淵。聽聽艾爾．夏普頓牧師（Al Sharpton）怎麼與已故的克里斯多福．希鈞斯（Christopher Hitchens）這位舌尖嘴利的無神論者辯論：「宇宙如果沒有秩序，也沒有制定秩序的某種個體或力量，那麼誰來決定是非黑白？如果沒有任何東西作主，就沒有任何事物會是不道德的。」[3]同樣地，我也聽過有人呼應杜斯妥也夫斯基筆下的伊凡．卡拉馬助夫而說：「如果沒有上帝，我就可以強暴我的鄰居！」

也許只有我這麼想，但我很怕那種只有惦念著信仰才不會做出卑劣行為的人。為什麼不假設我們的人性——包括造就一個宜居社會所需的自我控制——是與生俱來的呢？有人真心認為我們的祖先在沒有宗教之前就沒有社會規範嗎？他們真的從來不會互相幫助，或者對不公平的交易表示抗議嗎？人類必定早在當今的宗教出現之前就擔心過他們社群的運作。畢竟，這些宗教在幾千年前才興起，那麼短暫的時間長度對生物學家而言，根本不值一顧。

圖 1-1 在《人間樂園》的右下角，波希描繪了他自己抗拒著一頭裝扮如修女而正在以吻引誘著他的豬。那頭豬提議他以自己的地產換取救贖（所以才有筆墨以及看似正式文書的紙張）。《人間樂園》繪於一五〇四年左右，大約是馬丁．路德對這類教會作為掀起抗議的十年前。

達賴喇嘛的烏龜

以上這一節的內容，摘自《紐約時報》網站上一個名為「不需上帝的道德？」（Morals without God?）的部落格。我在那個部落格裡主張道德的出現早於宗教，而且我們可以藉由探究其他靈長類動物而對道德的起源獲得許多理解。[4]與一般對於自然的那種血腥觀點恰恰相反，動物並非完全欠缺我們在道德上認同的那些傾向，在我看來，這正顯示了道德其實不像我們以為的那樣是人類創新的結果。

既然這是本書的題目，且讓我描述部落格發表後那個星期所發生的事，好闡述本書談論的主題。我在那個星期飛了一趟歐洲，但就在我飛往歐洲前夕，我在我服務的學校——位於亞特蘭大的埃默里大學——參加了一場關於科學與宗教的會議。那是一場邀請了達賴喇嘛與會的論壇，討論的是他最喜愛的主題：慈悲心。在我看來，懷有慈悲心顯然是生命的一大優點，因此我滿心歡迎這位尊貴的賓客所帶來的訊息。由於我是第一位發言的與談人，因此座位與達賴喇嘛相鄰，周圍環繞著一大叢紅色與黃色的菊花。我事前已經受到指示，當面稱呼他要使用「尊上」（your holiness）一詞，向別人提到他則要稱為「尊者」（his holiness）。我怕搞混，所以乾脆避開任何稱呼。這位全球最受仰慕的人物脫下鞋子，盤腿坐在椅子上，頭上戴著一頂與他的橘色僧袍同色的棒球帽，台下超過三千位聽眾都仔細聆聽他說的每一句話。我在發表簡報之前，信心先被主辦單位打擊了一番，因為他們說現場沒有人是來聽**我**演說，所有人純粹都是為了聆聽**他**的睿智話語而來。

簡報裡，我檢視了動物利他行為的最新證據。舉例來說，猩猩會主動開門讓同伴取得食物，就算自己會因此損失部分的食物也沒關係。捲尾猴也願意為別人尋求獎賞，例如我們把兩隻捲尾猴擺在一起，一次由其中一隻用不同顏色的代幣與我們交易。其中一種顏色的代幣只會讓交易的猴子本身獲得獎賞，另一種顏色的代幣則是會讓兩隻猴子都獲得獎賞。過了不久，兩隻猴子都偏好使用「利社會」的那種代幣。這不是恐懼造成的行為表現，因為最毋需恐懼的優勢猴實際上也最為慷慨。

善行也會自發性地發生。在葉克斯靈長類研究中心（Yerkes Primate Center）的野地研究站，有一頭名叫牡丹的老母黑猩猩，白天都會和其他黑猩猩一起待在戶外。只要遇到天氣不好，她的關節炎就會發作，導致她難以行走與攀爬，這時其他母黑猩猩就會對她提供幫助。牡丹可能氣喘吁吁，努力想要爬上數頭黑猩猩聚集和理毛的攀爬架。這時候，一頭沒有親屬關係的年輕母黑猩猩爬到她身後，兩手托著她豐滿的臀部，使力向上推，直到牡丹加入那群黑猩猩為止。

我們也見過牡丹起身朝著位於一段距離外的室外水龍頭慢慢移動，其他年紀較輕的母黑猩猩有時候會追過她，含一口水，然後回到牡丹身邊把水分給她。我們一開始不曉得那是怎麼一回事，因為我們只是看到別的母黑猩猩把嘴巴湊近牡丹的嘴邊而已。過了一會兒，她們的行為模式已清楚可見：牡丹會把嘴巴張大，年輕母黑猩猩則會把水噴進她嘴裡。

這類觀察合乎動物同理心這個新興領域的觀點，其探討的對象不僅限於靈長類動物，還包括犬、象，甚至是囓齒動物。一個典型的例子，就是黑猩猩如何以擁抱與親吻的方式安慰焦慮的同伴。這種行為深具可預測性，我們已經記錄多達數千起的案例。哺乳類動物對彼此的情緒相當敏感，也會對有需要的對象做出反應。人之所以會在家中擺滿毛茸茸的肉食性動物玩偶，而不是鬣蜥或烏龜，原因就是哺乳類動物擁有爬蟲類全然欠缺的某種特質。哺乳類動物會給予愛意，也想要獲得愛意，並且會對我們的情緒產生反應，就像我們也會對牠們的情緒產生反應一樣。

到這時候為止，達賴喇嘛一直專心聆聽我的發言。不過，他卻在這裡掀起帽簷，打斷我說話。他希望我多談談烏龜。烏龜是他最喜歡的動物，因為傳說中世界就馱在牠們的背上。這位佛教領袖想要知道烏龜是不是也有同理心。他描述了雌海龜怎麼爬上岸找尋下蛋的最佳地點，可見她們對將來的幼仔擁有關懷之心。海龜媽媽要是遇到自己的子女，會有什麼樣的行為表現呢？達賴喇嘛納悶道。在我看來，這樣的過程顯示海龜先天就懂得找出最佳的孵蛋環境。海龜在潮水線之上的沙岸挖出一個洞，產下她的蛋，再用沙子覆蓋起來，並以後鰭肢將沙子壓實，然後就拋下了那個窩。幼海龜幾個月後冒出來，在月光下衝向海裡。牠們從來沒有機會認識自己的母親。

同理心需要對別人有所認知，並且對別人的需求懷有敏感度。這種特質也許始於撫育子女，就像哺乳類動物從事的那種行為。不過，也有證據顯示鳥類同樣具有同理心。我曾經造訪奧地利格呂瑙（Grünau）的康拉德．勞倫茲研究站（Konrad Lorenz Research Station），參觀養在大鳥舍裡的渡鴉。渡鴉是一種令人嘆為觀止的鳥兒，尤其是牠們站在你肩膀上的時候，可以見到那強而有力的黑色嘴喙就在你的臉旁！看著牠們，不禁回想起我在學生時期養過的性情溫馴的寒鴉：牠們同屬鴉科，但寒鴉的體型小了許多。在格呂瑙，科學家觀察渡鴉之間自發性的爭執，而發現旁觀者會對爭執中的鳥兒表現出來的痛苦感受產生反應。輸家可以指望獲得自己的朋友幫忙整理羽毛，或是以喙對喙輕推給予安撫。此外，當初勞倫茲觀察的那群雁的後代，也在那座研究站裡自由放養，身上都裝有測量心率的發報器。由於每一隻成年的雁都有伴侶，也就提供了觀察同理心的機會。一隻雁如果和另一隻雁發生衝突，其伴侶的心跳會跟著加速。那位伴侶就算本身完全沒有涉入衝突，其心跳速度仍然表露了對那場衝突的關切。因此，鳥兒也會感受到彼此的痛苦。

如果鳥類與哺乳類動物都具有某種程度的同理心，那麼這種能力也許可以追溯到牠們共同的爬蟲類祖先。不過，這可不是任何一種爬蟲類都如此，因為多數的爬蟲類都沒有撫育子女的行為。提出大腦邊緣系統是情感中心的美國神經科學家保羅．麥克林（Paul MacLean）指出，撫育行為有一項最明確的象徵，就是年幼動物的「走失叫聲」。幼猴經常這麼做：牠們只要一遭到母親拋下，就會一再叫喚直到她回來為止。在這種時候，牠們會顯得可憐不已，獨自坐在樹枝上，噘起嘴唇，自顧自發出一長串憂傷的「咕咕」聲。麥克林提到，大多數爬蟲類都沒有這種「走失叫聲」，例如蛇、蜥蜴、烏龜都沒有。

不過，少數爬蟲類動物的幼仔確實會在不開心或者遭遇危險的情況下發出叫聲，好獲得母親的照顧。你有沒有抱過鱷魚寶寶？要小心，因為牠們的牙齒相當銳利，但牠們緊迫不安的時候也會（閉著嘴巴）由喉部發出高頻叫聲，牠們的母親只要一聽到這種聲音，就會立刻從水裡衝出來。你要是對爬蟲類動物的情感心存懷疑，那麼這種情形就足以教你學乖了！

我向達賴喇嘛提及這一點，指稱我們只預期具有依附關係的動物會擁有同理心，而爬蟲類動物極少符合這項條件。我不確定這麼說是否令他感到滿意，因為他想知道的對象是烏龜，而烏龜看起來可是比那些滿口尖牙且樣貌凶狠的鱷科怪獸可愛得多。不過，外表是會

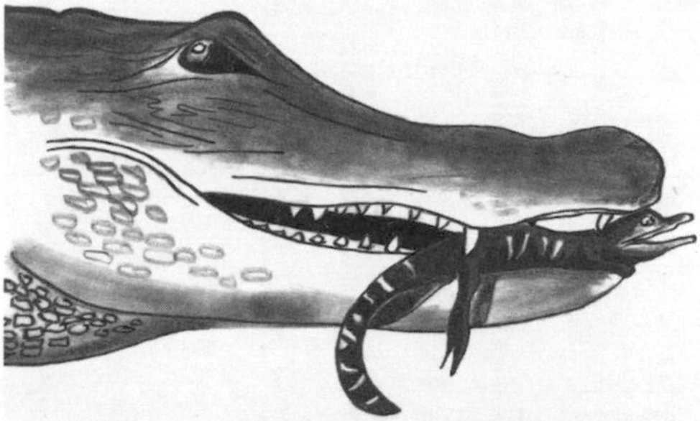

圖 1-2　具有親代撫育行為的爬蟲類動物不多，但現今多數鱷魚會這麼做。圖為一頭母短吻鱷利用血盆大口安然運送幼仔從巢窩到水中的情形。

騙人的。鱷科的某些成員會把自己的幼鱷輕輕啣在大嘴裡或是馱在背上，為幼仔們阻擋危險。牠們有時候甚至會任由幼鱷咬走牠們嘴裡的肉。恐龍也會照顧自己的幼仔。蛇頸龍這種巨型海洋爬蟲類動物甚至可能是胎生的，一次產下單獨一隻幼仔，就像今天的鯨魚一樣。就我們所知，動物產下的幼仔數量愈少，對牠們的照顧就愈周到，所以，一般認為蛇頸龍應該是非常寵愛子女的父母。順帶一提，鳥類也是如此，就科學的觀點來看，牠們正是長了羽毛的恐龍後裔。

達賴喇嘛繼續追問，問我蝴蝶有沒有同理心，於是我忍不住開玩笑說：「牠們沒有時間，牠們只活一天！」蝴蝶的短暫壽命其實是個迷思，但不論這些昆蟲對彼此有什麼感覺，我猜應該與同理心沒有太大的關係。這麼說不是要貶抑達賴喇嘛那個問題背後的要旨，亦即所有動物都會做出對自己與自己的子女最好的選擇。就這種意義上而言，所有的生命都擁有關愛之心。也許不是有意識的關愛，但終究是關愛。他想要表達的觀念，就是慈悲心乃是生命的根本元素。

與瑪瑪打招呼

在這之後，那場論壇的討論焦點就轉向了其他議題，例如怎麼在從事了一輩子慈悲靜坐的佛教僧侶腦中衡量其慈悲心。威斯康辛大學的理查．戴維森（Richard Davidson）談到，來自西藏的僧侶對他提議的神經科學研究邀請裹足不前，因為在他們看來，慈悲明顯不存在大腦當中，而是在心裡！所有人都覺得這點非常滑稽，聽眾裡的僧侶也捧腹大笑。不過，那些僧侶的話有其道理。戴維森後來發現了腦與心的關聯：慈悲靜坐會使人在聽到別人受苦的聲響之時，出現比較快的心跳速度。

我不禁想到勞倫茲的雁。不過，我也對這場充滿光明的心智聚會感到嘆為觀止。達賴喇嘛本身在二〇〇五年曾經談及整合科學與宗教的必要性，於華府舉行的神經科學學會（Society for Neuroscience）年會上，他向數千名科學家提及社會有多麼難以跟上他們的開創性研究：「明顯可見，我們的道德思維完全跟不上我們在知識與力量的獲取上出現的飛快進展。」[5]相較一般致力於分化宗教與科學的做法，這樣的論點多麼令人耳目一新！

在我準備出發前往歐洲的時候，這個主題就一直縈繞在我心中。我獲得達賴喇嘛賜福並且在我的脖子圍上一條哈達（一種白色絲質長圍巾），接著目送他在全副武裝的侍衛伴隨下搭車離開，緊接著我踏上旅途，飛往比利時荷語區的美麗古城根特（Ghent）。這個區域在文化上比較近似尼德蘭（Netherlands）南部——我的故鄉——而不是北部那個我們稱為「荷蘭」（Holland）的區域。雖然我們全都使用相同的語言，但荷蘭北部信奉喀爾文教派，南部省分則因為十六世紀的西班牙統治而保留了天主教信仰，並且遭受了阿爾瓦公爵（Duke of Alva）與宗教裁判所的蹂躪。喜劇團體蒙提．派森（Monty Python）曾在其搞笑電視影集裡針對西班牙王室成立的天主教法庭指出：「沒有人想到後來會出現西班牙宗教裁判所！」但歷史上的宗教裁判所可不是喜劇影集裡那種傻裡傻氣的模樣。在那個時代，你只要膽敢質疑聖母瑪利亞的童貞，宗教裁判所就會以拇指夾酷刑逼迫你改變想法。宗教裁判員刑求犯人不許見血，因此他們非常喜歡採用吊刑——把犯人的雙手綁在身後，從手腕處吊起來，並且在其腳踝掛上重物。這種刑罰極為痛苦，犯人很快就會放棄受孕乃與性行為有關的既有觀念。近來，梵蒂岡致力於淡化宗教裁判所的凶惡形象，聲稱宗教裁判所並未殺害所有的異教徒，而是遵循了標準作業程序。不過，當時主持宗教裁判所的耶穌會教士無疑應當接受一些慈悲心的訓練。

順帶一提，這段古老的歷史也能說明為什麼在荷蘭找不到波希的畫作。波希大部分的作品都掛在馬德里的普拉多美術館。一般認為，《人間樂園》是在一五六八年落入人稱「鐵公爵」的阿爾瓦公爵手裡，因為他在那一年把奧蘭治親王（Prince of Orange）宣告為不法之徒，從而沒收了他所有財產。阿爾瓦公爵把這幅經典名作遺贈給他的兒子，後來又移轉到西班牙國家手上。西班牙人深深仰慕這位他們稱為「El Bosco」的畫家，而他的意象也啟發了胡安・米羅（Joan Miró）與薩爾瓦多・達利（Salvador Dalí）。我第一次走訪普拉多美術館的時候，還無法專心欣賞波希的作品，因為我心裡唯一的念頭就是：「殖民劫掠！」值得讚揚的是，這座美術館現在已經以極高的解析度將這幅熱門畫作數位化，因此任何人都能夠透過Google 地球「擁有」這幅畫。

我在根特的講座結束後，幾位科學家同僚臨時起意，帶我參觀世界上最古老的巴諾布猿動物園收藏。這批收藏始於安特衛普動物園（Antwerp Zoo），現在則收容在普蘭肯戴爾動物園（Planckendael）。由於巴諾布猿是前比利時殖民地的原生物種，會出現在普蘭肯戴爾動物園也就不令人意外。從非洲把巴諾布猿或死或活的樣本帶到歐洲，也是另一種殖民劫掠，但如果沒有這些樣本，我們恐怕永遠不會得知這種稀有猿類。這項發現在一九二九年發生於距離這裡不遠的一座博物館裡，當時一名德國解剖學家檢視了一顆渾圓小巧的頭骨，隨附的標籤指稱屬於一頭幼黑猩猩所有。不過，他卻看出了那是一頭成年猿類的頭骨，只是其頭顱小得異乎尋常。他隨即宣告自己發現了一個新的亞種。可是，他這項宣告在不久之後就相形失色，因為一名美國解剖學家提出了一項更重大的聲明，指稱這是一種全新的物種，擁有極度近似於人的解剖結構。巴諾布猿的體態比其他猿類更加優雅，雙腿也比較長。這個物種被歸為與黑猩猩相同的黑猩猩屬（*Pan*）。這兩位科學家在他們頗為長壽的餘生當中展現了學術較勁的力量，對於究竟是誰得到這項歷史性的發現，一直處於意見分歧的狀態。我曾在一場巴諾布猿的研討會上看到那位美國科學家站起身來，以氣得發抖的嗓音宣稱自己在半個世紀前被人「搶先」發表了他的發現。

那位德國科學家書寫的語言是德文，美國科學家則是使用英文，所以猜猜看，誰的說法獲得比較廣泛的引述？許多語言都感受到英語崛起帶來的壓迫，但我仍樂於以荷語交談，雖然我數十年來都待在海外，說起荷語的反應速度還是比其他語言都要快上一點。一頭年輕的巴諾布猿在一條繩索上盪來盪去，每次經過我們面前就藉著敲擊玻璃吸引我們的注意。我們看著牠，談起牠的臉部表情有多麼像是人類歡笑時的臉。牠玩得很開心，尤其是我們如果裝

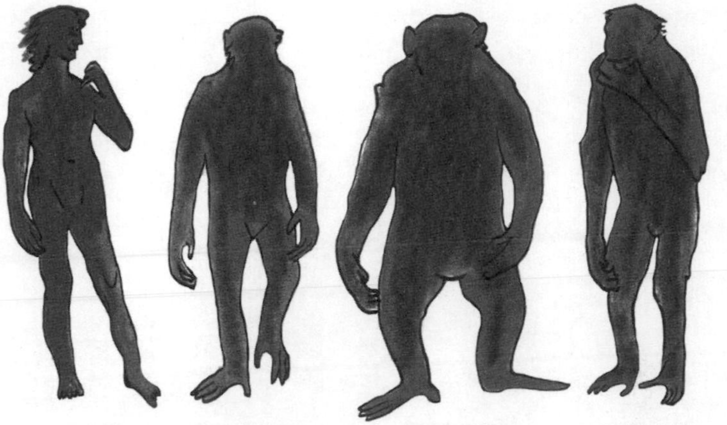

圖 1-3　人類演化過程中，兩足移動需要比較長的雙腿。在所有的猿類當中，巴諾布猿的手臂與腿部比例最接近我們的祖先地猿（本圖並未依照比例繪製：現代人類比其他三種猿類都還要高）。

出害怕的模樣往後跳。現在，我們已無法想像這兩個黑猩猩屬的物種曾被混為一談。美國專家羅伯特・葉克斯（Robert Yerkes）拍過一張著名的照片，他的懷裡抱著兩頭幼猿，並且認為那兩頭都是黑猩猩。這是在巴諾布猿為人所知之前的事情。葉克斯確實提及，其中一頭幼猿的敏感度與同理心遠超過他所知道的其他所有黑猩猩，而且可能也比較聰明。他把這頭幼猿稱為「類人猿天才」，在他的著作《幾近為人》（*Almost Human*）中主要探討的也是這頭「黑猩猩」，而沒有認知到自己面對的其實是最早抵達西方的其中一隻活體巴諾布猿。

普蘭肯戴爾動物園的巴諾布猿群體充分展現了牠們與黑猩猩的不同，因為這個群體的領袖是一頭母猿。生物學家尤溫．史蒂芬斯（Jeroen Stevens）對我說，這個群體長久以來的雌性領袖原本是個不折不扣的鐵娘子，她被送到另一座動物園之後，群體的氣氛就變得輕鬆不少。那頭雌性領袖令大多數巴諾布猿深感害怕，尤其是公猿。現在這個新領袖的個性則比較溫和。動物園之間交換母猿的做法是一種值得稱許的新趨勢，合乎巴諾布猿的自然模式。在野外，幼小的公巴諾布猿從小到大都會待在母親身邊，幼小的母巴諾布猿則會遷徙到別的地方。多年來，動物園都是移動公猿，從而導致一次又一次的災難，因為公巴諾布猿若沒有母親的保護就會遭到痛毆。那些可憐的公猿最後經常被獨自關在動物園的非展示區，以便保全其性命。把公猿留在母親身邊，尊重牠們的情感關係，就得以避免許多問題。

由此可見，巴諾布猿並不是和平天使。不過，也可藉以見到公巴諾布猿是多大的「媽寶」，這點可不是每個人都能認同。有些男人無法接受母猿當權而公猿「懦弱」的現象。我曾在德國發表一場演講，結果聽眾裡一位著名的年邁教授怒聲吼道：「那些公猿是**怎麼回事**？」巴諾布猿時運不濟，於科學界冒出頭的時候正值人類學家與生物學家忙著強調暴力與戰爭，因此也就對這些愛好和平的靈長類近親興趣缺缺。由於沒有人知道該拿牠們怎麼辦，巴諾布猿隨即成了人類演化文獻裡的害群之馬。一名美國人類學家甚至提議乾脆對牠們置之不理，反正牠們也已經瀕臨絕種。[6]

把一個物種的瀕危狀態視為其缺點實在頗不尋常。巴諾布猿有什麼問題嗎？是因為適應不良嗎？不過，絕種的結果不足以推斷物種初始的適應性不佳。渡渡鳥原本生存得相當好，直到水手在模里西斯登陸，發現能輕易地捕食這些不會飛的鳥兒（儘管味道令人作嘔），才因此淪入絕種的命運。同樣地，我們所有的祖先必定也都曾在某一段時期適應良好，儘管他們現在都已不復存在。但我們應該就此不再關注他們嗎？沒有耶，我們對他們的關注從不停歇。每次只要有人對我們的過往發現任何細微的蹤跡，媒體就會瘋狂報導，而這種反應也受到人格化的化石所鼓勵，例如被取名為露西（Lucy）或阿爾迪（Ardi）的化石。

我之所以歡迎巴諾布猿的出現，原因就是牠們與黑猩猩的對比豐富了我們對人類演化的觀點。巴諾布猿顯示我們的傳承不只有雄性支配與排外心態，也有對於和諧的喜愛以及對他人的體貼。既然演化是透過雄性與雌性共同傳承而來，我們衡量人類進步的尺度，也就沒有理由單純只以我們的男性對其他古人類物種打贏多少場仗為標準。[7]關注雌性方面的演變有益無害，對性行為的關注也是如此。就我們所知，我們不是征服了其他群體，而是藉由繁衍吞併了他們，所以我們獲勝的關鍵是愛，而不是戰爭。現代人類帶有尼安德塔人的ＤＮＡ，如果說我們還帶有其他古人類物種的基因，我也不覺得意外。從這個角度來看，巴諾布猿的生活方式就不會顯得那麼怪異。

離開了那些溫和的猿類之後，我接著來到尼德蘭的安亨動物園（Arnhem Zoo）。當初我就是在這裡研究黑猩猩而展開了我的職業生涯。那名德國教授一定會喜歡黑猩猩，因為公黑猩猩擁有至高無上的統治權，而且總是不斷競逐地位，因此我寫了一整本著作探討牠們的社交角力與陰謀詭計，書名為《黑猩猩政治學》（*Chimpanzee Politics*）。在學生時期，我為了獲取生物學教科書無法提供的洞見而開始閱讀尼可羅・馬基維利（Niccolò Machiavelli）。在距離現在已有四十年的那個動盪不安時期，其中一頭扮演了核心角色的公黑猩猩就在我眼皮底下遭到謀害。這起事件在我心中留下的陰影至今仍然揮之不去，一大原因就是攻擊者以殘忍血腥的手法拔除了牠的睪丸。其他占有一席之地的公黑猩猩都在後續幾年接連死去，但牠們的成年兒子至今依然身處該黑猩猩群體中。那些第二代不僅長相與牠們的父親相似得令人膽寒，連呼吼尖叫的聲音聽起來也如出一轍。每一頭黑猩猩都有獨特的嗓音：我以前面對那二十五頭黑猩猩，只要憑聲音就可以把牠們全部分辨出來。我和那些猿類相處得非常自在，也覺得牠們極度迷人，但我對牠們的「友善性」從來不曾懷有任何幻想，儘管牠們在大多數人眼中看來可能顯得頗為友善。牠們非常認真看待牠們的權力遊戲，並且不惜殺害對手。美國發生過寵物黑猩猩殺人或是咬爛人臉的事件，這種情形並不令人意外。畢竟，你要是把一頭野生動物圈養在人類環境裡，讓我們這個脆弱的物種不慎激起牠們的性嫉妒與支配衝動，就不免發生這樣的狀況。單獨一頭成年公黑猩猩就擁有極為強大的肌力（更遑論其尖銳的犬齒與四隻「手」），就算是五個壯丁也絕對壓制不住。在人類周圍圈養長大的黑猩猩，對這點再熟悉不過了。

不過，我在安亨動物園認識的雌性黑猩猩至今仍然活著，尤其是那個群體裡令人難忘的母族長，名叫「瑪瑪」（Mama）。她從來不像巴諾布猿的雌性領袖那樣握有統治權，可是就我記憶所及，她一直是這群黑猩猩當中雌性成員的頭頭。瑪瑪在盛年之時曾經是公黑猩猩權力鬥爭中的活躍參與者。她會號召母黑猩猩支持某一頭公黑猩猩，於是那頭試圖爬到首位的公黑猩猩之後便會欠她一份情。這一頭公黑猩猩最好不要惹惱她，因為瑪瑪要是轉而反對他，他掌權的日子恐怕就此結束。如果有母黑猩猩膽敢支持瑪瑪所不贊同的公黑猩猩，瑪瑪甚至會對她們施以懲罰，就像政黨團體的黨鞭一樣。公黑猩猩在體型上能支配雌性，但母黑猩猩對政治可不是一無所知或者完全置身事外。野生群體中的母黑猩猩經常會置身事外，但安亨動物園的狹小生活範圍不允許她們這麼做，其造成的結果就是兩性之間的權力落差因此縮小。由於所有的雌性黑猩猩都隨時在場，積極互相支持，因此公黑猩猩也就無法避開母黑猩猩的權力障礙。

我向來與瑪瑪相當親近。她每次只要看到我，就會以融合了尊敬與喜愛的姿態向我打招呼。她早在許多年前就會這麼做，現在，只要在一群訪客當中發現我，她也還是如此。我每隔幾年就會走訪這座動物園，有時候也會和她一起從事友誼性的理毛活動。不過，這次我帶著將近一百人同來，他們全都是於動物園會議中心舉行的一場研討會的與會者。隨著我們走向黑猩猩展示區，瑪瑪和另一頭名叫吉咪（Jimmy）的老母黑猩猩一同快步上前迎接我：她們發出一連串的低沉咕噥聲，而且瑪瑪在一段距離之外就對我伸出一隻手。母黑猩猩如果準備移動，同時希望子女跳到她們的背上，通常就會做出這個「過來」的手勢。我也對她做出同樣的手勢，後來又幫忙管理員餵食黑猩猩，把水果拋過壕溝，確保行走速度緩慢且不像其他黑猩猩那麼善於空接柳丁的瑪瑪不會餓肚子。

我們當下就目睹了嫉妒的行為表現，因為瑪瑪的成年女兒莫妮可（Moniek）偷偷接近我們，從四十呎左右的距離之外對我們拋擲了一顆沉重的石頭。要不是我一直注意著她，必定會被她砸中頭。我接住了那顆石頭。莫妮可出生的時候我還在動物園工作，也多次目睹了她有多麼痛恨她母親對我的關注。她也許不記得我，所以也就不曉得瑪瑪為什麼會像看到老朋友一樣熱情招呼這個陌生人。最好丟個東西打他！有些學者認為瞄準投擲是人類特有的行為，和語言演化有關，因此我曾經邀請這項理論的支持者前來親眼目睹黑猩猩在這方面的能力，但從來沒有人接受我的邀請。也許他們知道黑猩猩拋擲的東西不一定是石頭，有可能是穢臭的排泄物。

研討會與會者對瑪瑪和我的重逢頗為感動，因而問起黑猩猩辨識人類的能力有多高，我們辨識黑猩猩的能力又有多高。在我看來，猿類的臉龐就和人臉一樣獨特，儘管我們這兩個物種都偏好自己的同類。這種偏好在不久之前還受到忽略，因為我們原本以為只有人類善於臉部辨識。猿類曾在相同的實驗裡表現遠遜於人類。不過，那些實驗使用了相同的刺激元素，也就是說，猿類接受的是人臉測驗。我把這種現象稱為猿類研究中的「人類中心偏見」（anthropocentric bias），這也正是許多錯誤資訊的來源。我在亞特蘭大的同事莉莎・帕爾（Lisa Parr）利用我在安亭拍攝的好幾百張照片，檢視黑猩猩能否辨識**同類**中的不同個體，結果發現，牠們的表現極為傑出。牠們在電腦螢幕上看見那些照片，有辦法辨別出哪些幼仔是哪些母黑猩猩的子女，甚至在牠們本身不認識照片中那些黑猩猩的情況下也能做到這一點，就像我們翻閱相簿，同樣能單憑臉龐而判斷出哪些人有親戚關係一樣。

在當今這個時代，我們已經愈來愈能接受自己與猿類的親屬關係。的確，人類總是不乏宣稱自己和其他動物不同的說法，但這類獨特性的主張極少可以持續十年以上而不被推翻。

如果我們能在不受過去幾千年來的技術進展所蒙蔽的情況下看待自己這個物種，就會發現我們一樣是血肉之軀，雖然大腦比黑猩猩大了三倍，卻沒有任何新的構成元素。即便是我們吹噓不已的前額葉皮質，和其他靈長類動物相較，大小也是相當一般。沒有人會質疑我們在智力上的優越性，但一切基本需求在我們的近親身上同樣存在。猴子與猩猩都和我們一樣，會追逐權力、享受性交、渴求保障與情感、為了領域而互相殘殺，並且重視信任與合作。沒錯，我們有電腦和飛機，但我們的心理構造仍與一頭社會性靈長類動物無異。

這就是為什麼我們在動物園舉行了一場研討會，探討醫療專業人士與社會學家能夠從靈長類動物學當中學到些什麼。當然，我就是那場研討會上的靈長類動物學家，但我自己也在私下的一場討論裡學到了一些東西。我們談論的是道德的正當性來自何處。道德背後的重要性如果不是來自上天，那麼是來自什麼人或者什麼東西？一位同僚提到，隨著荷蘭人在過去幾十年間變得愈來愈世俗化，也出現了愈來愈嚴重的道德權威問題。現在已不再有人會公開糾正別人，人們也就因此變得愈來愈沒有禮貌。我看到桌旁的眾人紛紛點頭表示同意。這會不會只是老一輩的沮喪埋怨——原因出在他們總是看不慣年輕的一代？還是說真的有這樣的模式存在？世俗化的演變在歐洲四處可見，但其道德影響卻極少受到理解。就連德國政治哲學家尤爾根·哈伯瑪斯（Jürgen Habermas）這位不折不扣的無神論馬克思主義者，也認為宗教的消失或許不全然是一件有益的事情，而指稱「罪孽一旦轉變為過失，有些東西也跟著消失不見」。[8]

無神論的難題

不過，我不認為道德需要由上天賦予重要性。道德的重要性難道不能來自其本身？這樣的觀點在慈悲心當中無疑說得通，而且我們對公平的感受說不定也一樣。幾年前，我們證明了靈長類動物原本很樂於從事一項任務好換取小黃瓜片，但牠們一看到別人獲得美味許多的葡萄之後，就開始躁動不安，拋下小黃瓜展開罷工。原本完全可以接受的小黃瓜片，卻因為牠們看見同伴取得更好的東西而突然變得難以下嚥。我們稱之為**不公平厭惡**（inequity aversion），這項主題後來也在其他動物身上受到探究，包括狗在內。一條狗會在沒有獎賞的情況下反覆從事一項把戲，但只要看見另一條狗因為從事同樣的把戲而得到香腸切片，就會立刻拒絕繼續從事那項把戲。

這類發現對人類道德有所影響。根據大多數哲學家的說法，我們會以理性推論引導自己邁向道德真理。他們就算沒有談到上帝，提議的也是一種由上而下的程序，也就是我們先構想出原則，再強加在人類行為上。可是，道德思慮真的是發生在那麼崇高的層面上嗎？道德思慮難道不必奠基於我們的本性與本質之中嗎？舉例來說，如果不是我們早就有體貼別人的先天傾向，那麼敦促人表現出這樣的行為，會是切合實際的做法嗎？如果不是我們原本就對不公不義的事情有強烈反應，訴諸這些概念會是合理的做法嗎？想像看看，我們所做的每一項決定如果都必須由承繼而來的邏輯加以檢驗，將會是多麼沉重的認知負擔。我深深信奉大衛・休謨（David Hume）的這項主張：理性是情感的奴隸。我們一開始先有道德情感與直覺，而這也是我們和其他靈長類動物最具銜接性的特點。我們不是透過理性思考從無到有發展出道德，而是從我們身為社會性動物的背景當中獲得了一大助力。

但另一方面，我也不願把黑猩猩稱為「道德個體」，原因是光有情感並不足夠。我們致力追求一套在邏輯上一致的體系，也一再辯論死刑怎麼適用於生命神聖性的論點，或是非自我選擇的性取向有沒有可能在道德上是錯誤的。這些辯論都是人類所獨有。沒有什麼證據顯示其他動物會對「不直接涉及自己的行為」判斷其適切性。芬蘭人類學家愛德華・韋斯特馬克（Edward Westermarck）這位道德研究先驅解釋，道德情感與個人的當下處境無關，反而是就客觀層面以較抽象的思維處理善與惡。這就是人類道德的獨特之處：一種追求普世標準的行為，結合了一套賦予辯證並且施行監控與懲罰的繁複系統。

宗教就是在這個面向發揮作用。想想慈悲心背後的支持敘事，例如好撒馬利亞人的寓言，或是對我們的公平感所提出的挑戰，例如葡萄園工人的寓言及其著名的結論：「那最後的將要最前，最前的將要最後了。」除此之外，我們對獎懲還懷有近乎心理學家伯爾赫斯．弗雷德里克．史金納（B. F. Skinner）那般的愛好——例如，認為殉身者會在天堂獲得處女陪伴，以及罪人會遭到地獄火焚燒——也會利用別人追求「讚賞」（如亞當．史密斯〔Adam Smith〕所言）的渴望。實際上，人類對公眾意見極為敏感，只要看見牆上貼著一張兩隻眼睛的圖片，就會表現出良好的行為。宗教早在許久以前就懂得這一點，而使用全視之眼的圖像象徵無所不知的上帝。

不過，即便只是賦予宗教這麼輕微的角色，有些人還是覺得難以接受。過去幾年來，我們已經習於咄咄逼人的無神論者指稱上帝沒什麼了不起（克里斯多福．希鈞斯）或者這只是妄想（理查．道金斯〔Richard Dawkins〕）。新無神論者自稱為「明智的一群」，暗指宗教信徒不太明智。他們把聖保羅認為「非信徒活在黑暗中」的觀點取代為相反的說法：非信徒才是唯一見過光明的一群。他們敦促世人信賴科學，希望把倫理學植根於自然主義的世界觀。在他們對宗教組織及其「主教長」*——諸如教宗、主教、超級傳教士、什葉派領袖

＊ 譯註：primate一詞本身即有主教和靈長類動物的意思。

與猶太教拉比——所抱持的懷疑之中，我確實和他們有志一同。可是，貶低許許多多認為宗教有其價值的人士，能帶來什麼好處呢？更切題的是，科學能提供什麼其他選項？科學的用處不在於闡釋生命的意義，更不在於告訴我們怎麼過我們的人生。英國哲學家約翰・格雷（John Gray）這麼說：「……科學不是巫術。知識的成長擴張了人類能做的事情，但不會改變人類的本質。」[9]我們科學家善於解析事物為何會是當下這個模樣或者事物的運作方式，而且我也確信生物學有助於我們了解道德為何會是這個樣貌。不過，要憑藉這一點提供道德忠告，就未免太牽強了。

生長在西方社會的人士當中，即便是最堅定的無神論者，也絕對不免吸收到基督教的基本信條。我身處其中的歐洲北部文化雖然愈來愈世俗化，那裡的人民卻還是認為自己懷有以基督教為主的觀點。人類在任何地方所成就的一切，不論是建築、音樂、藝術還是科學，都是與宗教共同發展，而不是分開進行。因此，我們不可能知道沒有宗教的道德會是什麼模樣。要得知這一點，就必須探究一個從來沒有過宗教的人類文化。然而足以令我們深思的是，這麼一種文化從來不曾存在過。

波希也對這個議題天人交戰過——不是要成為無神論者，當時的他沒有這個選項。他思索的是科學在社會中的位置。他筆下那些把漏斗倒過來戴在頭上的小小人物，或是背景裡那

圖 1-4　波希的畫作充滿了對鍊金術——化學的神祕主義先驅——的指涉。上圖為《人間樂園》中最醒目的人物，一般稱為「蛋人」或「樹人」，頭上戴著一個轉盤，上面有個通常用來作為鍊金容器的裝置，看起來像是冒著煙的風笛。

些呈現蒸餾瓶與火爐形狀的建築物，都指涉了化學實驗儀器。不論我們現在怎麼看待科學，都應當要知道，科學在一開始並不是一種非常理性的活動。鍊金術在波希的時代進展快速，但其中不但摻雜迷信，也充斥了騙子與冒牌貨，波希就以高度的幽默感描繪了他們在輕信易欺的觀眾面前表演的模樣。鍊金術後來擺脫了這些影響並且發展出自我修正的程序之後，才轉變為實證科學。不過，科學可以怎麼對道德社會有所貢獻，至今仍然沒有明確的答案。

當然，其他靈長類動物完全沒有這些問題，即便牠們同樣致力於追求某種形式的社會。在牠們的行為中，可以看出我們自己所追求的相同價值。舉例來說，有人觀察過母黑猩猩拉著心不甘情不願的公黑猩猩與剛剛發生爭吵的對象重新和好，並且取走牠們手中的武器。此外，高階公黑猩猩也經常扮演公正中立的仲裁者角色，化解社群裡的爭端。我把這些**社群關懷**的行為表現視為一種徵象，顯示道德的構成元素可能比人類歷史更加久遠，而且不需要以上帝之名來解釋我們怎麼發展成今天這種樣貌。另一方面，如果我們把宗教排除在社會之外，會造成什麼樣的後果？我不認為科學與自然主義世界觀足以填補此一空缺，成為鼓舞善行的力量。

那場為期一週的橫越大西洋旅程的結尾，我在回程班機上終於有時間瀏覽我的「不需上帝的道德？」部落格引來的將近七百則留言。其中大部分留言都充滿建設性與支持，認為道德的起源確實存在著灰色地帶。不過，無神論者卻也忍不住利用這個機會進一步挖苦宗教，從而忽略了我的用意。對我來說，理解人類對宗教的需求遠勝於抨擊宗教。無神論的中心議題，也就是上帝的（不）存在，在我看來實在極度乏味。對於一個沒有人能夠證明其真偽的東西是否存在，這類爭辯可以為我們帶來什麼好處？艾倫・狄波頓（Alain de Botton）在二○一二年引發不滿的聲浪，原因是他在《宗教的慰藉》（*Religion for Atheists*）這部著作的開頭寫下了這麼一句話：「面對任何一門宗教，最無聊且毫無效益的一件事，就是質問這門宗教是不是**真的**——是否確實在號角齊鳴的樂音中由上天交付給人類。」[10]不過，對有些人而言，這卻是他們唯一得以談論的議題。我們怎麼會陷入這種目光如豆的狀態？彷彿所有人都加入了辯論社，唯一能做的就是一較輸贏？

科學不是一切事物的答案。我在求學期間學到了「自然主義謬誤」，也學到了科學家如果認為自己的研究能夠闡明是非之間的分別，將是傲慢的極致。請注意，那是在第二次世界大戰結束後不久，當時那場戰爭中的巨大邪惡力量就是被一項自主演化的科學理論賦予了正當性。科學家深深涉入種族滅絕的行動，從事了難以想像的實驗。他們把兒童縫合在一起藉以製造連體雙胞胎，在沒有麻醉的情況下對活人動手術，並且以外科手段在人體上變更肢體與眼睛的位置。我從來不曾忘卻那個黑暗的戰後時期，當時每個說話帶有德國口音的科學家都被視為嫌犯。不過，美國與英國的科學家也並不無辜，就是他們在二十世紀初期為我們帶來了優生學。他們提倡種族歧視的移民法，並且對聾人、盲人、精神病患、殘障人士以及罪犯與少數種族強制絕育。這種手術都在被害者因其他理由上醫院的時候暗中對他們施行。如果有人不希望把這段汙穢的歷史怪罪在科學上，而寧可把那些做法稱為偽科學，那麼他們應該要知道，許多大學都曾經把優生學視為一門正經的學科。到了一九三〇年，英國、瑞典、瑞士、俄羅斯、美國、德國與挪威都有專門研究這門學科的機構。其理論受到著名人物的支持，包括美國總統在內。優生學的創始者，英國人類學家暨博學家法蘭西斯．高爾頓（Francis Galton），不但成為皇家學會的會員，並且在提出改進人類種族的觀念之後還獲得封爵。值得一提的是，高爾頓認為一般百姓「太過卑賤，無法從事現代文明的日常工作」。[11]

等到希特勒和他的爪牙出現之後，才終於揭露了這些觀念有多麼道德淪喪。由此造成的一項不可避免的結果，就是人們對科學的信心大幅下滑，生物學尤其如此。直到一九七〇年代，生物學家仍然經常被人視同法西斯主義者，例如對「社會生物學」提出激烈抗議的人士就是這麼宣稱。身為生物學家，我很高興那些充滿火藥味的日子已經過去，但同時我也不禁納悶，怎麼有人可以忘卻這一切，而把科學吹捧為我們的道德救星？我們是怎麼從深刻的不信任轉變為這種天真的樂觀心態？我雖然滿心歡迎道德科學的出現——我本身的研究就屬於其中——但我無法理解呼籲科學決定人類價值觀的說法（套用山姆・哈里斯〔Sam Harris〕的著作《道德風景》〔*The Moral Landscape*〕的副標題）。[12]偽科學已經不復存在了嗎？現代科學家已經不會受到道德偏見的影響了嗎？想想才幾十年前發生在塔斯基吉（Tuskegee）的梅毒實驗，或是關塔那摩灣監獄的虐囚行為持續有醫師參與其中的現象。[13]我對科學的道德純潔性深感懷疑，並且認為科學頂多只能為道德提供支持，絕對不該扮演超越此一層次的角色。

這種混淆似乎源自一種錯覺，認為打造美好社會唯一需要的就是更多的知識。這種想法認為，我們一旦找出了道德的核心演算法，就可以安心的把問題交給科學。科學會保證做出最好的選擇。這種想法有點像是認為一位著名的藝評家必定也是傑出的畫家，或者美食評論家必定也是傑出的廚師。畢竟，評論家能對特定產品提出深刻的洞見，他們既然擁有適當的知識，何不把工作交給他們處理呢？然而，評論家的專長是事後評估而不是創造，創造需要的是直覺、技術與願景。就算科學有助於我們理解道德的運作方式，也不表示科學有辦法指引道德，就像我們不該期待一個知道雞蛋吃起來該是什麼味道的人能夠下蛋一樣。

把道德視為一套不可變的原則或者律法，只有人類才能發現，這種觀點終究來自宗教。

這些律法究竟是由上帝、人類理性還是科學所制定，其實不重要。這些管道都同樣是由上而下，其主要前提就是人類不懂得怎麼守規矩，一定要由別人告訴他們。可是，道德如果是創造於日常的社會互動之中，而不是在某種抽象的心理層次上呢？道德的基礎如果是情感——這種大部分時候都無法受到科學喜愛、擁有清楚明確的分類方式——的東西呢？本書的要點既然是主張一種由下而上的發展進程，顯然我還會再回頭探討這個議題。我的觀點與我們對人腦與心智運作方式的理解一致，也就是認為本能反應先於理性解釋，這與演化過程造就動物行為的方式一致。一個適當的起點就是認知我們身為社會性動物的背景，以及這種背景如何促使我們傾向以什麼樣的方式互相對待。這種觀點在當今這個時代絕對值得注意，因為即便是自稱無神論者的人士也擺脫不了半宗教性的道德，滿心認為科學界那些白袍祭司如果能取代身穿僧袍的宗教祭司，世界就會因此變得更好。

第二章

解釋善性

社會本能會致使動物在同類的陪伴中獲得樂趣，對他們懷有一定程度的喜好，並且為他們提供若干服務。

——查爾斯・達爾文（Charles Darwin）[1]

阿莫斯（Amos）是我見過的公黑猩猩當中數一數二俊美的，唯一的例外也許是他把兩顆大蘋果同時塞進嘴裡的那一天，而他的那個舉動也再度讓我意識到，黑猩猩能做出許多我們做不到的事情。他有一雙大眼睛，嵌在一張和善而勻稱的臉龐裡，還有一身濃密閃亮的黑毛，手臂與雙腿也有清楚的肌肉線條。他從來不像有些公黑猩猩那樣攻擊性過強，但盛年期間仍有無比自信。阿莫斯備受喜愛，他死的時候我們有些人都不禁落淚，他的猿類同胞也在那幾天靜得令人發毛，連胃口都受到了影響。

我們當時不曉得他出了什麼問題，直到死後驗屍才知道除了大幅腫脹的肝臟占滿了腹部之外，還有不少癌化增生。他的體重在前一年掉了百分之十五，儘管病況必定是從幾年前就已經開始惡化，他卻一直表現得與正常無異，直到身體再也支撐不住為止。阿莫斯一定有好幾個月都生活在痛苦之中，但他只要稍微表現出衰弱的模樣，必定會導致其社會地位喪失。黑猩猩似乎懂得這一點。野地裡，一頭瘸了腿的黑猩猩被觀察到自行孤立獨處了幾個星期養傷，但在這段期間仍然偶爾會現身猩群當中，展現出健壯又充滿活力的模樣，然後再退出其他猩群成員的視線之外。這麼一來，就沒有成員會對他起疑。

阿莫斯直到死前一天才表露他的病況，當時我們發現他的喘息速率達每分鐘六十口氣，臉上不停冒汗，其他黑猩猩都在外頭的陽光下，唯獨他坐在夜間圍欄裡的一口麻布袋上。阿莫斯拒絕出去戶外，於是我們把他隔離開來，等待獸醫撥空前來檢查。不過，其他黑猩猩一再回到室內探望他，我們只好把阿莫斯前方的門打開一道小縫，讓其他黑猩猩能接觸他。阿莫斯刻意坐在那道門縫旁，一頭名叫黛西的母黑猩猩於是輕柔地抱住他的頭，為他耳朵後方的柔軟部位理毛。接著，她把大量的木屑透過縫隙推進門內，這是黑猩猩喜歡用來築巢的材料。牠們會把木屑鋪在自己的身旁四周，然後睡在上面。黛西給了阿莫斯這些木屑之後，我們又看到一頭公黑猩猩也跟著這麼做。由於阿莫斯背靠著牆坐而沒有理會那些木屑，於是黛西數度從門縫伸手進來，把木屑塞在他的背部與牆壁之間。

這種情形實在引人注目。這豈不表示黛西意識到阿莫斯必定身體不適，所以靠在柔軟的東西上會比較舒服，就像我們在醫院也會幫病患背後墊個枕頭一樣嗎？黛西也許是從**自己**對木屑的感覺推斷出這一點，而且我們也確實認為她是個「木屑狂」（她通常不會分享木屑，只是自己大量囤積）。我相信猿類會採納他人的觀點，尤其是對遭遇困難的朋友。的確，這類能力在實驗室裡接受測試的時候，並不是每次都能獲得證實，但那些研究通常都是要求猩猩在某種人造情境裡理解**人類**。先前已經提過，我們的科學帶有人類中心偏見。在猿類對猿類的相同實驗操作下，黑猩猩的表現就好上許多，而在野地裡，牠們更是會關注其他同伴已知或未知的事物。[2] 因此，對於黛西似乎能夠理解阿莫斯的處境，我們不該覺得意外。

第二天，阿莫斯就接受了安樂死。他已經沒有活命的希望，繼續拖下去只會讓他痛苦更久而已。這起事件闡明了靈長類動物社會生活的兩個對比面向。第一，靈長類生活在一個殘酷的世界裡，迫使雄性必須盡力隱藏生理上的障礙好擺出強悍的表象。但第二，靈長類也是緊密社群裡的一分子，可以指望獲得別人的喜愛與協助，包括非親屬在內。這種雙重性很難理解。廣受大眾喜愛的書寫者偏好簡化實際狀況，不是以霍布斯式的赤裸筆法把黑猩猩的生活描寫得凶惡殘暴，不然就是只強調牠們和善的一面。不過，實際上絕對不是像這樣二擇一，兩種狀況始終並存。如果有人提問，黑猩猩既然有時會互相殘殺，怎麼可能算是擁有同理心的動物？我總是這麼反問：按照同樣的標準，那麼我們是不是也該徹底揚棄人類擁有同理心的概念？

這種雙重性非常重要。我們如果全都溫和善良，道德就會是一種多餘的東西。如果人類總是互相同情，從來不會偷竊、不會在背後捅別人一刀、不會覬覦別人的妻子，那我們還有什麼好擔心的呢？顯然人類不是這樣的動物，這也就說明了道德法則的必要性。另一方面，我們可以設計無數的規則提倡對別人的尊重與關懷，倘若我們原本就沒有這樣的傾向，那麼這些規則也絕不會有任何用處。在那種情況下，這些規則就會像是撒在玻璃上的種子一樣，根本沒有生根發芽的機會。人類之所以得辨別是非，正是因為我們生來就同時具有行善與做惡的能力。

黛西協助阿莫斯的行為在生物學上算是「利他行為」的表現，其定義就是會導致某個個體付出代價（例如冒險或者耗費精力），但是去執行利於他人的行為。不過，生物學對利他行為的討論通常不涉及動機，只關注這類行為如何影響他人，以及為什麼會演化出這種行為。這項辯論雖然已有一百五十年以上的歷史，卻在過去幾十年才成為注目焦點。

基因觀點

「先戴好你自己的氧氣面罩，再幫助別人。」每架班機起飛前的安全須知都這麼提醒我們。我們要實踐利他行為前，必須先照顧好自己，此一領域的一位主要理論家，就是因為沒做到這一點而釀成了悲劇。以色列科學史學家奧倫．赫爾曼（Oren Harman）在《利他行為的代價》（*The Price of Altruism*）這部引人入勝的著作裡描述了這個故事。

喬治．普萊斯（George Price）是一名古怪的美國化學家，一九六七年搬到倫敦，在那裡成為族群遺傳學家，嘗試以高明的數學公式解開利他行為之謎。不過，他卻難以解決自

圖 2-1 肯亞平原上的大象利他行為。葛蕾絲（Grace，右）以自己的象牙把跌倒在地而且重達三噸的艾蓮娜（Eleanor）扶起來，並且試圖藉由推她而促使她自己行走。不過，艾蓮娜再度跌倒而最終死亡，葛蕾絲因此以不斷產生分泌物的顳腺發出聲響──一種極度哀傷的表徵。由於這兩頭大象分別是不同象群的首領，因此可能沒有親屬關係。

己的問題。他在人生前半段對別人毫不體貼（拋棄了妻女，對他年邁的母親而言也是個非常差勁的兒子），但後半生卻擺盪到了另一個極端。他原本是堅定的懷疑論者暨無神論者，後來卻成了虔誠的基督徒，全心全力為倫敦市的遊民奉獻。他放棄自己全部的財產，也不照顧自己的健康。到了五十歲，他已瘦弱得像老人一樣，還有一口爛牙與沙啞的嗓音。一九七五年，普萊斯以一把剪刀終結了自己的性命。

普萊斯依循長久以來的傳統，也喜歡以利他行為與自私表現互相對比。這兩者的對比愈強烈，利他行為起源的謎就愈深沉。當然，這類謎團可是所在多有。蜜蜂會為了保衛蜂窩而在螫刺敵人之後死亡，黑猩猩會在遭到花豹攻擊時彼此相救，松鼠會發出叫聲向其他同類警告危險，大象會試圖扶起死亡的同伴。可是，動物為什麼會做出替別人著想的行為？這樣不是違背了自然法則嗎？

科學家熱切研究、辯論以及爭執這個理論問題。這個問題在外人眼中雖然顯得艱澀，但在行為生物學與演化心理學的近期進展中卻具有核心地位。除了普萊斯戲劇性的一生之外，還有許多重大事件與個人經歷，例如著名的英國演化生物學家約翰．梅納德．史密斯（John Maynard Smith）在更加知名的霍爾丹（J. B. S. Haldane）臨終之前帶了一本著作給他，書中聲稱鳥類會減少生育以避免群體成員數量過多。這在生物學家眼中算是利他行為，因為此舉即是在自己付出代價的情況下容許別人繁殖下一代。不過，這個觀念後來廣遭嘲笑，原因是動物極不可能把大我置於小我之前。霍爾丹當下就看出了問題所在，面帶一抹挖苦的微笑對他的探視者說：

是這樣的，有一群黑琴雞，所有的公雞都趾高氣昂地走來走去，然後不時會有一隻母雞飛過來，於是其中一隻公雞就會和她交配。牠們還有一根木條，每次和母雞交配之後，公雞就會在木條上刻出一小道痕跡。等到刻了十二道之後，如果又有一隻母雞飛來，牠們就會說：「夠了，女士們，別再來了！」[3]

科普作家經常強調各種特徵如何有助於物種或群體的生存，但大多數的生物學家——包括我在內——都相當厭惡強調群體層次的演化情境。這是因為大部分的群體都不會表現得像遺傳單位一樣。舉例來說，靈長類動物當中，一個性別的成員幾乎全都會在青春期離開自己的群體加入鄰近的其他群體（大多數的猴子是雄性，猿類則是雌性），就像人類的不同部落也經常會互相通婚。這種現象造成了親屬世系的高度模糊化。靈長類群體在遺傳上「充滿漏洞」*，不太可能受到天擇的影響。唯一可能合乎自然選擇的單位是以共享基因為基礎的團體，例如家族。霍爾丹是以「基因觀點」看待演化的主要建構者之一，從基因的角度來看，利他行為就帶有特殊的意義。一個個體就算犧牲自己的性命用以拯救一名親屬，還是能促成自己與那名親屬共有的基因存續下去，因此，幫助親屬就等於是幫助自己。據說，霍爾丹曾經在喝得醉醺醺的情況下口齒不清地說：「我願意為了救兩個兄弟和八個表親而跳進河裡。」這句話預示了後來威廉．漢密爾頓（William Hamilton）提議的親屬選擇理論——他是達爾文以降最聰明也最和善的生物學家。

我特別強調「最和善」，藉以突顯漢密爾頓與另一名科學家的對比：那名科學家在一篇文章裡創造了「親屬選擇」一詞，於文中盜用漢密爾頓的觀念而沒有標註他的姓名。那名科學家就是先前提過的梅納德．史密斯，據說他聽到漢密爾頓的想法後大呼一聲：「對啊，我怎麼沒想到呢！」[4] 漢密爾頓後來發現，自己的開創性論文是在某個匿名審查者的拖延下而遲遲未能發表，於是從此對史密斯懷有深切的怨恨，儘管獲得對方多次道歉仍無濟於事。普萊斯也差點遭遇同樣的命運，只因為史密斯想要感謝他提出克制性作戰的觀念（「毒蛇為什麼不把致命的毒牙用來對付彼此？」）。所幸，普萊斯在這件事情上獲得了共同作者的地位。

一開始，親屬選擇支配了一切關於利他行為的討論，原因是當時的焦點都放在生活於近親群體當中的蜜蜂與白蟻這類社會性昆蟲上。不過，另一項解釋後來也取得了同樣的知名度。美國演化生物學家羅伯特．崔弗斯（Robert Trivers）提議指出，非親屬之間的合作經常仰賴互惠性的利他行為：這種幫助行為雖然在短期內會對自己造成高昂代價，但只要獲得回

＊譯註：意指基因會在不同群體之間進進出出的現象。

報，就可以帶來長期效益。假如我在一個朋友差點溺水的情況下救了他，而他日後也在類似的情況下救我一命，那麼，我們兩人都會比獨自求生來得好。互惠性利他行為可以讓合作網絡擴展至親屬關係之外。

不意外，此一漫長辯論當中的大多數參與者都懷有強烈的政治定見。其中之一的英國統計學家暨生物學家羅納德·費雪（Ronald Fisher）是堅定的優生學倡導者，認為人類需要遺傳上的改良。另一人是匈牙利裔美籍賽局理論家約翰·馮紐曼（John von Neumann），他對自己的計算結果深感著迷，而在一九五五年敦促美國參議院以原子彈轟炸蘇聯，聲稱：「你們如果問說為什麼不明天再炸他們，那麼我就要問，為什麼不是今天？」[5]不過，其他人則是貨真價實的共產主義者，而且不出意外地，早期還包括了彼得·克魯泡特金（Petr Kropotkin）這位俄國無政府主義親王。儘管反對者指控演化生物學是右翼的陰謀，利他行為的辯論卻主要發生在意識形態光譜當中的左派，而不是右派。我對這點有第一手的理解，因為崔弗斯與已故的漢密爾頓偶爾會在加州的格魯特法律暨行為研究院（Gruter Institute for Law and Behavioral Research）舉行的會議上碰面，而我身為此一研究院的成員已有數十年之久。我曾經訪談崔弗斯，詢問了他的理論帶來的影響。他的其中一段答覆如下：

德瓦爾：我在你論文的字裡行間看出了一種社會責任感，和當初促使克魯泡特金發展出他那些觀念的感受是相同的……

崔弗斯：你對我的政治偏好解讀無誤。我當初放棄數學、想著在大學要做什麼的時候，我對自己說（自我嘲諷的誇張語調）：「好，我要成為律師，為民權以及對抗貧窮而奮鬥！」有人提議我主修美國史，可是你知道，在一九六〇年代早期那個時候，那個學科的書全都充滿了自吹自擂。結果我選了生物學。

由於我仍屬政治自由派，因此看到單純鑽研這項互謀其利的論點，就能夠立刻為正義與公平的產生提出解釋，對我而言，這在情感上是一項相當令人滿意的事情，因為這種想法與生物學中那種強者權利的糟糕傳統，分屬對立的兩側。[6]

漢密爾頓出席了普萊斯的喪禮之後，隨即前往一間遭流浪漢占據的公寓救回那位已故科學家的文件，指稱自己與在人生尾聲開始和上帝交談的普萊斯（「我盡力在一切事物上扮演主的奴隸，所有大小事都交給祂決定」）[7]感到極為親近。普萊斯之所以自戕，有一種解釋是他對自己的計算所產生的負面影響深感懊惱，例如，他認為要發展出對內團體的忠誠，不可能不伴隨著對外團體的凌虐、強暴與殘殺。他對伴隨著利他行為出現的相反那一面深感絕望。不過普萊斯也認為，自利會阻礙真正的利他精神。在他藉由測試自己自我犧牲的能力以探索人性邊界的努力當中，這項巨大的誤解恐怕導致他付出了生命的代價。更別提大多數人的利他行為都不是以這種方式運作。人類的利他行為源自對身處困境的人懷有的同理心，而同理心的重點就在於模糊自我與他者之間的界線，這點無疑導致自私與非自私動機之間的差別顯得迷濛不清。

崔弗斯體認到，人類利他行為的理論必定不能不包含同理心，於是對漢密爾頓測試此一概念：「我在很久以前向漢密爾頓提起這一點，我說：『那同理心呢？』結果他反問：『什麼是同理心？』彷彿同理心不存在，彷彿根本沒這回事。」[8]我應該要指出，這實在太可惜了，因為關注同理心的運作方式也許能減少源自基因的爭議與困惑。遺傳與行為之間的道路絕非直截了當，除了基因，產生利他行為的心理狀態也應該受到重視。早期理論的錯誤就出在忽略了這些複雜關係。

同理心主要是哺乳類動物的特徵，因此更嚴重的錯誤是，多位傑出的思想家把各式各樣的利他行為都混為一談。蜜蜂願意為自己所屬的蜂群而死；數以百萬計的黏菌細胞匯聚成蛞蝓般的單一生物體，僅讓少數個體繁殖。這種犧牲被視為與人跳進冰冷河水搭救陌生人，或者與黑猩猩分享食物給嗚咽孤兒的行為屬同一個層次。從演化觀點來看，這兩種幫助行為確實可以相提並論；但就心理學而言，這兩者卻是天差地遠。黏菌會像我們一樣擁有動機嗎？至於蜜蜂螫刺入侵者，驅使牠們的應該是攻擊性，而不是我們認為促成利他行為的善性動機。哺乳類動物擁有我所謂的「利他衝動」，是因為牠們會對別人發出的危難徵象產生反應，並有設法改善對方處境的衝動。認知別人的需求並且做出適當的反應，與為了遺傳利益而犧牲自己的這種先天設定傾向，絕不是一樣的東西。

不過，隨著遺傳觀點愈來愈普及，這些分野卻遭到了忽略。這種情形導致了一種對人類與動物本性的尖酸看法。利他衝動受到貶低，甚至是嘲諷，道德更是完全被拋到一旁。我們只比社會性昆蟲稍微好一點而已。人類的善良被視為一種表面的假象，道德則是一層薄薄的掩飾，遮蓋了在我們內心翻騰的卑劣傾向。我把這種觀點稱為「飾面理論」（Veneer Theory），而此一理論可以追溯到湯瑪士・亨利・赫胥黎（Thomas Henry Huxley），人稱「達爾文的鬥牛犬」。

鬥牛犬的死胡同

達爾文受到赫胥黎的辯護，有點像是愛因斯坦受到我的辯護一樣。就算殺了我，我也無法理解相對論。儘管我聽得懂火車的例子以及其他為傻瓜量身打造的簡化解釋，但我在數學方面的天賦實在不夠。愛因斯坦唯一能夠指望我為他做的，大概就是激動地講述我如何認為他提出一項傑出的觀念，取代了牛頓的機械性觀點。這麼做當然沒有多大幫助，但與赫胥黎對達爾文的擁護並沒有太大的差別。赫胥黎欠缺正式教育洗禮，是一位無師自通而地位崇高的比較解剖學家。不過，他卻以不願接受天選是演化的主要動力而聞名，他也難以認同漸變論。這些可不是小細節，所以恩斯特．邁爾（Ernst Mayr）這位上個世紀的首要生物學家嚴厲地指稱赫胥黎「完全不代表真正的達爾文思想」，[9]也就不該令我們感到意外了。

赫胥黎最廣為人知的事蹟，就是在口舌上完敗綽號「油滑山姆」的牛津主教韋伯福斯（"Soapy Sam" Wilberforce）。一八六〇年，一場關於演化的公開辯論上，那名主教以嘲笑的語氣詢問赫胥黎的靈長類動物祖先屬於祖父還是祖母那一方。據說，赫胥黎答稱他不介意身為猩猩的後代，但絕對羞於和濫用口才遮蔽真理的人有任何關係。

不過，我們最好不要盡信這則著名的故事。除了這則故事是在那場辯論過了數十年才編造出來的之外，赫胥黎的嗓音太過薄弱，不足以吸引聽眾的注意。在麥克風出現之前的時代，這點可是相當重要。當時在場的另一名科學家以輕蔑的筆調寫道，赫胥黎說話的音量根本無法讓那麼一大群人聽清楚，反而是他自己——植物學家約瑟夫．胡克（Joseph

Hooker）——挺身反駁那名主教：「我在眾人的掌聲中擊潰了他。我用他那張醜陋的嘴裡吐出來的十個字一舉打敗了他。」順帶一提，那名主教也認為是自己徹底收拾了對手。[10]

這真是一場罕見的辯論，所有人都是贏家！不過，在歷史上獲得對抗宗教、捍衛科學美名的，卻是赫胥黎。達爾文由於個性謙讓得多，因此身邊需要有個戰士為他的爭議性觀念提出辯護。赫胥黎熱愛鬥爭，也正在尋求一個可以讓他全心投入的目標。讀過《物種源始》

圖 2-2　赫胥黎這位好鬥的達爾文對外駁斥者，自稱是「不可知論者」。不過，他懷有強烈的宗教傾向，以致在道德演化的議題上無法認同達爾文的看法。他認為道德演化是不可能的事情（上圖為卡羅・佩萊格里尼〔Carlo Pellegrini〕所繪，摘自一八七一年一月二十八日的《浮華世界》〔*Vanity Fair*〕雜誌）。

（*The Origin of Species*）之後，他熱切地向達爾文毛遂自薦：「我已經摩拳擦掌、做好準備了。」[11]

赫胥黎發明的「不可知論」一詞，也進一步促成了他身為宗教殺手的名聲。所謂的不可知，就是說他不確定上帝是否存在。不過，他把不可知論視為一種方法，而不是信條。他提倡的科學論點全都純粹奠基於證據，而不是某種崇高的權威——現在，我們把這種立場稱為「理性主義」。赫胥黎在此一正確方向上邁出的一大步值得讚許，但反諷的是，他一直懷有深厚的宗教色彩，並且任由這種色彩影響他的觀點。他自稱「科學喀爾文主義者」，而且他大部分思想也都依循著陰暗沉鬱的原罪信條。他指出，由於痛苦在這個世界上是確定的，因此我們唯一能做的，就是咬緊牙關加以忍受，這就是他的「含笑忍受哲學」。[12]自然界缺乏創造任何美好的能力，赫胥黎是這樣說的：

以下這些信條，包括宿命論、原罪、人類與生俱來的道德墮落與人類大部分成員的邪惡命運、撒旦在這個世界具有的首要地位、物質的基本卑賤性，還有一個惡毒的次等造物主，從屬於晚近才揭露其自身存在的慈愛全能之神底下，這些信條雖然有其缺陷，但在我看來，卻遠比認為所有嬰兒都天生善良的那種「自由主義」大眾幻想更接近真實……。13

撒旦的首要地位？這聽起來像是一個不可知論者說的話嗎？赫胥黎的《世俗講道》（*Lay Sermons*）這部著作與宗教講道相比毫不遜色。他的寫作筆調充滿說教味，批評者因此指責他自以為是又充滿了清教徒的信念。赫胥黎隱藏在追求客觀真理渴望之下的宗教態度，解釋了他為什麼會發展出飾面理論，以及這項理論為何會對人性提出如此陰鬱的看法。他認為，人類道德克服自然界的勝利就像是一座受到精心照料的花園。園丁必須每天致力避免花園裡的植物雜亂生長。依照赫胥黎的說法，園藝過程和宇宙過程是相互對立的。自然界不斷試圖破壞園丁的努力，以令人厭惡的雜草、蛞蝓及其他害蟲入侵他的土地，摧殘他想要培育的異國植物。

這項隱喻充分表達了他的想法：道德是人類對野蠻邪惡的演化過程獨有的回應。一八九三年，他在牛津對一群聽眾針對這項主題發表一場著名的演說，如此概括自己的立場：

道德上最佳的實踐方法——我們稱之為善行或者美德——是一種行為表現。這種表現在所有面向上，都與能讓我們成功追求「無垠宇宙中的存在」的方式相互對立。[14]

可惜，這位解剖學家並未提及人類究竟是在哪裡找到了擊敗自身本性的意志與力量。我們如果真的完全欠缺先天的慈愛，那麼，我們為什麼會決定成為模範公民，又是怎麼做到這一點的？而且，要是這麼做真的對我們有益，自然界為什麼會拒助我們一臂之力？我們為什麼必須在花園裡持續不斷地奮力壓抑我們不道德的衝動？這實在是個怪異的理論——如果我們稱之為理論的話——因為這項理論聲稱，道德在演化中只是個事後草草添加上去的東西，僅能勉強掩飾我們實際上的罪人本色。請注意，這種黑暗的觀念完全是赫胥黎本身提出的。我與邁爾意見一致，認為這種觀念與達爾文的想法毫無相似之處。套用赫胥黎的傳記作家所寫的話：他「強迫自己的道德方舟悖逆於帶著他航行了這麼遠的達爾文潮流」。[15]

結果，達爾文反倒迫切需要一名辯護者來對抗他的大眾「代言人」，而後來出現的這麼一個人即是克魯泡特金，一位一流的博物學家。赫胥黎在城市裡長大，對活生生的動物沒有多少第一手知識，克魯泡特金則是遊歷過西伯利亞，注意到了動物之間的互動極少合乎赫胥黎宣稱的那種你死我活，沒有他所想像的那種「持續不斷的大亂鬥」。克魯泡特金發現，同物種的成員經常展現互相合作的行為。在寒冷中擠在一起取暖或是集體對抗掠食者——

例如野馬對抗野狼——是求生的必要做法。克魯泡特金在他一九〇二年的著作《互助論》（*Mutual Aid*）強調了這些主題，而且他明確表示，這部著作駁斥的對象就是像赫胥黎這樣的「異教徒」，因為他們都對達爾文做出了錯誤的詮釋。克魯泡特金的確在反方向上做出了同樣過於極端的詮釋，只挑選動物團結合作的例子來支持他的政治觀點，但他反駁赫胥黎對於自然的描繪確實有理，因為赫胥黎的那些看法嚴重背離了現實。

在我看來，最大的問題是要怎麼從赫胥黎觀點的死胡同中走出來。如果我們不准談論上帝，而且演化又提供不了答案，還有什麼得以解釋人類道德？在宗教與生物學都遭到排除的情況下，我唯一能看到的就是一個大黑洞。最令人震驚的是，生物學家就像拙劣的司機一樣，在一個世紀後再度把我們帶進了同一條死巷。

我的馬桶青蛙困境

在澳洲，馬桶裡發現一隻大青蛙並不是罕見的現象。你也許會試著把牠抓出來，但牠一定會再跳進去，就算人類偶爾使出大海嘯也拿牠們沒轍，牠們能以腳趾上的吸盤緊緊黏附在馬桶壁上。至於奔流而下的人類排泄物，那些青蛙似乎不以為意。

可是我介意！在上一個世紀的最後三十年裡，我覺得自己就像是一隻馬桶青蛙。每次只要有一本關於人類境況的書出版，不論作者是生物學家、人類學家還是科學記者，我都必須死命攀住，因為他們大多數人主張的觀念都和我對人類的觀點完全相反。我們可以把人類視為生性本善但有能力為惡，也可以認為人類生性本惡但有能力行善。我恰好屬於第一個陣營，但文獻資料卻只強調負面的那一面。即便是正面的特質，也必須描述得彷彿有問題一樣。動物與人類都深愛自己的家庭？——稱之為「裙帶關係」吧。黑猩猩允許自己手上的食物被朋友吃掉？——稱之為「竊奪」和「乞討」吧。一般盛行的語調，都對善意行為充滿了疑慮。以下是一段典型的陳述，在這類文獻中一再受到引用：

> 只要將多愁善感擺在一旁，就會發現沒有任何真實慈善心態的蹤跡可以緩和我們對社會的觀感。原本認為的合作原來只是投機與剝削的結合。……一旦有充分的機會可以採取對自己有利的行為，那麼除非迫不得已，〔一個人〕絕對不惜暴虐、殘害以及殺死別人——不論對方是他的兄弟、配偶、父母還是子女都一樣。抓破「利他主義者」的皮，就會看見「偽君子」的血。16

在麥可・吉瑟林（Michael Ghiselin）眼中，利他主義者只不過是偽君子而已。吉瑟林是美國生物學家，對於海蛞蝓的研究極為著名，海蛞蝓體內的一種防衛化學物質（ghiselinin）即是以他的姓氏命名。不過，他以上那段話談的卻不是蛞蝓，而是針對人類。此一見解為後續的許多言論定了調，例如科學記者羅伯特・萊特（Robert Wright）在二十年後所寫的《道德動物》（*The Moral Animal*）就呼應了這種看法：「……假裝無私不但是人性的一部分，也經常出現缺席的狀態。」[17]接著，還有立場也許算是最極端的美國演化生物學家喬治・威廉斯（George Williams）。他針對自然的「卑鄙」提出了一項灰暗的評估之後，認為把自然界稱為「缺乏道德」或者「道德淡漠」——這是赫胥黎明智的說法——其實還不夠。他指控自然界「嚴重敗德」，從而成為第一個——希望也是最後一個——為演化過程賦予道德主體性的生物學家。[18]

這種論點通常陳述如下：（一）天擇是一種自私卑鄙的過程；（二）這種過程自然而然會產生自私卑鄙的個體；（三）只有頭上戴花的浪漫主義者不這麼認為。明顯可見，他們聲稱達爾文也同意把道德驅出自然領域，彷彿達爾文會任由自己困在赫胥黎的死胡同裡一樣。我後續將會說明，達爾文絕對沒有那麼笨。所以，在演化和道德是否相衝突這方面，理查・道金斯後來明確否定達爾文可說是荒謬的極致，他在一九九七年向一名訪談者表示：「在我們的政治與社會生活裡，我們有權拋棄達爾文主義。」[19]*

我不願引用更多臭氣薰人的東西。唯一從中得出全然合乎邏輯結論的科學家——儘管我一點都不認同——就是法蘭西斯・柯林斯（Francis Collins），他是美國最大的聯邦研究機構國家衛生研究院（National Institutes of Health）院長。柯林斯閱讀了所有那些質疑道德演化的書籍，並且指出人類仍然懷有若干程度的道德之後，因此認為我們無法迴避一個超自然的來源：「在我看來，道德法則就是上帝存在最鮮明的徵兆。」[20]

可想而知，這位備受敬重的遺傳學家從此成了新興無神論運動的笑柄。有些人指控他以信仰汙染了科學，道金斯則是以他典型的寬容態度稱柯林斯「腦袋不太靈光」。[21]更別提另一項更深層的危險，就是生物學家嚴重搞砸了道德問題之後，即為另類論述敞開了大門。柯林斯當初要是看過比較深思熟慮的演化文獻，任何一份追隨達爾文《人類源始》（*The Descent of Man*）宗旨的文獻，那麼，這整起事件應可獲得避免。只要閱讀達爾文的這部著作，我們就會體認到根本沒必要讓這位老先生背黑鍋。把道德與演化過程連結在一起，以及認知人類為善的能力，對達爾文而言絲毫沒有問題。我覺得最值得注意的一點是，他認為人和其他動物具有情感上的連續性。在赫胥黎眼中，動物是沒有意識的自動機器，但達爾文卻寫了一整本書探討動物的情感，包括動物的同情心。一個令人難忘的例子，就是有一條狗和一隻貓是朋友，那隻貓生了病躺在籃子裡，結果那條狗只要經過那個籃子，就一定會舔一舔那隻貓。達爾文認為，這是鍾愛之情的確切徵象。達爾文在死前寫給赫胥黎的最後一封信裡，忍不住稍微取笑他的笛卡兒傾向，暗指如果動物是機器，那麼人類必定也是：「我衷心希望世界上有更多像你一樣的自動機器。」[22]

達爾文的著作強烈牴觸飾面理論。舉例來說，他猜測道德直接衍生自動物的社會性本能，指稱「如果說這些本能是從自私發展出來，未免就太荒謬了」。[23] 達爾文看出動物具有由衷的利他主義潛力，至少在心理層面上是如此。如同大多數生物學家，他也在天擇的**過程**（其中確實沒有任何和善之處）及其產生的許多**結果**（涵蓋了各式各樣的傾向）之間，畫了一條明確的界線。他不認同醜惡的過程必定會產生醜惡的結果。那種想法即是我所謂的「貝多芬謬誤」，因為那種想法就像是依據貝多芬創作音樂的地點與方式來評估他的作品。貝多

＊譯註：由於道金斯也極力推廣演化論、仇斥神創論，因此又被稱作達爾文的羅威那犬。因此，這邊直接提道金斯否定達爾文很怪異。道金斯指的是在關於生命的演化和道德是否相衝突一事，抱持和達爾文相反的立場。達爾文覺得道德和演化並不衝突，但道金斯認為演化上根本不會有道德出現，皆是自私的基因所致。

芬在維也納住的公寓是個又亂又臭的豬窩，四處丟滿垃圾與沒有清理的尿壺。當然，沒有人會依此評斷他的音樂。同理，就算遺傳與演化是透過死亡與毀滅而進行，也不會因此玷汙其產生的結果。

這點看來似乎明顯可見，但我在一九九六年出版的《生性本善》（*Good Natured*）提出這一點之後，卻一再對抗飾面理論而深感厭煩。漫長的三十年來，飾面理論受到了非理性的熱切擁抱，無疑是因為其簡單性：所有人都懂得這項理論，也都喜愛這項理論。我怎麼能夠不認同如此顯而易見的觀點？

不過，接下來卻發生了一件奇特的事情：這項理論突然銷聲匿跡。飾面理論不是拖著病體慢慢消亡，而是如心臟病發那般瞬間死亡。我不太了解為什麼會發生這樣的狀況，也不知道是怎麼發生的。也許是因為千禧年危機的關係，總之到了二十世紀結尾，對抗達爾文「異教徒」的必要性就迅速消失了。新資料開始出現，首先只見稀稀落落，接著穩定流入。資料具有一種美妙的特質：能夠掩埋理論。我記得我在二〇〇〇年看到一篇文章，標題為〈感性的狗及其理性的尾巴〉（The Emotional Dog and Its Rational Tail），作者是美國心理學家強納森・海伊特（Jonathan Haidt），他主張我們是透過直覺的過程做出道德決策。我們在此一過程中幾乎不會思考。海伊特讓受試對象閱讀異常行為的故事（例如兄妹之間的一夜情），那些實驗對象立刻出現不贊同的反應。接著，他再要求受試對象提出反對那種行為的每一項理由，直到窮盡所有論點為止。他們也許會說亂倫會產下不正常的後代，但在海伊特的故事裡，那對兄妹採用了有效的避孕措施，所以沒有這個問題。他大多數的受試對象都在不久之後進入「道德錯愕」階段：也就是雖然無法提出原因，卻仍頑強堅持那項行為是錯誤的。

海伊特的結論指出，道德決策來自「內心直覺」。我們的情感先做出決定，然後人類理性再盡力跟上。在邏輯的首要性出現此一缺口之後，休謨的道德「情感」於是捲土重來。人類學家證實了世界各地的人都懷有重視公平的感受，經濟學家發現，人類比「經濟人」（*Homo economicus*）觀點所認為的還要具有合作性與利他性，針對兒童與靈長類動物進行的實驗中發現了沒有誘因的利他行為，六個月大的嬰兒據說懂得「淘氣」與「乖巧」的差別，神經科學家發現我們的大腦先天就具有感受別人痛苦的能力。我們到了二〇一一年已回歸原點，人類被正式宣告為「超級合作者」。

每一項新發展都對飾面理論的棺材敲下另一根釘子，直到普遍觀點翻轉了一百八十度。現在，一般的想法認為我們的身體與心智都是為了共同生活與互相照顧而設計，而且人類擁有以道德評判別人的自然傾向。於是，道德不再是一層薄薄的掩飾，而是成了發自內在的特質。道德是我們生物結構的一部分，這種觀點也受到在其他動物身上發現的許多類似之處所

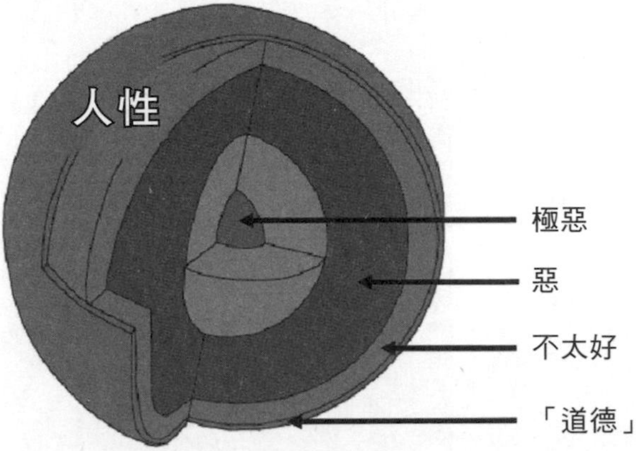

圖 2-3　飾面理論一度是生物學中對人性的主要觀點。這種觀點認為，真正的仁慈如果不是不存在，就是演化上的一項錯誤。道德是一層薄薄的掩飾，只能勉強遮蔽我們真正的本性，也就是全然的自私。不過，在過去十年來，飾面理論已被大量的證據給否決了，那些證據顯示，人類和其他哺乳類動物都懷有與生俱來的同理心、利他精神以及合作性。

支持。短短幾十年間，我們已出現徹底的大轉變，原本認為自己這個物種欠缺道德方面的任何自然傾向，而呼籲眾人要教導我們的下一代和善待人，現在卻是一致認定我們天生善良，而且好人必定會率先獲勝。

每次只要向聽眾提出吉瑟林那句令我覺得自己彷彿掉進馬桶的名言：「抓破利他主義者的皮，就會看見偽君子的血」，即可明顯看出社會的態度出現了多大的轉變。我在過去數十年來雖然一再於演說中提出這句對人性充滿悲觀的話語，卻是直到二

○○五年左右之後，聽眾才開始對此產生驚恐與訕笑的反應，認為這種說法極度荒謬，也和他們對自己的觀感徹底脫節，難以相信這種說法竟然曾經受到認真看待。說這句話的人難道從來沒有朋友、沒有對他充滿愛意的太太，或是連狗也沒有養過？那樣的人生未免太悲哀了吧！看著這種震驚的反應，以及這種反應在當前的普及程度，我不禁納悶，究竟是我的聽眾受到了新證據的影響，或者其實是他們影響了那些新證據？我們是不是身處於新的時代精神中，科學只是單純在後頭追趕而已？

無論如何，這樣的轉變已經使我的馬桶變得潔淨清香。我終於不必再緊抓桶壁，可以伸展雙腿自在悠遊了。

充滿錯誤

儘管如此，這一切仍有可能是一項巨大的錯誤。善意有可能是錯誤適應的結果，發生在錯誤的時間與地點。以黛西對待瀕死的阿莫斯展現出的關懷為例，或是人類照料臨終病人的方式——這麼做有什麼意義？許多人都會照顧年老的伴侶，就像我母親在我父親晚年時的做法一樣。她當時背負了多大的重擔，因為她的體型比我父親嬌小得多，而我父親又已經幾乎無法行走。或者，想想看照顧罹患了阿茲海默症的配偶——這種病人分分秒秒都需要受到監督，不會對你付出的心力表達感激，而且每次看到你都會露出驚訝的神情，埋怨你拋下了他。在這種情況下，你唯一得到的就是壓力與疲憊。上述這些案例，照顧者都沒有什麼機會可以獲得回報，但演化理論卻堅稱利他行為的裨益對象應該是血親或者願意且有能力回報的非親屬。瀕死的配偶並不合乎這些條件。

由於黛西、我的母親，以及千百萬的照顧者都偏離了演化教條，因此有許多人談及「出錯的基因」造成我們的善性超越了對自己有益的程度。不過，可別被這種說詞誤導了。遺傳學中之所以沒有出錯的基因這種概念，在於基因不過是一小塊ＤＮＡ，沒有任何知覺也沒有任何意圖。基因造成的影響沒有任何預設目標，因此也不可能犯錯。把繁茂的利他行為稱為一項極佳的意外還比較適當，但極少有專家會採取這種歡慶式的說法。他們的訊息都充滿了酸溜溜的氣息，彷彿這是個令人遺憾的發展，因為那般傑出「歸因於自私的利他行為」理論遭到了事實的破壞。他們埋怨指出：「從基因的觀點來看，現代生活的一切幾乎全都是個錯誤。」卻沒有推斷出這點將導致他們的理論變得毫無意義。[24]

捐款給遭到海嘯或地震襲擊的遙遠地區是一種錯誤。匿名捐血也是一種錯誤。在慈善廚房工作或者幫一名老婦人鏟雪也是錯誤，把我們所有的資源投注在收養來的孩子身上也是。

最後這個例子更是令人費解，因為數以千計的家庭都在持續多年的時間裡不斷犯下這項錯誤，彷彿完全不知道不帶有他們基因的孩子根本沒有任何價值。許多家庭與寵物的關係也是如此，他們對沒有任何回報能力的動物提供非凡的照顧。其他常見的錯誤，包括向陌生人示警、提醒別人帶走遺留在餐廳的外套，以及幫忙載送車輛拋錨的駕駛人一程。人類的生活中充滿了大大小小的錯誤，其他靈長類動物也是如此。

以阿莫斯的父親菲尼亞斯（Phineas）為例。阿莫斯並不知道菲尼亞斯是他的父親，因為在黑猩猩的社會裡，公黑猩猩與母黑猩猩之間沒有長久的關係，原則上每一頭公黑猩猩都有可能是任一隻年輕黑猩猩的父親。菲尼亞斯在早年曾是老大，但四十歲之後就開始放鬆過活。他喜歡和幼黑猩猩玩耍，和母黑猩猩一起理毛，以及扮演警察的角色。菲尼亞斯只要聽到爭吵聲，就會過去展現力量，豎起全身的毛髮，藉此制止爭吵。他會站在衝突的雙方之間，直到尖叫聲停止。這種「控制角色」在野生黑猩猩當中也受到充分記載。引人注意的是，扮演這種角色的公黑猩猩不會偏袒任何一方：牠們會保護較弱的一方，就算攻擊者是牠們最好的朋友也不例外。我經常對牠們這種公正的態度感到納悶，因為這樣的表現與黑猩猩的其他許多行為都大為不同。在超越行為者本身的社會偏見下，控制角色追求的確實是社群的最佳利益。

潔西卡．芙萊克（Jessica Flack）和我證明了群體從這種行為獲得多大的效益，方法是把扮演仲裁者的公黑猩猩暫時帶離群體。由此造成的結果，就是一個四分五裂的社會：挑釁行為增加、和解行為減少。不過，我們只要一把那頭公黑猩猩放回群體，秩序就會立刻恢復。[25]不過，這項證明還是沒有回答牠們為什麼會這麼做的問題。這麼做對牠們有什麼好處？主要的想法是，高階公黑猩猩可以藉由保護弱者而獲得敬重與愛戴。不過，這種做法對年紀較輕的公黑猩猩雖然可能是一項非常合理的策略，我卻覺得難以套用在菲尼亞斯身上。這頭溫柔的老公黑猩猩在晚年已經明顯過了生命顛峰，看起來不再有什麼野心。儘管如此，他依然熱切監控群體內的紛爭。他追求和諧的行為對群體內的所有成員都有益，唯一的例外可能就是他自己。根據以基因為中心的理論，難道黑猩猩的慷慨也高過了應有的程度嗎？

黑猩猩幫助沒有親屬關係的個體是相當常見的現象，例如華秀（Washoe）這頭全世界第一個受訓學習美國手語的黑猩猩，聽到一頭她根本不太認識的母黑猩猩尖叫跌進了水裡，就立刻衝過兩道通電柵欄拉那頭母黑猩猩上岸。[26]另一個案例則是涉及蒂亞（Tia）這頭棲息在塞內加爾方果力（Fongoli）的野生母黑猩猩。她的嬰兒遭到盜獵者捕走，所幸研究人員後來找到了那頭幼黑猩猩，將其送回群體。吉兒．普魯茲（Jill Pruetz）描述了一頭名叫麥克（Mike）的青年黑猩猩，雖然與蒂亞沒有親屬關係，依年齡判斷也不可能是那頭幼黑猩猩的父親，他卻從科學家放下那頭幼黑猩猩的地方將其抱了起來，直接帶去給蒂亞。他顯然知道那頭幼黑猩猩是誰的孩子，大概也注意到了蒂亞遭盜獵者的獵犬襲擊之後有多麼難以走動。後續兩天，麥克都在群體移動的時候抱著那頭幼黑猩猩，蒂亞則是跛著腳跟在隊伍後方。[27]

即便是成本最高昂的投資，亦即收養沒有親屬關係的幼仔，也不是前所未見的行為。而且，還不只是在我們可能會預期見到這種行為的母猿身上。克里斯多夫．伯施（Christophe Boesch）不久前提出一份報告，列出了三十年間在象牙海岸觀察到的至少十頭野生公黑猩猩，牠們都收養了失去母親的小黑猩猩。[28]二〇一二年，迪士尼自然電影公司（Disneynature）推出了《黑猩猩的世界》（Chimpanzee）這部廣受喜愛的電影，其中收錄了黑猩猩群體的雄性領袖弗萊迪（Freddy）如何庇護奧斯卡（Oscar）的做法。這是一部奠基於真實事件的紀錄片。奧斯卡的母親遭遇自然因素突然死亡之後，拍攝團隊正好在適當的時間處於適當的地點。即便在小奧斯卡的前景看來黯淡無光的情況下，他們還是繼續待下來拍攝他。弗萊迪依循其他雄性收養者的行為模式，與奧斯卡分享食物、允許奧斯卡睡在他的夜間巢窩裡、在危險的情境中保護奧斯卡，並且在奧斯卡走失的時候積極尋找他。有些收養者對小黑猩猩的照顧超過一年，有一頭公黑猩猩對收養小黑猩猩的照顧時間甚至超過五年（黑猩猩至少要到十二歲才成年）。除了無法哺乳之外，這些繼父負起了和母親一樣的工作，大幅提高那些孤兒的生存機會。DNA樣本顯示，那些公黑猩猩不必然與牠們收養的小黑猩猩有親屬關係。奧斯卡很幸運。

與其推斷黑猩猩也會犯錯，且讓我們揚棄這種規範性的語言以及其中暗示我們天生必須遵從基因指示的看法。何不單純認知一項性狀（特徵）的起源，有可能與這項性狀在當前的使用方式是不相干的呢？樹蛙演化出吸盤好吸附在樹葉上，卻也能利用這些吸盤吸附在馬桶壁。靈長類動物為了抓住樹枝而演化出雙手，但我卻能用手彈鋼琴，猴子寶寶也用手依附在母親身上。許多為了某個原因演化出來的性狀，都可以應用在其他目的上。我從沒聽過有人把飛躍在琴鍵上的手指稱為「錯誤」，那又為什麼要把這種語言套用在利他行為上？也許有人會反駁說利他行為必須付出代價，彈鋼琴則不必，這就為「錯誤」的用詞提供了正當理由。可是，我們有多麼確定廣義的同理心與終生的奉獻不會在長期之下帶來回報？我從沒見過證據顯示這類行為對我們有害，而且我懷疑應該恰恰相反。說過「上帝已死」這句名言的尼采對道德的起源很感興趣。他提醒我們，一件事物的起源（不論是器官、法律制度還是宗教儀式）絕不該與其後來獲致的目的混為一談：「不論以什麼方式出現的物體，存在之後都會一再受到新的詮釋、新的使用方式，也會轉變並且重新導向新的目的。」[29]

這是一種充滿解放性的想法，教導了我們絕對不要以一件事物的歷史否定其可能的應用方式。電腦剛開始發展的時候雖然是計算機，這點卻不會阻止我們在電腦上玩遊戲。就算性是為了繁衍後代而演化出來，任何人卻也都可以（在一定程度以內）為了樂趣而從事性行為。沒有什麼定律規定一項性狀（像是外部特徵）隨時都必須滿足當初演化出這項性狀的目的。同樣的道理也適用於同理心與利他行為，所以我們應該單純把「錯誤」這個字眼取代為「潛力」。沒有任何東西會阻止我對一頭擱淺的鯨魚產生同理心，而與別人合作將牠拖回海裡；就算人類當初演化出同理心的時候並沒有考慮到鯨魚這種動物也沒有關係。我只是充分發揮我與生俱來的同理心能力而已。

尼采說得沒錯：一件事物的歷史對當下的重要性是有限的。我對於普萊斯、漢密爾頓、崔弗斯以及其他人在利他行為的演化背景上所提出的洞見雖然相當敬重，卻不認為有什麼理由要把這些洞見轉變為規定人類的行為舉止該當如何的教條。

享樂性的善心

科學告訴我們，呼吸是為了對身體補充氧氣。不過，就算欠缺這項知識，我也還是會呼吸，就像在我之前的千百萬個人以及世界上的億萬動物一樣。知曉氧氣的存在不是驅使呼吸的動力。同樣地，生物學家推測利他行為是為了特定回報而演化出來的結果，也不表示做出利他行為的個體需要知道這一點。大多數的動物都不會預先思考，不會想著：「如果我為他做這件事，他明天可能會報答我。」在沒有先見之明的情況下，牠們只是單純遵循仁善的衝動。人類也是如此。除了在商業上或是在陌生人之間以外，人類極少會計算自己行為的成本與效益，在朋友與家人之間尤其如此。實際上，如果有人這麼做即是不良徵象，在家庭治療師眼中是婚姻擱淺的指標。

因此，人類與動物的利他行為可能都是發自真心，原因是這種行為並沒有什麼別有私心的動機。這種現象極為真實，我們甚至難以壓抑。我在埃默里大學的同事詹姆斯．瑞林（James Rilling）從神經造影實驗中推斷指出，我們「對於合作懷有情感上的偏好，必須藉由費力的認知控制才能加以克服」。想想看：這表示我們一開始的衝動是出於信任與協助，接著才會評估不這麼做的選項，因為我們挑選不合作這個選項需要理由，這與受到動機驅使的情形恰恰相反。只有一類人缺乏這種自然衝動，而這點正好可以解釋我常說的一句話，也就是飾面理論充分捕捉了心理變態者的心態。瑞林進一步證明指出，正常人只要幫助別人，大腦裡與獎勵相關的區域就會啟動：行善會帶來愉悅的感受。

這種「溫情效應」（warm-glow effect），讓我想起了過去研究獼猴的時候目睹過無數次的一種感人景象。那種行為不盡然是利他行為，而是非常接近於所有哺乳類動物養育行為的源頭。每年春天，我們動物園裡的獼猴群都會產下數十隻新生兒。那些獼猴寶寶對於年輕母猴具有強烈的吸引力，那些母猴都會藉著為新生兒的母親耐心理毛而接近那些寶寶。她們必須在那些母親周圍待上很長的時間，母親才會放手讓小寶寶搖搖晃晃地走向那些滿心想要擔任保姆的母猴。保姆會把小寶寶抱起來，帶著到處走，將其轉過身來檢查生殖器，舔一舔小寶寶的臉，從各個方向協助理毛，最後緊緊抱著那個寶寶睡著。我們打賭她們會睡多久。五分鐘？十分鐘？那些保姆在睡意的籠罩下，看起來彷彿處於出神或狂喜的狀態，因為她們等待了那麼久才獲得這個幸運的機會。她們抱著自己渴望已久的寶貝，被稱為「愛的荷爾蒙」的催產素於是釋放到血液與大腦，使她們的眼皮沉重地垂了下來。不過，她們從來不會睡太久，不久之後就會把寶寶還給母親。

照顧小寶寶帶來的喜悅可以讓年輕雌性為最具利他精神的行為做好準備。自然界已知對於他者的投資行為中，哺乳類動物的母性關懷是成本最高昂且持續時間也最長的一種，從培育胎兒開始，直到許多年後才會結束。或者，如同大多數父母所說的，對子女的關愛永遠沒有結束的一天。但奇怪的是，關於利他行為的辯論卻極少提及母性關懷。有些科學家甚至不願將其視為利他行為，因為母親的這種行為不合乎他們對犧牲的強調。他們認為，只有至少在短期內對行為者有害的行為才算是利他行為。不該有人願意熱切地從事利他行為，更遑論樂在其中。我把這種觀點稱為「利他行為痛苦假說」，是一種深深錯誤的觀點。畢竟，利他行為的定義不是這種行為必須造成痛苦，只是行為者必須付出代價而已。

請注意，生物學家要解釋雌性哺乳類動物為什麼會關懷自己的下一代，這可一點都不困難。如果不這麼做，她怎麼有辦法繁殖呢？我們也知道女人有多麼想要生孩子。我不想危言聳聽，不過這種渴望確實強烈到有些女人不惜為此殺人，不惜剖開另一個女人的肚子，也有人到托兒所竊取嬰兒。這些雖然是病態案例，卻明白顯示了這種無可抑制的渴望，也顯示了對嬰兒的照顧為什麼不被視為一種犧牲。由於母性關懷沒有什麼費解之處，科學因此把焦點集中在比較令人困惑的行為上。科學尋求挑戰，不過，我還是會這麼主張：至少就哺乳類動物而言，母性關懷是典型的利他行為，是其他一切利他行為的範本，忽略這一點的後果堪慮。相當具有揭露性的一點是，在我所知的女性科學家當中，完全沒有人被利他行為來自何處的問題沖昏了頭。在女性眼中，母性關懷很難被排除在外，有兩位撰文探討人類合作的女性就證明了這一點。美國人類學家莎拉・赫迪（Sarah Hrdy）提出了「全村協力」的理論，指稱人類的團隊精神始於眾人對幼兒的集體照顧，不只是母親，而是包括了所有的成人。同樣的，精通神經科學的美國哲學家派翠西亞・邱吉藍（Patricia Churchland）也把人類道德視為從關懷傾向衍生出來的結果。對生物體本身的身體功能加以調節的神經迴路，經過演變之後而將幼仔的需求也納入其關注範圍，把他們視為幾乎像是額外的肢體。我們的孩子是我們的一部分，所以我們想都不想就會保護以及哺育他們，就像我們對待自己的身體一樣。同樣的大腦機制為其他撫育關係提供了基礎。

這點可以解釋在人生初期就已經開始出現的那種顯而易見的性別差異。打從一出生開始，女嬰觀看臉龐的時間就比男嬰長，男嬰則是觀看機械玩具的時間比較長。長大之後，女孩的好社會程度高於男孩，比較善於解讀情緒表達，對嗓音比較敏感，傷害別人之後會感到比較深的懊悔，而且也比較善於採取別人的觀點看待事物。我們也發現，把催產素噴入男性與女性的鼻孔裡都會造成同理心的提高，也就是以這種典型的母性荷爾蒙矇騙他們（催產素與分娩及哺乳有關）。在自身的研究裡，我們發現母黑猩猩比公黑猩猩更常安慰處於憂慮之中的同伴。她們會接近攻擊行為的受害者，溫柔地伸出一隻手臂環抱對方，抱到對方不再尖叫為止。雌性是比較懂得養育的性別。

如果說母性關懷對理論家而言太過顯而易見而無法考慮，那麼這也是最佳自我獎勵的關懷，所以我就要由此提到「利他行為愉悅假說」。大自然總是會把我們必須做的事情和愉悅感受連結在一起。由於我們必須進食，因此食物的氣味會誘使我們像帕夫洛夫的狗兒那樣忍不住流口水，而且攝取食物也是一種最受喜愛的活動。我們必須繁殖，所以性就成了一種著迷和一種喜悅。為了確保我們養育自己的子女，大自然於是賦予了我們依附情感，而且最為強烈的莫過於母親與子女之間的情感，任誰都無法超越。我們和其他哺乳類動物一樣，身心都完全在這方面受到了先天的設定。因此，我們極少注意到每天為自己的下一代付出的心力，並且對我們為此付出的高昂代價一笑置之。遠親與非親屬顯然比較少受到我們的幫忙，但其中潛在的滿足感是相同的。西元二世紀的羅馬皇帝馬可・奧理略（Marcus Aurelius）在他的《沉思錄》（*The Meditations*）一書就已提過這項洞見（「……與自然一致的行為，例如幫助別人，就是對其本身的獎賞」）。[30]我們是群體動物，互相依賴，互相需要，因此也就樂於幫助與分享。

一九九六年《親親壞姊妹》（Marvin's Room）這部電影裡，貝絲（黛安・基頓〔Diane Keaton〕飾演）受到她比較世故的姊姊（梅莉・史翠普〔Meryl Streep〕飾演）探望。貝絲投注了許多年的時間照顧她們的父親，從來沒有獲得姊姊的幫忙。貝絲向姊姊說她覺得自己擁有這對父母是很幸運的事情，因為她的人生中擁有了許多的愛。不過，她姊姊卻以自我中心的心態誤解了妹妹的話而對她說：「他們確實非常愛你。」貝絲糾正了她，說：「我不是那個意思，不是的。我是說我能這麼深愛一個人，是非常幸運的事情。」利他行為能讓我們充滿快樂。

認為利他行為必須帶來痛苦的古怪想法，驅使普萊斯嘗試極端的自我犧牲。他認為要成為偉大的利他主義者一定要受苦，於是他捨棄了自己所有的財產，並且對自己完全疏於照顧，導致自己過得悲慘不已。他沒有體認到自我忽略只會適得其反，這是慈善工作人員非常清楚的主題。就像飛機上的氧氣面罩，一個人必須先滿足自己的生理需求才能照顧別人。我經常思考利他行為必須帶來痛苦的這種奇怪概念究竟來自何處。舉例來說，這種概念完全不合乎佛教思想，因為佛教認為對別人慈悲應當令我們充滿喜悅。這種效果不僅限於擁有自我省思能力的成人，也會發生在幼童身上，因為他們獲得點心而產生的滿足感遠比不上把點心送給別人。[31]另外，一項針對照顧生病配偶或父母的人士所進行的研究，也提出了引人好奇的證據。心理學家史蒂芬妮．布朗（Stephanie Brown）發現，照顧者極少注意到自己的行為需要付出的成本。他們覺得自己和受照顧者是一體的，並且認知到自己是被需要的這點會獲得極大的滿足感，因此壽命比不需要照顧別人的人還要長。

根據我自己照顧我太太的親身經驗——她的生命一度遭到乳癌威脅——我完全同意「犧牲」這個經常套用於這種情況的字眼其實搞錯了重點。對我們而言，照顧心愛的人絕對是最自然的事情。邱吉藍認為，照顧子女還有親近的人其實和照顧自己的身體有相似之處，這的確是正確的看法。我們大腦的設計本來就會模糊自我與他者之間的界線，這是一種古老的神經迴路，存在於所有的哺乳類動物身上，從老鼠到大象都是如此。在泰國的一座自然保護區，我看見一頭失明的大象在朋友的陪伴下四處走動。那兩頭沒有親屬關係的母象互相緊靠著對方的臀部。盲象必須依賴對方，而那頭視力正常的大象也似乎懂得這一點。後者只要一走開，就可以聽到牠們雙方共同發出低沉的鳴聲，有時甚至會高吼，藉此讓盲象知道另一頭大象的所在之處。此一吵鬧的奇景會一直持續到牠們重新會合為止，接下來就是一段密集的互相問候，不斷搧動耳朵、彼此觸碰以及相互嗅聞。牠們的友誼關係相當密切，那頭盲象也就得以過著頗為正常的生活。

由於關懷行為本身就帶有獎賞，有些人因此喜歡把關懷家人與親友貼上「自私」的標籤，至少在情感層面上是如此。這種說法雖然不算錯，卻顯然削弱了自私與利他精神之間的差別。如果說把桌上所有食物吃光和分享給一名挨餓的陌生人一樣都是自私，那麼語言就可以廢棄了。單獨一個概念怎麼可能涵蓋如此歧異的動機呢？更重要的是，我看著那名陌生人進食所感到的滿足，為什麼會與自私混為一談？利他精神為什麼不能像其他自然而然的人類傾向那樣帶來愉悅感？許多人都喜愛寵溺他們的家人與朋友，而我們能夠給予他們的最大喜悅，就是任由他們這麼做。

回頭檢視我們的觀點為何出現這樣的徹底翻轉——原本把利他行為視為一種難以解釋的犧牲，現在則認為利他行為植根於哺乳類動物的撫育天性，並且被賦予了先天性的獎賞——我不禁訝異有多少意識形態與宗教的元素灌注於此一辯論之中，包括普萊斯改信基督教、赫胥黎對原罪的執迷、克魯泡特金的無政府主義，以及這種不曉得為什麼會如此普及的概念：認為利他行為是偽善的表現或是一種錯誤。此一辯論中欠缺的一項觀點，就是人類和其他哺乳類動物獲致利他精神的方式與社會性昆蟲相當不同。也許是因為人類的利他行為經常被拿來與螞蟻和蜜蜂的利他行為相比，而導致我們陷入這樣的錯誤觀念。昆蟲缺乏同理心，但我們的大腦卻是為了和別人連結以及體驗他們的痛苦與樂趣而存在。如此造成的結果，就是利他行為可以一方面出於真心，另一方面又令自己滿足。普萊斯既然強迫自己超出此一界線，為了他根本不認識的流浪漢捨棄自己的健康與財產，那麼他最後的絕望自然不難理解。他低估了以我們關心的人為對象所做的利他行為帶有的享樂特質，也過度高估了我們慷慨對待陌生人的能力。我們為陌生人付出的能力極為有限，對於心愛之人的付出卻是無窮無盡。

第三章

族譜裡的巴諾布猿

摧毀一個敵人的最佳方法，就是把他變成你的朋友。

——亞伯拉罕・林肯（Abraham Lincoln）1

我內心的一項懷疑，因為走訪莫斯科的一間法醫實驗室而獲得了證實：身為萬物之靈的近親不會讓你獲得任何尊重。那間實驗室專精顱顏重建，例如為身分不明的凶殺案死者頭骨重建面容。地下室一個角落裡，接待人員揭露了一張粗獷的臉龐，由於他們希望保密，所以我連拍照都不被允許。他們嘗試為一個尼安德塔人的頭骨重建面容，結果由此產生的一具半身像卻像極了俄羅斯國家杜馬（下議院）權勢最大的一名議員，因此他們擔心要是有照片流出去，那個議員恐怕會下令關閉這間實驗室。

我們不是很瞧得起自己的近親，更不想要長得像他們。尼安德塔人被描繪成站不直身子的智障，在山洞跑進跑出，而且總是抓著妻子的頭髮拖在身後。在印尼弗洛勒斯島（Flores）最新發現的「哈比人」（hobbit），則是被視為患有小腦症，甚至可能是「呆小症」。科學家把問題歸咎於缺碘造成的甲狀腺疾病，不過，呆小症患者的英文用詞「cretin」在辭典中的定義卻是「愚蠢、遲鈍或者心智不健全的人」。儘管弗洛勒斯島上那些化石附近其實還發現了複雜的工具，卻沒有受到正視。

人類學家尚未展開他們那種廣為人知的醜陋爭吵，因為他們仍在思索弗洛勒斯島上發現的那些證據。不過，尼安德塔人的狀況卻是愈來愈清楚明白。傳統上認為他們愚笨殘暴的那種刻板印象從來就沒什麼道理，因為他們的大腦甚至比我們還大。俄羅斯國家杜馬那個議員的相貌與尼安德塔人的相似性，其實在相當程度上揭露了我們自身的尼安德塔人背景。早期人類從非洲向外遷徙，遇到了早已在北方生活了二十五萬年的近親。這些近親對寒冷天候的適應程度遠勝我們，所以與其說我們像一般認為的那樣征服了他們，或許其實是和他們交上了朋友。男人必定覺得尼安德塔女性正翻了，女人必定也深深愛慕尼安德塔男性，而且尼安德塔人對人類的觀感一定也是如此，因為根據估計，除了非洲以外的我們這個物種（智人，*homo sapiens*），其DNA有高達百分之四源自尼安德塔人。這樣的異種交配可能強化了我們的免疫系統。

我們的北方近親會埋葬他們的死者，是技術精良的工具製造者，懂得生火，也會照顧病弱者，就像早期人類一樣。化石紀錄顯示，罹患了侏儒症、肢體癱瘓或咀嚼障礙等病症的尼安德塔人都得以存活至成年。我們那些被取了充滿異國色彩名稱的祖先——包括沙尼達爾一號（Shanidar 1）、羅米多二號（Romito 2）、溫多弗男孩（Windover Boy）以及聖沙拜爾老人（Old Man of La Chapelle-aux-Saints）——供養了對社會幾無貢獻的成員。弱者、殘障者、智能不足者以及其他對社會造成負擔的成員得以存活下來，在古生物學家眼中乃是慈悲心演化過程的一大里程碑。這種社群主義的傳承對本書的主題而言至關緊要，因為這點顯示道德出現的時間比當前的文明與宗教至少早了十萬年。

不過，這可不是唯一一個被往前推的日期。如果說從釀造啤酒乃至藝術表達的一切事物，出現的時間都比我們原本以為的還早，這樣的假設應該不太可能會錯。南非刻了複雜幾何圖形的赭石塊，比法國拉斯科（Lascaux）的洞穴壁畫早了一倍的時間。就連兩足移動的出現時間也一再往前推——例如科學家發現直立行走步態的腳印，其歷史比先前以為直立行走出現的時間也早了一倍。

我們的初步假設總是認為我們的所作所為以及我們引以為傲的一切，必定都是近代發展出來的結果。然後，我們發現尼安德塔人也會這麼做，還有南猿可能也是一樣，接著又一路追溯到猿類，才發現當初最早可能是由牠們開始。舉例來說，誰說石器時代始自我們的支系？藉由考古技術，科學家在象牙海岸發現了一個四千年前的堅果敲擊站的遺跡，石錘與石砧一應俱全，但在那處遺跡發現的堅果、工具的大小（又大又重）以及生態環境（雨林），都顯示那些工具的使用者是黑猩猩而不是人類。對於那項挖掘結果進行的分析發現，猿類有可能數千年來都一再從遙遠的岩石露頭撿拾像花崗岩這樣的耐久石塊，帶進森林敲打堅硬的堅果。今天，同樣的工具使用做法在西非的黑猩猩已是廣為人知。

漫長的告別

只有一個日期不但沒有往前推，還不斷往後調。在上個世紀的上半葉，教科書裡的演化樹仍然顯示人類分支自行發展的時間可以追溯到兩千五百萬年前。

我們這一科包含四種大猿（黑猩猩、巴諾布猿、大猩猩與紅毛猩猩）以及所謂的小猿：長臂猿與合趾猿。相較於靈長目裡兩百種猴子與原猴（prosimians），這個科實在是小之又小。長有尾巴而且口鼻部突出的猴子，與人類的關係不像猿類那麼接近。不過，以往那種把我們和其他所有靈長類動物遠遠區分開來的演化樹並沒有存在太久。當初卡爾．林奈（Carl Linnaeus）把人類獨自歸為人屬（*Homo*）時，可能就已經預見了這樣的發展。據說，這位瑞典分類學家對我們的特殊地位保有懷疑，但終究決定不要惹來梵蒂岡的關切。三百年後，針對血蛋白與ＤＮＡ的分析提供了較先前使用的比較解剖特徵更好的物種比較方式。新資料顯示，我們仍與猴子不同，但卻屬於猿類。這點雖然引起震驚，但ＤＮＡ令人難以爭辯，這種分析使得人類不再能只挑選自己喜歡強調的特質。我們也許認為以兩條腿走路是極為了不起的事情，但從宏觀的自然架構來看，這點其實沒有那麼重要。雞一樣也是用兩條腿走路。比對ＤＮＡ的做法避免了人類的偏見。在以ＤＮＡ為基礎的演化樹裡，人類只是許多微小分

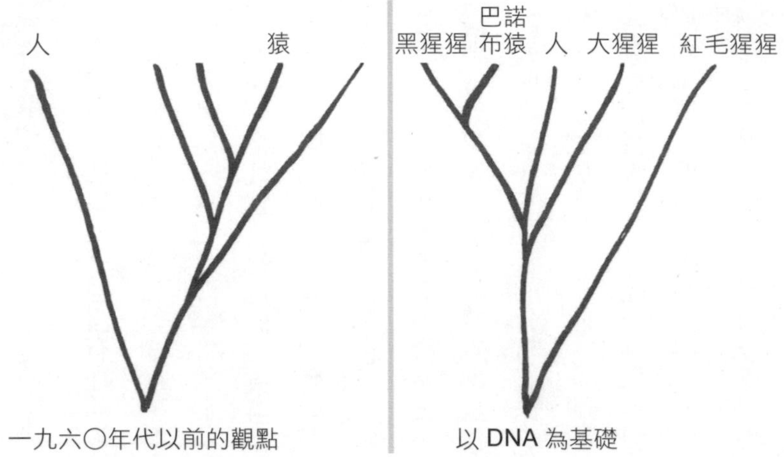

圖 3-1　一九六〇年代以前，人類在演化樹裡一直擁有自己專屬的分支，與猿類分別開來（圖左）。不過，以 DNA 為基礎的演化樹（圖右）卻顯示，人類與黑猩猩還有巴諾布猿的關係比我們與大猩猩還有紅毛猩猩的關係更加接近。

支之中的一個，差不多在六百萬年前從猿類分支出來。

如果說在演化過程的末尾從事異種交配（例如與尼安德塔人）促成了我們這個物種的成功，那麼同樣的情形可能也曾經發生在演化的初始。

人類與猿類的DNA顯示了早期雜交的徵象。從猿類分支出來之後，我們的祖先也許還持續回頭找猿類交配，就像我們今天對棕熊與北極熊、或者灰狼與郊狼所知的情形一樣。有些古生物學家對此抱持懷疑態度，認為我們兩足行走的祖先不太可能在超過一百萬年的時間裡持續和四足行走的猿類交配繁殖。不過就我所知，行走方式並不足以用來判斷能不能交配。我不禁因此聯想到另一項更令人費解的主張，在我們得知人類與尼安德塔人的雜交現象之前，不少人極有把握地認為我們的祖先不可能與其他人種發生性關係，原因僅是他們各自說著不同的語言。我實在沒辦法忍住不笑，並且回想起我的法國太太和我剛認識時的情景。語言實在是個微不足道的障礙。

人類是猿類後代的想法，最早在一八〇九年由法國博物學家讓－巴蒂斯特．拉馬克（Jean-Baptiste Lamarck）提出。根據拉馬克的理論，後天習得的特質（例如涉水禽鳥的伸腿動作）可以遺傳給下一代。早在達爾文探討這項主題之前，拉馬克就想像了人類從四手類靈長類動物演化而來的可能性：

> 如果有某個四手類動物族群，尤其是這類動物當中最完美的一種，因為環境或其他因素而失去了爬樹與攀抓樹枝的習慣……此外，那個族群當中的個體又連續幾個世代被迫只能用雙腳行走，而必須放棄把手當成腳使用的做法……那麼，這些四手類動物終究會轉變為兩手動物，於是牠們腳上的拇趾就不會再和其他趾頭分開。[2]

拉馬克為他的大膽想法付出了極大的代價。他為自己招來了許多敵人，以致在赤貧中結束一生，而且他的訃聞也是在法國科學院朗讀過最充滿嘲諷與羞辱的一篇。[3]半個世紀後，人類是猿類後代的觀念得以普及，可以歸功於受到了達爾文演化思想——也就是以遺傳特徵為基礎的演化——的兩位倡導者，其中一位是英國的湯瑪士·赫胥黎，另一位是德國的恩斯特·赫克爾（Ernst Haeckel）。這兩人奮力促使眾人接受我們是經過修改的猿類，並且至少說服了科學社群，於是科學家也就不再把這點視為必須討論的議題。只不過，肯特州立大學（Kent State University）卻在二〇〇九年發表了一份標題令人震驚的新聞稿：〈人並非演化自猿類〉（Man Did Not Evolve from Apes）。

要理解這項主張，我們必須知道肯特州立大學參與了發現始祖地猿（*Ardipithecus ramidus*）的研究：那是個在衣索比亞發現的化石，距今四百四十萬年，被命名為「阿爾迪」（Ardi）。由此可見，和人類與猿類間的漫長告別（六百萬年前）相比，阿爾迪又比先前發現的化石回推了一百萬年。阿爾迪仍然與猿類相當近似的一個徵象，就是她的可對握腳拇趾。她一定非常善於爬樹，並且和今日的猿類一樣，每晚睡在樹上避免遭到掠食者攻擊。可想而知，創造論者與智慧設計論者隨即把這篇具有誤導性的新聞稿當成上帝賜予的禮物，媒體則大肆宣傳這必然表示猿類是我們後代的錯誤結論。之所以會造成這樣的混亂，原因在於阿爾迪團隊裡的科學家歐文・洛夫喬伊（Owen Lovejoy）雖然有著如同巴諾布猿的姓名（其姓氏「Lovejoy」是由「愛」〔love〕與「喜悅」〔joy〕兩個詞結合而成），但他唯一想得到的比較對象只有黑猩猩。他斷定阿爾迪的體型與黑猩猩大不相同，所以其祖先不可能是黑猩猩。然而，為什麼非要以現存的猿類當成起點呢？人類與猿類分家以來演變了多久，活在當今的猿類就也演變了多久。一般人經常認為在我們不斷演化的同時，猿類必定維持了原本的樣貌而沒什麼變化。不過事實上，遺傳資料卻顯示黑猩猩改變得比我們還多。我們純粹就是不曉得我們最後的共同祖先長什麼樣。雨林環境無法形成化石——所有東西都還來不及礦化就漸漸腐爛——所以我們缺乏早期猿類的化石。儘管如此，仍然可以確定我們的祖先必定符合猿類的一般定義：一種無尾平胸的大型靈長類動物，擁有能夠抓握的腳趾。因此，宣稱我們是猿類的後代依然是完全可以接受的說法，只不過此處所指的猿類完全不是現存的這些猿類物種。

阿爾迪的嘴巴比較不那麼突出，牙齒比較小又比較鈍，所以明顯與犬齒又長又尖的公黑猩猩不一樣。黑猩猩的「利齒」有如致命的刀子，可以割破敵人的臉和皮膚。野生黑猩猩會在地盤爭鬥中以這種武器殺害對手。相較之下，科學家認為阿爾迪比較愛好和平，也許是因為雄性之間的衝突比較少。洛夫喬伊甚至提議指稱阿爾迪與她的當代同胞採行單配偶制，而這點有助於他們減少暴力衝突。不過，除非古生物學家發現戴有婚戒的公猿與母猿化石，否則認為阿爾迪只有單一配偶的觀念純粹只是推測。此外，也沒有證據顯示單配偶制能促成對和平的愛好：我們這個大支系當中唯一的單配偶制靈長類動物是長臂猿，而牠們就擁有嚇人的犬齒。

如果說我們的祖先不像凶暴的黑猩猩，而是像巴諾布猿這種溫和而具有同理心的猿類呢？巴諾布猿的身體比例——長腿窄肩——看起來完全合乎阿爾迪的描述，還有牠們相對較小的犬齒也是。巴諾布猿為什麼遭到忽略？如果黑猩猩不是我們的祖先原型，實際上只是這個相對和平的支系中一個凶暴的異數呢？阿爾迪告訴了我們什麼？我們對她帶來的訊息可能各有不同看法，但這項訊息還是令我耳目一新，因為其中不再伴隨先前所有情境的戰鼓聲。

我們的祖先與親屬所受到的定型，經常帶有政治上的弦外之音，諧星史提芬·寇柏特（Stephen Colbert）就在電視節目《寇柏特報導》（The Colbert Report）把這種現象充分嘲諷了一番。[4]參加一個主要目的就是在嘲諷你和你的觀念的節目，實在是極為特別的體驗。寇柏特問我黑猩猩與巴諾布猿相較起來怎麼樣。在我說明巴諾布猿的行為時，他一再裝出噁心反感的鬼臉：巴諾布猿對他而言，顯然太過愛好和平也太過感性（「上帝規定的那種正常異性戀性行為到哪裡去了？」）。不過，當我開始描述起黑猩猩，他就不斷點頭表示認同，

圖 3-2　母巴諾布猿以生殖器互相摩擦的行為，有助於建立關係以及維持和平。兩頭母猿把外陰和陰蒂互相擠壓在一起，然後激烈地側向摩擦，其中一頭母猿幾乎像嬰兒一樣緊抱對方。臉部表情與響亮的尖叫聲顯示她們達到了高潮。

因為黑猩猩的行為表現顯然完全合乎他扮演的那個滿腦子都是法律和秩序的角色。

在這個分裂為黑猩猩愛好者與巴諾布猿愛好者的世界裡，寇柏特剝香蕉皮的動作讓我們所有人都忍不住捧腹大笑。

左派與右派的巴諾布猿

想像你是個作家，決定為你的讀者針對政治正確的靈長類動物提供第一手描述。這種靈長類動物是左派的偶像，以其「同志」關係、雌性的支配地位以及愛好和平的生活方式聞名。你的焦點便是巴諾布猿：黑猩猩的一個近親。你長途跋涉前往剛果民主共和國這個國名充滿諷刺的地方，以便觀察這些迷人的猿類在自然棲地玩耍的情形，希望能帶回令人興奮的新故事。

然而，你卻幾乎看不到巴諾布猿的蹤影。你看到少數幾頭靜靜地坐在樹上吃堅果，就這樣而已。這就是伊恩・帕克（Ian Parker）遭遇的情形，但他仍然為《紐約客》（*The New Yorker*）雜誌精心撰寫了一篇十三頁長的「遠地通訊報導」。我們從中得知了那個地方「炎熱潮濕的空氣」，還有那裡的暴雨、土石流以及果殼掉落的聲響，在他的描述下，他的德國接待者顯得冷淡且頗不友善。帕克的主要訊息大可是些描述田野研究工作一點都不容易的內容，結果他卻堅稱巴諾布猿並非一般人想像的那麼和善且充滿性慾。由於這種猿類的名聲對恐同者與霍布斯主義者來說向來有如芒刺在背，右翼媒體也就為此雀躍不已。巴諾布猿的「迷思」終於可以受到破除，讓大自然繼續保有腥牙血爪。保守派評論家迪內希・迪索薩（Dinesh D'Souza）因而指控「自由派人士」把巴諾布猿描繪成他們的吉祥物已經不再合適了，極力主張他們繼續使用驢子就好。

我們對這一切原本大可一笑置之，問題在於這不僅是政治上無關緊要的小爭執而已，其中的爭論要點乃是我們**所知**的事物：巴諾布猿有可能表現出充滿攻擊性的一面，這點並沒有疑問。我們知道有凶殘的群體圍毆行為，大多都是母猿攻擊公猿。各地動物園多年來已經記錄了許多這類案例，實際上也促成動物園改變巴諾布猿的圈養方式。由於母親與兒子的分離會破壞牠們之間一種保護性的關係，於是動物園愈來愈讓母子生活在一起。如同我在一九九七年於《巴諾布猿：被遺忘的猿類》（*Bonobo: The Forgotten Ape*）這部著作裡提出的警告：「所有動物的天性都是爭強好勝，只有在特定情況下才會互相合作。」[5]

關於巴諾布猿在野地的行為，並沒有什麼新的發現。剛果民主共和國不久前剛經歷了一場血腥內戰，據估計造成五百萬人死亡——此一殘暴情勢相當不利於靈長類動物研究。我們對野生巴諾布猿所擁有的知識，處於停滯不前的狀態已經超過十年。不過，我們擁有在這段期間之前取得的絕佳野地資料。過去三十年來始終沒有改變的一項最重要觀察，就是巴諾布猿之間沒有致命攻擊行為的可靠報導。相較之下，我們為黑猩猩記錄了不下數十起案例，包括成年公黑猩猩殺害其他公黑猩猩、公黑猩猩殺害嬰兒、母黑猩猩殺害嬰兒等等。這是在野地觀察到的情景。在圈養環境裡，我自己曾經記錄公黑猩猩以凶暴的手段殘害以及閹割一名政治對手，因此導致那頭黑猩猩死亡。這類資訊在黑猩猩之中所在多有，與巴諾布猿的零案例形成鮮明對比。

理查・藍翰（Richard Wrangham）在《雄性暴力》（*Demonic Males*）一書檢視了黑猩

猩的暴力行為，接著與巴諾布猿做出以下比較：「……我們可以把牠們視為一種獨特的黑猩猩，擁有通往和平的三重管道。牠們降低了兩性之間、雄性與雄性之間還有群集之間的暴力程度。」[6]這不表示巴諾布猿活在毫無爭端的童話世界裡，牠們之所以從事「促成和平的性行為」，就是因為牠們有許許多多的衝突。牠們要是生活在全然的和諧中，怎麼會需要促成和平的行為？化解衝突的性行為通常發生在雌性之間，但也可見於雄性之間，例如在聖地牙哥動物園看到的景象：

維儂（Vernon）經常把卡林德（Kalind）追到乾壕溝裡。……在這樣的事件之後，這兩頭公猿之間的密集接觸就會增加到一般狀況下的將近十倍之多。維儂會以牠的陰囊摩擦卡林德的臀部，或者卡林德會露出陰莖供對方手淫。[7]

這種行為與黑猩猩的對比極為引人注目。大多數人都在黑猩猩的地盤爭端中觀察到凶殺行為，但巴諾布猿卻是在地盤邊界從事性行為。牠們可能會對鄰居不友善，但衝突一旦展開，母猿卻被觀察到衝往另一邊與公猿交合，或是騎上別的母猿恩愛。由於很難一面性交一面發動戰爭，因此這種情境很快就轉變為社交活動。最後的結果就是不同群體的巴諾布猿互相理毛，幼猿則是一同玩耍。這類報導可以追溯到一九九〇年，而且主要來自加納隆至這位對野生巴諾布猿研究時間最長的日本科學家。在寫這本書的過程中，我訪談了不少野地研究者，例如加納與帕克的接待者戈特弗里德．霍曼（Gottfried Hohmann）。我向霍曼問及他的巴諾布猿對其他群體的反應時，他答道：「一開始的情勢非常緊張，有許多尖叫與追逐，但牠們接著會逐漸平靜下來，然後由兩個群體的成員相互從事雌性與雌性以及雄性與雌性間的性行為。理毛活動也可能會出現，但仍然充滿緊張氣息。」[8]這可不是殺人猿在一般人心目中的形象，但霍曼也補充說群體之間不一定會交流，不同群體的公猿也不會互相理毛。

剛果民主共和國金夏沙附近的一座保護區，不久前決定把兩個原本分開生活的巴諾布猿群體融合為一，藉此創造一些活動。絕對沒有人膽敢對黑猩猩這麼做，因為唯一可能的結果就是暴力衝突。動物園裡，大家都知道陌生的黑猩猩必須不惜一切代價分開圈養，直到牠們彼此熟悉為止；如果不這麼做，就可能會面對血染猿區的後果。不過，那個保護區裡的巴諾布猿卻因此舉行了一場雜交狂歡派對。牠們自在地交流，把可能的敵人轉變為朋友。

除此之外，還有伊莎貝爾．貝恩克（Isabel Behncke）的觀察。她是一位智利的靈長類動物學家，在萬巴（Wamba）研究巴諾布猿的玩耍行為，那裡也是加納及其他日本科學家從事了數十年研究工作的地點。貝恩克看見不同群體的成員一起玩耍，不禁感到難以置信。

不久前，她播放了在濃密森林裡拍攝的影片給我看，畫面中可以看到一頭成年的公巴諾布猿周圍環繞著鄰近群體的幼猿，那些幼猿用手戳他、爬到他身上、也垂掛在他身邊。那一切都是玩樂行為，絲毫不帶任何危險或敵意。她還讓我看了一頭公猿與一頭來自另一個群體的母猿之間的一場遊戲，只見那兩頭巴諾布猿圍繞著一棵樹奔跑，母猿追在公猿身後，不時伸手抓住他的睪丸，同樣沒有任何明顯可見的緊張氣息。貝恩克本身也頗為調皮，開玩笑說「掐住卵蛋」這句俗語一定是從這裡來的。[9]

巴諾布猿的攻擊性之所以會引起混淆，原因出在牠們的掠食行為——雖然比不上黑猩猩，卻還是相當發達。巴諾布猿會捕殺小型獵物，例如麂羚（森林性的羚羊）、松鼠以及年幼的猴子，有時候會集體狩獵。問題是，這種行為和攻擊性沒什麼關係。早在一九六〇年代，勞倫茲就指出一隻貓對另一隻貓發出威嚇的嘶嘶聲，和貓跟蹤老鼠是不同的兩回事。前者表達的是一種混合了恐懼和攻擊性的情緒，後者則是出於飢餓使然。我們現在已經知道這兩種行為使用的神經迴路是不同的，這就是為什麼勞倫茲把攻擊性定義為物種內部的行為，也是為什麼一般認為草食性動物的攻擊性絲毫不遜於肉食性動物——見過公馬打架的人都可證實這一點。

把掠食與攻擊性混為一談是一種存在已久的錯誤，屬於過往那個只因為我們的祖先吃肉，就把人類視為無可救藥的殺人凶手的時代。這種「殺人猿」概念深具影響力，史丹利・庫柏力克（Stanley Kubrick）的電影《二〇〇一太空漫遊》（2001: A Space Odyssey）就在一開場的段落中顯現一頭身披黑毛的古早人類物種，以一根草食動物大腿骨痛打一名同伴，接著得意洋洋地將這件武器拋往空中，然後那根骨頭就變成了一艘繞著地球運行的太空船。這段影像確實非常激勵人心，但卻只是奠基在一個人類遠祖*幼童頭骨化石上的一個穿刺傷口，那個孩子被稱作唐孩兒（Taung Child）。這個化石的發現者斷定，我們的祖先必定是肉食性食人族，後來記者羅伯特・阿德瑞（Robert Ardrey）在《非洲創世記》（*African Genesis*）這部著作重新包裝了這個想法，指稱我們是崛起的猿類而不是墮落的天使。[10] 不過，現在我們認為唐孩兒可能只是遭到花豹或老鷹獵殺而已。

對暴力的頌揚與我們對性的靦腆恰成對比，而這種態度也導致科學家忽略了性，或是將其貼上別的標籤。如同我們喜歡以委婉的用語稱呼事物——例如把廁所稱為「洗手間」，或是把無意間露出乳頭的情形稱為「走光」——文獻也習於把巴諾布猿的行徑稱為「充滿愛意」，但實際上所指的那種行為若是發生在人類的公共場域，必定立刻導致行為者被捕。兩

* 譯註：是非洲南猿。

頭母巴諾布猿可能把她們腫脹的生殖器緊壓在一起迅速的橫向摩擦，科學家稱之為「生殖器互相摩擦」，但多次目睹這種行為模式的霍曼問道：「可是，這種行為和性有關嗎？也許沒有。當然，她們使用的是生殖器官，但這究竟是一種情慾行為，還是一種與性行為完全無關的日常問候活動？」[11]

所幸，美國法院在寶拉・瓊斯（Paula Jones）控告比爾・柯林頓（Bill Clinton）總統的案件裡解決了這項重大議題。判決釐清指出，「性」一詞包括了對生殖器、肛門、鼠蹊部、胸部、大腿內側或者臀部的任何刻意接觸行為。我們也許可以對這項定義吹毛求疵，舉例來說，如果有人故意坐在我身上，從而以其臀部觸碰我，有必要因此就認定是性行為嗎？但且讓我們聚焦在生殖器上：這種器官明顯可見是為了性而存在。巴諾布猿藉著抓握睪丸、撫摸陰蒂或者以生殖器互相摩擦而刺激彼此，並且因此發出尖叫聲以及呈現其他顯而易見是性高潮的徵象。任何性治療師要是看見這種情景，一定都會告訴你牠們正在做「那檔事」。此處我心中所想的是蘇珊・布洛克（Susan Block）這位美國治療師，專精教導「透過歡愉追求和平的巴諾布猿方式」。這個口號看來頗為恰當，因為除了我們這個物種以外，沒有其他動物像巴諾布猿那樣對性如此熱衷。[12]

近來針對合作所從事的一項實驗，突顯了巴諾布猿與黑猩猩的差異有多麼大。布萊恩・

海爾（Brian Hare）與他的同事在猿類面前放置一個平台，只要牠們互相合作，就可以將平台拉近。平台上如果放了食物，巴諾布猿的表現就優於黑猩猩。食物通常會引發競爭，但巴諾布猿卻表現出性接觸、共同玩耍，並且開開心心地一同分享那些食物。相較之下，黑猩猩則克服不了自己的競爭性。這兩個物種對相同的情境表現出如此不同的反應，可見牠們的性情差異確實毋庸置疑。

另一項證據來自凡妮莎．伍茲（Vanessa Woods）對猿類孤兒的比較。可惜的是，黑猩猩與巴諾布猿都經常是非洲野味狩獵行徑的受害者。成猿通常遭到宰殺被當成肉品販賣，幼猿則經常被送到保護區，在人類的關照下長大，直到牠們強壯得能獨自謀生為止。伍茲詳細比較了這兩個物種的幼仔，發現年幼的巴諾布猿在興奮時會進行性接觸，例如被餵食的時候；但年幼的黑猩猩則不會如此。因此，這兩個物種的差異在生命發展初期就已經浮現。

簡言之，只要我們膽敢對性直言不諱，並且聚焦在物種內的暴力程度（相對於物種間的暴力行為），這些現象就提供了強而有力的支持證據，顯示巴諾布猿相對較為愛好和平，而且其性行為具有非生殖方面的功能，包括問候、衝突化解以及食物分享。偶爾可見的誇飾說法（「黑猩猩來自火星，巴諾布猿來自金星」）也許不免過火，但巴諾布猿如果只是被描述為充滿愛意，那麼這個物種絕對不可能為人所知。隨著巴諾布猿野地研究者陸續返回非洲，不論我們未來會獲得什麼發現，總之這個物種絕不可能在短期內轉變為霍布斯式的形象。我完全沒辦法想像這種猿類從溫和性感轉變為凶惡暴力的模樣。

唯一在森林裡廣泛研究過黑猩猩與巴諾布猿的日本靈長類動物學家古市剛史說得好：「巴諾布猿的一切都非常平和。每當我看見巴諾布猿，牠們看起來都是盡情享受著生活。」[13]

肉慾樂園

在我還是學生的時候，曾經走訪一座現已歇業的荷蘭動物園，裡面圈養了「侏儒黑猩猩」——這是巴諾布猿以前的名稱，那是我第一次見到這個物種。牠們在行為、舉止以及外貌上與黑猩猩的對比，深深引起了我的注意。黑猩猩是肌肉發達的健美先生，巴諾布猿看起來則是頗具智慧。牠們有著纖細的脖子和如同鋼琴家的雙手，看起來比較適合待在圖書館，而不是健身房。那時候，我們對巴諾布猿幾乎一無所知，於是我當下決定這點必須有所改變。我過去因為受到誤導而以為巴諾布猿只是體型比較小的黑猩猩，這種看法實在是大錯特錯。

那一天，我目睹了一個紙箱引起的一場小爭執，只見一頭公猿和一頭母猿跑來跑去互相捶打，但牠們的爭吵卻在轉眼間結束，當場做愛起來！這種情形看起來很奇怪：我早已習慣黑猩猩的行為模式，牠們並不會這麼輕易地從憤怒轉換成性行為。我以為那只是個巧合，或是我沒注意到某個造成心意改變的事物。不過，後來才發現我所目睹的情景，對這些崇尚性愛的靈長類動物而言，其實再正常不過，但這是我多年後才獲得的發現——在我開始研究牠們之後。

儘管成為靈長類動物性學專家從來不是我的目標，卻是一項無可避免的後果。我看過牠們以我們想像得到的各種體位辦事，甚至還有一些我們難以想像的姿勢（例如頭下腳上，用腳吊掛著對方身體）。巴諾布猿的性行為之中最重要的一點，就是這種行為極度隨性，並且充分整合在社會生活中。這不是我們大多數人看待愛情生活的方式，因為我們充滿了各種障礙、執迷與壓抑，有些人甚至一開燈就辦不了事！這就是為什麼只要一說我研究的對象是巴諾布猿，所有人都會對我眨眨眼，彷彿這樣的研究必定令人興奮不已，充滿禁忌的樂趣。不過，愈是觀察巴諾布猿，就愈不禁認為性行為彷彿就和檢查電子郵件、擤鼻涕或打招呼一樣，只是平凡無奇的例行性活動。我們用手問候別人，例如握手或者拍拍彼此的肩，巴諾布猿則是透過「生殖器握手」來問候他猿。牠們的性行為非常短暫，持續時間只以秒計，而不是分鐘。我們把性交與生殖還有慾望聯想在一起，但性交在巴諾布猿中卻可以滿足各式各樣的需求，性滿足並非一定是性行為的目標，生殖也只是性行為中的一種功能而已。這點即可解釋為什麼從事性行為的巴諾布猿，性伴侶可以有各式各樣不同的組合。

在討論這種多功能的特性之時，很難不注意到有些人厭惡這種情形，有些人則是非常喜愛。厭惡的情緒來自若干既定觀點，諸如雄性階級、領域性和暴力在人類演化中扮演的角色，這點無疑就是人類學家一再忽略巴諾布猿的原因，他們不認為我們的過去有靈長類動物嬉皮存在的空間。不過，對巴諾布猿的愛好也不必然比較理性。這種愛好經常反映了一廂情願的想法，一種對我們祖先懷有的理想化思維。我發表有關巴諾布猿的演說之後，有時會遇到認為自己和巴諾布猿有許多相似處的多重伴侶關係主義者，或是對我說他夢想自己能更像巴諾布猿的人。另外，有些人則是臆測我們必定是巴諾布猿的直屬後代，同時暗示我們應該要轉變為母系社會，並且丟棄我們在性方面的各種思想限制與行為枷鎖。

把我們的祖先與自由性愛聯想在一起，具有聖經方面的弦外之音。不是說聖經鼓勵濫交，但聖經指稱我們在墮落之前不知好歹。有時其他靈長類動物就被視為在純淨的環境裡過著天真無邪的生活，一如我們想像中的伊甸園，在性方面毫無節制。法國人類學家克勞德・李維－史陀（Claude Lévi-Strauss）甚至針對這一點提出了一項正式理論，指稱人類文明始於亂倫禁忌。在那之前，我們的性交對象可以是任何人，不管對方是不是我們的血親。亂

圖 3-3　人類是不是墮落的天使？在《人間樂園》裡，波希描繪了一名有如耶穌般的人物把亞當與夏娃聚在一起。不尋常的是，這兩位最早的人類在他的畫筆下並沒有吃禁果，也沒有面臨遭到逐出伊甸園的命運。在沒有墮落的情況下，他們是否可望進入一座肉慾樂園？

倫禁忌把我們推入了一個新領域：從自然領域進入文化領域。李維－史陀實在是錯得離譜！生物學家所謂對於近親繁殖的抵制，在各種動物當中都發展得相當成熟，從果蠅、囓齒類到靈長類動物都是如此。在巴諾布猿當中，由於母猿都會在青春期左右離開原本的群體而加入鄰近的其他群體，因此也就得以避免父女之間的性行為。另一方面，兒子雖然一直待在母親身邊，而且經常與母親一同遷徙，卻全然沒有母子之間的性行為。這是巴諾布猿社會裡唯一沒有性行為的伴侶組合，而且這一切都是在沒有禁忌的環境中存在的現象。

從盧梭的「高貴的野蠻人」開始，我們對史前史的建構經常都奠基在一種無憂無慮的觀點上，認為我們所有人都能和諧相處，並且對未來毫無擔憂。瑪格麗特・米德（Margaret Mead）描述薩摩亞人的愛情生活，似乎就是受到這種觀點的吸引；不久之前的一部ＢＢＣ紀錄片，也把這種西方偏見套在一個「未受汙染」的亞馬遜部落上。兩名熟悉祕魯馬奇健格族（Matsigenka）的人類學家宣稱那整部紀錄片都是捏造的。紀錄片首先從攝影團隊進入那座村莊的方式拍起，他們偏離一條常用的步道，以便拍攝他們自己在叢林裡劈砍開路，最終找到那個鮮為人知的族群。那部紀錄片據說充滿了嚴重誤譯，把平凡無奇的話語（「你們來自那些老外居住的遙遠地方」）變成了凶惡的言詞（「我們用箭射殺外人」）。村裡的老酋長惆悵地說：「我改天再性交吧。」翻譯的結果卻是：「我每天都性交。」[14]

只要一想到人類起源，我們就會出現各種天馬行空的想像。我們想像我們的祖先沒有文化，還沒發展出語言，幾乎沒有任何科技，而且在性方面幾乎毫無約束。聽起來雖然難以置信，但比盧梭的年代要早兩百年之前，世人就已經為這種起源幻想的類型故事做好了準備。這點可從英國人文主義者湯瑪斯・摩爾（Thomas More）的《烏托邦》（*Utopia*）與波希的《人間樂園》幾乎同時出現而獲得證明。摩爾筆下的世界包含了福利國家、私有財產的欠缺，還有安樂死，但其中卻沒有自由性愛。實際上，在烏托邦裡，婚前性行為將會遭到終生獨身禁慾的懲罰。相對之下，波希的幻想則是在《人間樂園》的中幅呈現一大群赤身裸體的男男女女在一起共同嬉戲，放縱他們的口腹與情色之慾。這位畫家想要告訴我們什麼？傳統的詮釋認為，他的三聯畫描繪了天真的腐化，右幅所示即是因此遭遇的可怕懲罰。這樣的詮釋看起來頗為直截了當：性是罪惡，而罪人就應當下地獄。如果真是這樣，那麼《人間樂園》的道德觀就與《烏托邦》相去不遠。不過，我們現在已經知道波希的畫作對本身包藏的祕密並不太願意開誠布公。連同達文西在同時期繪製的《最後的晚餐》，波希的畫作可能是史上受到最多人撰文討論的藝術作品。這幅畫作在每個世代眼中都呈現不同的面貌——因此揭露的內容經常較關乎那個世代所處的時代，而不是這件畫作本身的時代。

在左幅描繪的樂園裡，上帝以左手輕輕握著夏娃的手腕，同時以右手為她與亞當的結合賜福。亞當凝望著夏娃的眼神，有人稱之為性興奮的表現。不過，我必須以靈長類動物學家的身分指出，這種說法如果成立，那麼亞當應該要勃起才對。然而，亞當的那話兒卻像是睡著的老鼠一樣倒臥不動（Google 地球可讓任何人侵犯亞當的隱私）。他的臉部表情看起來其實頗為訝異，彷彿沒有人對他說過他會見到一個女人。這對最早的人類男女在一個極不尋常的場景會面，滿是無中生有的想像生物以及當時剛發現的動物（長頸鹿、豪豬）。在遠方，我們可以看見一條蛇盤繞在某種堅果樹上，但那條蛇其實是從樹上掉了下來，畫作中亞當與夏娃也沒有吃任何水果。實際上，《人間樂園》裡的伊甸園完全沒有人類墮落或者遭到驅逐的場景。

藝術史學家歷經好幾百年才看出中幅的地平線與左幅是連續的，可見繪有超過一千個裸體男女享受著肉慾娛樂的中幅畫作，其地點必定也是在伊甸園裡。人類如果沒有被踢出伊甸園，是不是會過著這樣的生活？抗拒誘惑是不是會獲得性自由的獎賞？如同一名藝評家所言，那一大群男人騎著驢子、駱駝與四足鳥繞行有女子沐浴其中的水池，展現了「某種青少年式的性好奇」。[15]這正是我和其他人對巴諾布猿的描述，這個物種似乎是黑猩猩的不成熟版，就像人類也被視為一種青春永駐的靈長類動物。成年之後仍保有年幼特徵的幼態持續（Neoteny）現象，被視為我們這個物種的正字標記。這種現象在我們長久持續的淘氣、好奇與創意之中看得出來，還有在我們充滿想像力的性事裡。《人間樂園》提供了一項絕佳的例證，而由於這幅畫作充滿了各式各樣的動物，因此我敢說波希要是知道有巴諾布猿這種動物存在，絕對會毫不遲疑地在那一大堆調情嬉鬧的人群中放入幾頭巴諾布猿，牠們想必會遠比黑猩猩更加適得其所。

有些人認為，波希的作畫意圖與《拉丁文通俗譯本》（Vulgate）這部四世紀的聖經拉丁文版翻譯有關，因為那部譯本提及「paradisum voluptatis」，意即「肉慾樂園」。波希無疑知道由聖傑羅姆（Saint Jerome）翻譯的這個譯本，他非常仰慕這位與自己同名的聖經學者，還曾經畫過他兩次。[16]早期的神學家對《拉丁文通俗譯本》提及肉慾、歡愉和享受頗覺尷尬，卻無法否認上帝創造的人類有兩個版本，而且各有互補的生殖器官。如果沒有性行為以及性行為帶來的滿足感，人類絕對無法實現上帝要求生養眾多的誡令。

波希大概頗為認真看待這一切，同時又刻意添加了一些挑釁的內容。一種常見的臆測認為他屬於所謂自由精神兄弟姊妹會（Brethren and Sisters of the Free Spirit）這個異端教派。這個教派尋求回歸人類原本的純潔，包括裸體與濫交；由於其成員希望獲致亞當在墮落前的那種純真，因此被稱為亞當後裔。不過，沒有證據可以證實波希的確是亞當後裔，尤其是那個教派在他出生之時就已經徹底消失了。比較可能的情形是他受到早期人文主義的影響，這種思想遠遠不像教會那麼對性避之唯恐不及。號稱人文學者王子的德西德里烏斯・伊拉斯摩斯（Desiderius Erasmus）甚至曾經待在丹波希學習拉丁文，就與波希住在同一條街上，只隔了幾棟房屋而已。這兩位習於諷世的道德家彼此認識，是一項頗為誘人的猜測。

伊拉斯摩斯對性的態度非常明確：

圖 3-4 《人間樂園》的中幅充滿了裸體人物、鳥兒、馬匹以及想像中的動物。眾人都盡情享用水果。此處擷取的畫作局部描繪了一隻金翅雀咬著一串黑莓懸垂在一群人面前，那群人彷彿在玩荷蘭古老的兒童遊戲「咬蛋糕」。其他人則是忙著求愛或是做著白日夢。

> 我完全不想理會那些聲稱性興奮很可恥而且性刺激源於罪惡而非自然的人，這種說法實在是徹底昧於事實。依照這種說法，那麼沒有性的引誘就無法發揮其功能的婚姻，豈不是不得不受到譴責？在其他生物身上，這種引誘又是來自何處？是自然使然還是罪惡？[17]

這麼一段話出現在十六世紀實在是相當了不起！這一切都是

北方文藝復興期間風起雲湧的道德與宗教辯論中的一部分。

波希的畫作提出了相當尖銳的評論。他在一般人心目中的形象也許是一位陰鬱的畫家，擅長描繪懲罰（精神分析學家卡爾・榮格〔Carl Jung〕稱他為「殘暴圖像的大師……潛意識的發現者」），但令人感到欣慰的一項體認是，在《人間樂園》右幅那些深受折磨的人物裡，完全看不到中幅的那些愛侶。右幅雖然也有對於肉慾和性的指涉，但其中描繪的惡行主要都是賭博、貪婪、閒言閒語、懶惰、貪食、驕傲等等。這位畫家彷彿在說，沒錯，這個世界確實充滿苦難與罪惡，而且罪惡也會招致懲罰，但可別將肉慾之情視為罪惡的來源。

勢力龐大的姊妹幫

維儂是聖地牙哥動物園的一頭公巴諾布猿，他掌管的小群體包括一頭名叫蘿瑞塔的母猿，這是維儂的伴侶暨朋友，還有幾頭幼猿。那是我唯一看過由公猿領導的巴諾布猿群體。那時候，我以為這種情形必定是常態：畢竟，雄性支配是大多數哺乳類動物的典型狀態，而且公巴諾布猿的體型確實比雌性大，肌肉也比較發達。不過，蘿瑞塔年齡較輕，而且她是群體內唯一的母猿。一有第二頭母猿加入之後，權力平衡就改變了。

蘿瑞塔和另外那頭母猿見面之後所做的第一件事，就是立刻從事性行為，不但臉上帶著大大的笑容，而且發出響亮的尖叫聲，明白顯示猿類確實懂得享受歡愉。她們之間的這種同性性行為頻率愈來愈高，從而終結了維儂的統治。幾個月後，餵食時間常見的情景即是那兩頭母猿一面性交一面分享食物。維儂如果想要獲取食物，就必須伸手乞討。這種現象與黑猩猩的對比實在極為強烈，在黑猩猩群中，每一頭健康的公黑猩猩都凌駕於母黑猩猩之上！

雌性支配也是野生巴諾布猿的典型狀況，如同古市剛史指出的：

在覓食區，如果有公猿在受偏好的位置進食，那麼只要有母猿靠近，公猿就會把自己的位置讓給對方。此外，公猿通常會在覓食區邊緣等待母猿先吃完。如果發生公開衝突，母猿有時候會聯合起來追逐公猿，但公猿絕對不會聯合起來對付母猿。即便是雄性領袖，遇到中階或低階的母猿也可能會退避一旁。[18]

面對這種不尋常的社會，一種理解方式是將其看成為了保護幼仔安全而演化出來的結果。公黑猩猩偶爾會殺害自身物種的小寶寶，人類也好不到哪裡去。虐待與殺害嬰兒的情形可能出現在家庭裡，但也可能發生於更大的規模上，例如大希律王「差人到伯利恆城及其周遭，凡兩歲以下的男孩，都殺了」（《馬太福音》第二章第十六節）。巴諾布猿完全沒有這種情形，不論規模是大是小都一樣。之所以會如此，首要的原因是身為優勢性別有助於母親保護子女。第二，泛濫的性行為使得每一頭公猿都有可能是任何一頭幼猿的父親。並不是說公巴諾布猿懂得何謂父親職責，但有什麼比殺害自己的親生骨肉更糟？這種行為必定會受到天擇的淘汰，所以濫交對幼仔起到了保護作用。這點可見於剛生產後的母巴諾布猿行為，有別於黑猩猩母親總是會明智地避開大型聚會；巴諾布猿母親卻是生產後立刻加入群體，看起來顯然無所畏懼。

在此一背景下，唯一一項關於野生巴諾布猿猛烈暴力行為的報導也就顯得頗為合理。霍曼與他的太太芭芭拉・福魯斯（Barbara Fruth），在羅馬克森林（Lomako Forest）目睹了一起黑暗事件，涉及一頭年輕公巴諾布猿，名叫佛克爾。佛克爾很幸運，因為他誕生於伊延戈（Eyengo）猿群，他的母親康芭正是那個群體的雌性領袖。公巴諾布猿總是跟在母親身邊，佛克爾只要一和其他公猿起衝突或是遭到母猿追逐，他的母親就會插手干預為他解圍。成長過程裡，佛克爾在公猿之間的地位愈來愈高，靠著母親的支持而順著社會階級不斷往上爬。他也和一頭名叫艾咪的母猿發展出密切的友誼。不過，艾咪產下第一個孩子之後，就發生了一起出乎意料的事件。當時有一大群巴諾布猿在一棵結滿數千顆甜美果實的藤黃果樹上摘採進食：

佛克爾跳上艾咪和她寶寶身處的一根樹枝。一時之間，那頭母猿似乎失去了平衡，不過隨即緊緊抓穩樹枝，並接著把佛克爾推下去。佛克爾跳下地面，尖叫不停的艾咪在身後追逐著。佛克爾與艾咪跳下地面的行為引起其他成年母猿與公猿紛紛跟進，就在短短幾秒之內，森林變成了一片戰場。濃密的枝葉導致無法仔細觀察事件經過，但那些巴諾布猿發出的可怕尖叫聲顯示，這不是一場作作樣子的假爭吵，而是真正的激烈鬥爭。[19]

超過十五頭巴諾布猿採取了協同一致的攻擊行為，並且完全以佛克爾為目標，結果他就這麼被拖來拖去。最後，他被人發現倒在地上，絕望地雙手雙腳緊抱著一棵樹，臉部因恐慌而顯得五官扭曲。所有的巴諾布猿都顯得焦慮不安，毛髮豎起，不停發出叫聲，並且以警告性的吠聲嚇阻人類觀察者，彷彿牠們不希望人類接近。那些巴諾布猿臉上呈現的情緒是霍曼與福魯斯從沒見過的。最令人意外的是，地位相當低的艾咪竟能發動這麼一場大規模攻擊，而且康芭居然完全袖手旁觀。一般而言，康芭一定會率先出面保護她的兒子，可是研究人員在那起事件結束後去找她，卻發現她躲著，躲在大老遠的樹冠層裡頭。

研究人員認為，佛克爾可能是威脅到艾咪的寶寶。他是不是像公黑猩猩那樣，有時會出現想要搶走艾咪寶寶的行為？如果是這樣的話，那麼佛克爾就是誤判了他所屬的猿群保護幼猿的決心，想要染指小寶寶的公猿顯然不免遭遇最可怕的懲罰。那場突然爆發的暴力事件，顯示巴諾布猿社會雖然表面上看來充滿愛與和平，實際上卻還有一個更深的層面。這就像是一項保護最脆弱者的道德準則，如果有人違反，那麼這項準則就會受到社群的集體捍衛，連社會中最高階層的成員——例如雌性領袖——也不敢加以攔阻。

巴諾布猿之所以能夠如此團結，原因是牠們的棲地環境足以造就比黑猩猩更強的社會凝聚力。黑猩猩為了尋覓分散各地的食物，必須拆成小群體或者獨自進行長距離移動。巴諾布猿不一樣，牠們總是集體行動，不但會等待落後的成員，在樹木高處構築夜間巢窩的時候，也會共同發出「日落呼聲」把群體召集起來。牠們顯然喜歡有同伴相陪。以巨大的果樹與森林地面上大量生長的營養香草為覓食目標，有助於牠們維持關係緊密的社會，而此一社會的核心即是一種「次級姊妹關係」。我稱之為「次級」，原因是母巴諾布猿之間的關係不是奠基在親屬關係上。身為長大成年後需遷徙他群的性別，母巴諾布猿在任何一個猿群裡大都沒有親屬。

對嬰兒的著迷當然是所有哺乳類動物的典型特色。不過，一次引人注意的邂逅顯示了巴諾布猿對嬰兒有多麼關注。我的同事艾咪．派瑞希（Amy Parish）在一座動物園裡結識了幾頭母巴諾布猿。那些母猿把派瑞希視為她們的一員，對我卻從來不曾如此，因為猿類也能確切分辨人的性別。蘿瑞塔可能會在壕溝對面向我索愛（把她腫脹的性器官朝向我，同時從兩腿之間窺看我），但身為雄性的我絕對不可能成為巴諾布猿社會裡那個母權階級的一員。相較之下，她們有一次甚至還把食物拋給派瑞希，彷彿認定她一定餓了。多年後，派瑞希去探望她這群巴諾布猿朋友，想要讓她們看看她的新生兒。玻璃後方，年齡最大的母猿瞥了一眼派瑞希的寶寶，隨即跑進隔壁的房間。不久之後，她就抱著自己的寶寶回來，並且將他舉在玻璃前面，讓兩個嬰兒能互相對望。

富有同理心的大腦

比較巴諾布猿與我們的社會，我在其中看見了太多差異，因此無法認真看待那些由巴諾布猿引發的種種一廂情願的想法。我不認為牠們的自由性愛必然會適合我們。首先，演化已為我們賦予了我們特有的幼兒保護方式，與巴諾布猿的做法恰恰相反。人類並非強化父子關係的不確定性，而是藉由墜入愛河的方式忠於一個人，至少是一次忠於一個人。透過婚姻與道德強制下的忠貞，許多社會都致力於釐清哪個男人是哪些孩子的父親。這種做法非常不完美，不免會有男性四處風流以及充滿不確定性的問題。不過，這種做法畢竟把我們帶往相當不同的方向。世界各地的人類男性都會與母親還有子女分享資源，並且幫忙照顧孩子，這種情形在巴諾布猿與黑猩猩之間幾乎聞所未聞。最重要的是，男性伴侶能夠保護家人不受其他男性侵犯。

要思考我們和我們的猿類近親有哪些共通之處，最容易的方式其實是比較公黑猩猩與男人。公黑猩猩會合作狩獵、組成聯盟對抗政治對手，以及在具有敵意的鄰居面前集體捍衛自己的地盤；不過，牠們也會競逐地位以及爭奪母黑猩猩。這種合作與競爭之間的緊張關係，對於身在體育隊伍以及企業裡的人類男性而言，是非常熟悉的現象。男人雖然會互相激烈競爭，卻也知道他們需要彼此合作才能避免自己的隊伍落敗。在《男女親密對話》（*You Just Don't Understand*）這本書裡，語言學家黛柏拉・泰南（Deborah Tannen）提及男人如何利用衝突協商地位，而且實際上喜歡與朋友爭執。爭執如果演變得太激烈，他們就會藉由開個玩笑或者道歉以化解。舉例來說，生意人會在會議上大吼大叫以及威嚇對方，接著卻在休息時間互相談笑，一笑置之。

女人不一定明白這種衝突與合作之間的模糊界線（對女人而言，朋友與對手是截然不同的），但對我來說卻是習慣成自然，因為我在一個有六個男孩、沒有女孩的家庭裡長大。實際上，我對黑猩猩爭吵後怎麼和解之所以會感興趣，部分原因就是我拒絕承認攻擊性本身就是一種邪惡的東西，但這種看法在我剛開始進行這方面研究時卻相當普遍。攻擊性行為甚至被貼上「不合群」的標籤。我無法理解這種觀點，我認為扭打與爭吵是協商彼此關係的一種方法，只有在毫無顧忌或者事後沒有人試圖修補關係的情況下，我才會把這種行為稱為有害。公黑猩猩大多時候都相處融洽，實際上也遠比母黑猩猩更善於與最強勁的對手互相長時間理毛，藉此降低緊張關係。記恨不是公黑猩猩的習慣。

不過，我在人類與巴諾布猿之間也看到了相似性，尤其是在同理心與性的社會功能方面。不是說人類對性的使用能像巴諾布猿那麼輕易、公開，而是說在人類的家庭裡，性具有社會黏著劑的功能，類似巴諾布猿利用性撫平彼此關係的做法。我認為巴諾布猿具有高度的同理心，比起黑猩猩更是如此。一頭巴諾布猿就算受了最輕微的傷，也會隨即受到其他巴諾布猿團團圍繞，也許檢視他的傷口，也許加以舔舐，也許幫他理毛。葉克斯在《幾近為人》一書描述了他的巴諾布猿如何照顧一頭重病的同伴，指稱他要是詳細描述那些照顧舉動，恐怕會被人指控他「把猿類理想化」。[20]

直到不久之前，我們才得知巴諾布猿的大腦如何反映這種體貼的情感。第一個線索來自一種特殊的神經元，稱為梭狀細胞（spindle cell）。科學家認為，這種細胞涉及自我覺察、同理心、幽默感、自我控制，以及其他各種人類強項。一開始，我們只知道人類擁有這種神經元。不過，一如科學的尋常發展模式，這種神經元後來也在猿類的大腦裡找到，包括巴諾布猿在內。[21]接著，有一項研究則是比較了黑猩猩與巴諾布猿腦中的特定區域，涉及感知別人痛苦的腦部區域，例如杏仁核與前腦島，在巴諾布猿身上比較大。此外，巴諾布猿的大腦也含有發展完善的機制迴路，能夠控制攻擊性的衝動。瑞林及其同僚指出這些神經差異之後，斷定巴諾布猿擁有富有同理心的腦子：

> 我們認為這套神經系統不僅促使巴諾布猿擁有更高的同理心，也促成了性與玩耍這類有助於消除緊張關係的行為，從而將痛苦與焦慮限制在有益於利社會行為的程度。[22]

這一切在我初次見到巴諾布猿的時候都還不為人知，但證明了我當初認為牠們與眾不同的想法確實沒錯。法國人稱牠們為「左岸黑猩猩」，一方面因為牠們的生活方式與黑猩猩不同，另一方面則是因為牠們棲息在朝西流的剛果河南岸。這條大河把牠們與北岸的黑猩猩以及大猩猩永久隔絕開來。不過，牠們和這兩種猿類擁有相同的祖先，其中與黑猩猩共有的祖先生存於不到兩百萬年前。一個價值六萬四千美元的問題，就是這個祖先究竟比較像巴諾布猿還是黑猩猩。換句話說，這兩種猿類的哪一種是比較原本的型態，在外貌與行為上比較近似衍生出我們的猿類？就目前來說，最篤定的說法是黑猩猩與巴諾布猿近似於我們的程度彼此相等，因為牠們是在我們與牠們的祖先分家之後才分支開來。一項常見的估計認為我們與牠們的ＤＮＡ有百分之九十八．八的相似度，但其他一些計算則認為應該「只有」百分之九十五。

近期發表的巴諾布猿基因體證實了人類與巴諾布猿擁有某些共同的基因，是黑猩猩所沒有的。不過，我們和黑猩猩也擁有巴諾布猿欠缺的某些共同基因。[23]在更精確的ＤＮＡ比較出爐之前，明白可見的是聲稱只有黑猩猩才對理解人類演化具有重要性的此一論點已經不再成立，巴諾布猿對人類演化的理解所扮演的角色一樣重要。人類和這兩種猿類都各自擁有許多共通的特質，或者就像我以前說過的，我們是「兩極化的猿類」。我們心情好的時候，就像巴諾布猿一樣善良；但心情不好的時候，也可能像黑猩猩一樣跋扈而暴力。我們至今仍不知道我們的共同祖先究竟有什麼樣的行為表現，但巴諾布猿提供了不可或缺的洞見。牠們從來不會離開潮濕的雨林，而黑猩猩的活動範圍則是擴張到半開放的林地，人類更是徹底離開了森林。依此看來，巴諾布猿也許最不需要在演化上有所改變，而保留了比較原本的特徵。美國解剖學家哈洛德．庫利治（Harold Coolidge）也提出同樣的看法，因為他在一九三三年解剖檢驗巴諾布猿的屍體之後，斷定巴諾布猿「比任何現存的黑猩猩更近似於黑猩猩與人類的共同祖先」。[24]

第四章

上帝已死，還是只是陷入了昏迷

想要用理性說服一個從不思考和推究理論的人，只是徒勞之舉。

——強納森・斯威夫特（Jonathan Swift）[1]

一個平靜的星期日早晨，我在我位於喬治亞州石山（Stone Mountain）的家中開門走上庭院裡的車道，打算去拿報紙。就在我走到車道末端的時候——我們住在一座山丘上——一輛凱迪拉克沿著街道開了過來，就在我的面前停下。一個身穿套裝的高大男子下了車，對我伸出手。就在我們握手的同時，我聽到他以響亮而近乎快樂的嗓音說道：「我在找迷失的靈魂！」我除了可能有點太容易信任別人之外，其實反應頗慢，也完全不曉得他在說什麼。我回頭看看身後，心想他也許是找到了他走失的狗兒，然後隨即更正自己的胡亂猜測，低聲咕噥了一句：「我沒有很強烈的宗教信仰。」

這當然是一句謊言，因為我根本沒有宗教信仰。那人是個牧師，他聽到我的話吃了一驚。不過，真正令他吃驚的也許不是我的答案，而是我的口音。他必定意識到要說服一個歐洲人信奉他的宗教會是相當大的挑戰，於是走回他的車子，但還是先給了我一張名片，以備我日後改變主意。原本看似相當美好的一天，這下卻令我覺得自己彷彿即將步入地獄。

我從小就在信奉天主教的家庭長大，而且不只是像我太太凱瑟琳那樣對天主教信仰稍有接觸而已。在她年輕的時候，法國許多天主教徒就已很少上教堂，除非是為了三大場合：洗禮、婚禮以及喪禮。而且，其中婚禮還是自行決定是否上教堂的。相反地，在尼德蘭南部——稱為「河流以南」——天主教在我年輕時期具有非常重要的地位。天主教界定了我們，把我們與河流以北的新教徒（Protestant）區分開來。每個星期日上午，我們都會穿上最體面的服裝上教堂，在學校也會接受教義問答。我們唱聖歌、祈禱、告解，所有正式場合上都會有代理主教或者主教在場灑聖水（我們這些孩子都很喜歡在家裡用馬桶刷模仿那種儀式）。我們是不折不扣的天主教徒。

但我現在已經不是了。我現在不論是與宗教信徒還是非信徒互動，都會畫出一條明確的界線——不是基於對方信奉什麼宗教，而是基於對方死守教條到怎樣的程度。我認為教條主義是一項遠比宗教本身更嚴重的威脅。我尤其好奇為什麼有人會捨棄宗教，卻又保留著與宗教約束相關的那種死腦筋。當今的「新無神論者」為什麼那麼執迷於上帝不存在，而一再上媒體大聲叫囂、穿上T恤稱頌自己的了無信仰，或是呼籲採取好戰無神論（militant atheism）？[2]無神論能提供什麼值得為其而戰的東西嗎？

如同一位哲學家所說，身為好戰無神論者就像是在「拚命睡覺」一樣。[3]

喪失宗教信仰

我小時候太好動，總是無法乖乖坐著參加一整場彌撒。對我來說，那樣的經歷有如嫌惡訓練（編按：指動物行為學中透過懲罰來達成制約效果的做法）。在我眼中，彌撒就像是一場劇情完全可以預料得到的木偶戲，我在其中唯一真正喜歡的面向是音樂。我至今仍然非常喜歡聆聽彌撒曲、受難曲、安魂曲與清唱劇，而且一直不了解約翰・塞巴斯蒂安・巴哈（Johann Sebastian Bach）為什麼會寫下那些相當庸俗的清唱劇，那些曲子明顯比不上他的宗教作品。不過，我雖然永遠都會感謝天主教培養我欣賞巴哈、莫札特、海頓以及其他作曲家譜寫的那些宏偉壯麗的教堂音樂，卻從來不曾對宗教感受到任何吸引力，也從來不曾對上帝說過話，更從來不覺得自己和上帝有任何特殊的關係。我十七歲離家上大學之後，立刻就拋棄了任何殘存的宗教信仰，教堂和我從此兩不相干。這算不上是我刻意做出的決定，而我也不記得自己曾有為此猶豫不決。我身邊有許多前天主教徒，但我們極少談及宗教話題，除非是為了取笑教宗、教士、巡遊活動等等。直到我遷居北部一座城市之後，才注意到有些人與宗教發展出那種曲折離奇的關係。

大部分戰後的荷蘭文學作者，都是對自己受到的嚴厲教養深感怨恨的前新教徒。「沒有受到指示的事物就是禁忌」乃是奉行喀爾文主義改革宗（Reformed church）裡的規則。改革宗堅持簡樸、穿著黑衣、不斷對抗肉身的誘惑、在家中經常讀經，並且信奉嚴厲的上帝——這一切都深深影響了荷蘭文學。我試過閱讀那些書，但總是看沒幾頁即告放棄：太令人沮喪了！教會社群嚴密監控所有人，而且對人的指控毫不手軟。我聽過令人震驚的真實敘述，指稱婚禮上一場關於罪人必定會遭受懲罰的講道導致新娘與新郎都哭著離開。即便在喪禮上，牧師也可能嚴厲譴責死者，讓那人的遺孀和其他所有人都確切知道他死後將到哪裡去。這還真振奮人心哪！

相對之下，當地的教士如果到我們家拜訪，一定會獲得一支雪茄和一杯琴酒的招待——大家都知道神職人員享有舒適的生活。天主教確實有其限制，尤其是在生殖方面（避孕是錯誤的行為），但提到地獄的頻率遠低於天堂。我們南方人以追求樂趣的生活態度為傲，認為稍微享受一下沒有任何不對。在北方人眼中，我們看起來必定極不道德，生活中充滿了啤酒、性愛、舞蹈與美食。這點足以解釋我從一位印度裔印度教徒那裡聽來的一個故事。他娶了一名信奉喀爾文教派的荷蘭北部女子為妻，那名女子的父母雖然對印度教一無所知，卻對自己的女婿至少不是天主教徒而鬆了一口氣。在他們眼中，信奉多神教也比不上天主教徒那種離經叛道而且充滿罪惡的生活方式來得糟糕。

南方人的態度可以從老彼得．布勒哲爾（Pieter Brueghel）[4]與波希的畫作裡窺見。他們有些作品令人聯想起大齋節（Lent）開端的狂歡節（Carnival）。狂歡節在丹波希這個地方深受重視，這座城市在狂歡節期間稱為烏托當克（Oeteldonk）。此外，德國這個信奉天主教的鄰國也慶祝狂歡節，在科隆與亞琛等城市都是如此，而波希的家族就是出身亞琛（他原名的姓氏「范阿肯」〔van Aken〕，即是指這座城市）。波希必定非常熟悉狂歡節的荒誕氣氛，以及眾人戴上面具之後暫時消除了階級差異的情形。一如紐奧良的馬蒂格拉嘉年華會（Mardi Gras），狂歡節實際上也是一場角色翻轉與社會自由的巨大派對。《人間樂園》藉由把所有人物畫成裸體的模樣而達成相同的效果。我相信波希的用意是要以裸體象徵自由，而不是像有些人解讀的淫亂放蕩。

一個人捨棄的宗教也許會左右他所選擇的無神論。宗教對一個人的生活如果沒有什麼掌控力，那麼叛教就沒什麼大不了，也不會造成長期的影響。正因如此，我這個世代的前天主教徒才會普遍對宗教抱持淡然的態度，因為我們從小聽著父母對梵蒂岡的批評長大，我們所處的文化也藉著對生活樂趣的鑑賞而淡化了宗教的教條。文化很重要，因為在河流以北的少數天主教徒對我說，他們受到的教養就和他們周圍的新教家庭一樣嚴格。宗教與文化的交互影響程度之高，以致法國的天主教徒其實和尼德蘭南部的天主教徒不同，而尼德蘭南部的天主教徒又與墨西哥的天主教徒不同。以破皮流血的膝蓋爬上大教堂的階梯請求瓜達盧佩聖母（Virgin of Guadalupe，編按：指的是墨西哥當地曾經顯靈的聖母瑪麗亞之封號）的寬恕，可不是我們會考慮做的事情。我也聽過美國天主教徒以我完全無法理解的方式強調罪咎。因此，尼德蘭南部的前天主教徒對自己宗教背景所感到的怨恨之所以遠低於北部的前新教徒，不但是因為宗教本身的差異，也是文化造成的結果。

艾斯貝爾・里伯林克（Egbert Ribberink）與迪克・豪特曼（Dick Houtman）這兩位荷蘭社會學家，分別把自己歸類為「對宗教的信仰太深厚而無法成為無神論者」，以及「太欠缺宗教信仰而無法成為無神論者」，他們這樣的說法正是區辨了兩類無神論者。其中一類對於探索宗教觀點毫無興趣，更無意為其辯護，這類無神論者認為信仰的有無乃是私人事務，他們尊重所有人的選擇，也不覺得有必要以自己的立場煩擾別人；另一類無神論者則強烈反對宗教，也厭惡宗教在社會上享有的特權。這類無神論者認為不該把無信仰藏在櫃子裡。他們向同志運動借用了「出櫃」一詞，彷彿他們的無宗教信仰原本是一種禁忌的祕密，而他們現在想要拿出來與世人分享。這兩類無神論者的差別，歸根結柢就在於他們是否把自己的觀點視為個人隱私。

比起一般對世俗化的看法，我比較喜歡這種分析方式，因為常見的那種看法只是單純計算某個宗教有多少信徒，非信徒又有多少。這種分析方式有一天也許能夠幫助驗證我的這項論點：行動主義式的無神論其實反映了創傷。一個人的宗教背景愈是嚴厲，就愈有需要去違抗，並把對舊信仰的安全感取代成新的。

連續性教條主義者

宗教在美國占有非常重要的地位，以致「不信教」對競選公職的政治人物而言算得上是最大的劣勢，比身為同性戀、單身未婚、結過三次婚或是黑人都還要不利。這種情形當然令人惱怒，因此得以解釋為什麼無神論者對於爭取自己的參與機會會變得如此激動。他們戳刺宗教這頭巨獸，看看能不能促使它挪出一些空間。不過，那頭巨獸也界定了他們，因為要是沒有宗教，無神論又有什麼意義？

美國電視台彷彿熱切地想要為這場實力懸殊的鬥爭穿插一些笑點，偶爾會以其特有的那種難以置信的姿態概述這種狀況。福斯新聞台的《歐萊利實情》（The O'Reilly Factor）曾經邀請美國無神論社團（American Atheist Group）主席大衛．希佛曼（David Silverman）上節目討論那些宣稱宗教是「騙局」的看板。整段訪談過程中，希佛曼都顯得一臉和善，聲稱社會大眾絕對沒有必要擔憂，他的看板只是純粹說出事實而已：「大家都知道宗教是個騙局！」身為天主教徒的主持人歐萊利表示反對，並且說明了宗教為什麼不是騙局。「你看海潮的漲退從來不會出錯，這是你沒有辦法解釋的。」那是我第一次聽到海潮可以用來證明上帝的存在。那段訪談看起來就像是一齣搞笑短劇，由一位面帶微笑的演員向宗教信徒指稱他們笨得看不出宗教是騙人的東西，但他們不該因此覺得受到冒犯；另一人則是提出海潮的起落是一種超自然力量存在的證據，彷彿引力與行星的旋轉達不到這樣的結果。[5]

我從這類對談得到的收穫，就是證實信徒們會不惜用各種說法捍衛他們的信仰，而有些無神論者則會像福音派教徒一樣，狂熱地散播他們的想法。我對宗教信徒的反應早已見怪不怪，但無神論者的熱切姿態卻一再令我感到意外。如果不是有什麼需要壓抑的心魔，又何必「拚命睡覺」呢？就像有些消防隊員私底下是縱火犯，或是有些恐同者實際上是沒有出櫃的同性戀，有些無神論者是不是也暗中渴望宗教的確定性？以著有《上帝沒什麼了不起》（*God is Not Great*）的已故英國作者希鈞斯為例，他對宗教的教條主義深感憤慨，但他本身卻從馬克思主義（他原本是托洛斯基主義者）轉向希臘正教，接著又轉向美國新保守主義，然後則是採取「反神論」立場，把世界上的一切問題都歸咎宗教。[6]因此，希鈞斯從左翼一路盪到右翼，從反越戰搖身變為伊拉克戰爭的擁護者，並且從支持上帝轉為反對上帝。另外，他喜愛好戰的美國副總統錢尼，甚至更勝於德蕾莎修女。

有些人渴求教條，對於教條的內容卻又猶疑不定。這種人就會成為連續性教條主義者。希鈞斯承認道：「我有時候很懷念自己以往的信念，覺得那些信念就像是我被截肢的肢體一樣。」[7]這句話暗示了他在人生中所處的新階段充滿了疑慮和反思。然而，他唯一採取的作為卻是再度信奉另一套新的教條。

教條主義者有一項優勢：他們非常不善於聆聽。這個特點確保了不同種類的教條主義者聚在一起即可產生火花四射的談話，就像雄鳥聚集在「集體展示場」向雌鳥展現自己色彩鮮豔的羽毛一樣。這種情景幾乎令人不禁相信「爭辯理論」，也就是說，人類的論據不是為了追求真相而演化出來的結果，而是為了在討論當中能夠表現出眾。世界各地的大學都安排過信奉宗教與反宗教的智識「巨擘」舉行討好大眾的辯論，其中這麼一場辯論於二〇〇九年舉行，就在墨西哥普埃布拉（Puebla）一場盛大的科學慶典上。我本身在那場慶典的貢獻是在另一個比較科學性的活動裡，但我也是那場終極辯論四千名觀眾的其中一人。主持人問觀眾是否信奉上帝，結果差不多有百分之九十的人都舉手給予肯定的答案。那場辯論本身的設計安排非常不具智識色彩，不但把舞台布置成拳擊擂台的模樣（繩子纏繞豎桿圍出辯論空間，角落還掛上紅色拳擊手套），講者還在軍樂的伴奏下一一上台。與談人都是熟面孔，除了希鈞斯以外，還有迪索薩、山姆．哈里斯（Sam Harris）、哲學家丹．丹尼特（Dan Dennett），以及猶太教拉比施慕禮．巴迪奇（Shmuley Boteach）。

我敢說現場觀眾絕對沒有人因為那場辯論而改變了自己的想法，不論是信徒還是非信徒都一樣。我們在那場辯論中得知，宗教是一切邪惡的根源，做為現實世界的指引又比不上科學；但我們也從中得知，如果沒有宗教就不會有道德，害怕死亡的人也將得不到希望。如果沒有上帝，道德規範就「只不過是個人品味的委婉稱呼而已」，那位拉比如是說道，一面高舉雙手揮舞，彷彿在甩比薩麵團。其他人的說話口吻也極為嚴肅，近乎威脅，彷彿只要有人忽略他們的訊息，就一定不免惹上麻煩。上帝實在不是個輕鬆有趣的話題。

那場辯論會上有如馬戲團般的氣氛更加堅定了我對福音派式無神論者的疑問。我們很容易理解宗教為什麼會致力招攬信徒，宗教是懷有金錢利益的大型組織，只要有愈多人加入，就會發展得愈好。宗教會興築大教堂，例如我在普埃布拉走訪的那一座，也會建造像聖母玫瑰堂（Capilla del Rosario）這樣的小禮拜堂，其中的灰泥粉刷都摻有二十三．五K金。我從沒見過如此金光炫目的內部裝潢，其資金也許來自貧窮的墨西哥農民世世代代的捐款。可是，無神論者為什麼也會那麼狂熱地宣揚自己的理念？此外，無神論者為什麼要對不同宗教挑撥離間？舉例來說，哈里斯沒好氣地猛打伊斯蘭教這個「易於攻擊的目標」，將其指為西方世界的一大敵人。[8]只要展示幾張穆斯林女性穿著罩袍的照片，再提及陰部縫合這種女性割禮，那麼還有誰能夠就你對該宗教的反感提出異議？我對這類宗教習俗的厭惡絲毫不遜於別人，但哈里斯的目標如果是要證明宗教未能促進道德，又何必特別針對伊斯蘭教？更何況論及性器官相關的移除手術，美國難道就不常見？哪位男寶寶在按習俗割包皮前有經過他們同意？想必不需要千里迢迢去到阿富汗才找得到道德曲線中的低谷。

如果說有些宗教比其他宗教更糟糕，那麼一定有些宗教比其他宗教好。我很想聽聽看無神論者認為什麼樣的宗教算是好的宗教，或是不同宗教為什麼會支持不同道德的原因。有沒有可能是宗教與文化的互動極深極廣，以致根本沒有普世適用的道德？與其思考這類問題，那場辯論會的講者卻是煽動觀眾去厭惡他們陌生的習俗，這種做法差不多就和迫使人對電鋸凶殺案感到驚恐一樣簡單。

除此之外，還有其他揮之不去的迷思，例如科學在一切面向上都遠遠勝過宗教，以及科學與宗教會彼此削弱，有如零和遊戲一樣。這種觀點可以追溯到美國十九世紀的善辯者，他們曾經說過一句名言，聲稱如果要依靠宗教，那麼我們必定至今都還認為地球是平的。[9]不過，這種話只是單純的宣傳手法而已。打從亞里斯多德以及其他古希臘人就已經開始猜測地球是圓的，在所謂的黑暗時代期間，更是每一位大學者都非常清楚這種想法。但丁的《神曲》把地球描述為一顆球體，波希在《人間樂園》三聯畫左右兩幅背面的圖畫中則是採取介於兩種觀點之間的做法，描繪一個扁平的世界飄浮在一個透明球體內，周圍環繞著漆黑的宇宙。在演化方面，一般的傾向也是把宗教指為演化思想的頑強反對者，卻對羅馬天主教從未正式譴責達爾文的理論、也不曾將他的著作列入禁書目錄的情形視而不見。梵蒂岡已經將演化認可為有效的理論，並且與基督教信仰相容。無可否認，梵蒂岡的這項背書確實來得有點遲，但令人欣慰的是，對於演化論的排斥幾乎完全僅限於美國南部與中西部的福音派新教徒。

科學與宗教的關係向來都是非常複雜，包括了衝突、互相尊重，以及教會對科學的資助。科學所仰賴的書籍，最早的抄寫者即是拉比與僧侶，最早的大學也是衍生自大教堂與修道院學校。其中最早的一所大學位於巴黎，學生都必須剃髮以表示效忠教會；牛津大學檔案裡最古老的文件是一二一四年的〈教宗特使裁定〉（Award of the Papal Legate）。由於這種密不可分的關係，因此大多數史學家都強調科學與宗教之間的對話或甚至整合。

不過，新無神論者卻一再對這兩者挑撥離間。他們只要一掏出宗教認為地球是平的這項不科學的論點，台下的聽眾就不禁高潮。但另一方面，宗教論述也好不到哪裡去，對待事實的態度一樣輕率隨便。在普埃布拉，迪索薩舉了瀕死經驗做為死後生命存在的科學證據。有些病患在鬼門關前走一遭之後，指稱自己飄出身體之外，或是進入了一條充滿光芒的隧道。這種體驗看來確實相當奇特，但迪索薩並未提及神經科學在大腦新發現的一個小區域，稱為右顳頂交界區（temporo-parietal junction）。這個區域會蒐集來自許多感官的資訊（包括視覺、觸覺與前庭感官），對我們的身體以及身體在環境中的位置建構出一個單一形象。正常情況下，這個形象在所有感官當中都完全一致，我們也就知道自己是誰而且身在何處。

圖 4-1 波希的《靈魂升天》（Ascent of the Blessed；這是他的《來世景象》〔Visions of the Hereafter〕四聯畫中的一部分）描繪了一條充滿光芒的隧道。自從人類初始，這種瀕死經驗就一再為神話與宗教帶來啟發。

不過，右顳頂交界區一旦遭到損傷或者受到電極刺激，就會對身體形象造成干擾。科學家可以刻意讓人覺得自己彷彿飄浮在自己的身體上方或是俯瞰著自己的身體，或者讓人覺得身邊坐著第二個自己，就像一道影子一樣（「我看起來比我現在的樣子還要年輕也還要有精神。我的分身對我露出友善的微笑」）。[10]連同麻醉藥品的致幻性質以及缺氧對大腦造成的影響，科學已經愈來愈接近能夠為瀕死經驗提出唯物論的解釋。

拉比巴迪奇也是以靠不住的證據捍衛宗教。他指出，許多人類家庭都會照顧患有唐氏症的孩子，如果沒有宗教信仰，他們絕對不會這麼做，而只會直接拋棄「缺陷」的子女。這項主張的問題正如前一章所言，在於考古資料呈現的情形並非如此。我們這個世系擁有極為強烈的養育本能，不論子女狀況如何，都不會輕易忽略或者拋棄。我不是說這種情形從來不會發生，但早在當今的任何宗教出現之前，尼安德塔人與早期人類就已經會照顧殘障者。我們的靈長類近親也是如此。這類案例雖然很多，此處只提出兩項我的親身經歷。

杜鵑是一隻患有三染色體症的獼猴；她有一對染色體多了一條，就像人類的唐氏症一樣。[11]另一個與人類相似之處是她母親懷了她的時候，已經超過獼猴正常受孕的年紀。杜鵑在一個龐大的動物園猴群裡長大，動作發展與社交技能都具有嚴重障礙。她經常犯下完全無法理解的錯誤，例如威嚇猴王。獼猴對違反規則的成員總是會立刻加以懲罰，但杜鵑卻是幾乎不管做什麼都能安然脫身，彷彿其他猴子都知道牠們不管怎麼做都改變不了她的先天不足。我們這些人類觀察者因為杜鵑可愛的個性而喜歡她，猴群裡的其他成員似乎也是如此。她在三歲那年自然死亡。

另外，還有百舌鳥這隻日本獼猴，棲息在日本中部山嶽的地獄谷。百舌鳥只能勉強行

圖 4-2 杜鵑是一隻患有三染色體症的獼猴，這種疾病近似人類的唐氏症，她比其他幼猴更具依賴性。此圖描繪她被姊姊像寶寶一樣抱著的情景，儘管她的年紀早已超過這個階段。她雖然有智能障礙，卻仍能充分融入群體並且廣受接納。

走，爬樹則是完全沒辦法，因為她天生就沒手沒腳。在此處極為酷寒的冬天裡，她的同伴都在樹枝上跳躍移動，她只能在積雪中艱苦前進。百舌鳥是經常現身於日本自然紀錄片的明星，她所屬的群體也全心接納她，因此她不但活了很久，還生育了不下五隻幼仔。我在高山上見過她，注意到她大部分時間都和其他猴子待在一起，遠離人類，所以遊客偶爾施捨的食物不可能是她活下來的原因。儘管沒有其他猴子主動協助她的紀錄，但她的例子證明了在靈長類動物的社會裡，身體不健全的成員還是能成長茁壯並且繁殖後代。同樣地，人類在宗教出現之前不必然過著狗咬狗的生活。與其迫使我們做出平常不會做的事情，宗教的主要貢獻有可能是支持以及促進我們的若干自然傾向。這樣的貢獻無疑比那位拉比所認為的要平凡得多。

教條主義者忙著鼓吹自己的想法，以致聽不見別人說的話。另一方面，他們的聽眾則是不曉得這種巡迴馬戲早已由同樣的對手演出過一次又一次，只是在舞台上裝出驚訝以及「逮到你了」的姿態。在普埃布拉，唯一的理性聲音是丹尼特。他不是把宗教描述為某種可憎的東西，而是一種引人探究的現象，屬於人類社會的一部分，甚至是人性的一部分。明顯可見，宗教是人造的東西，所以問題是宗教對我們來說究竟有什麼好處。我們是天生就需要有信仰嗎？如果是的話，又為什麼會是如此？丹尼特不像他經常被歸類其中的新無神論者那麼確切認定宗教是不理性的產物，也不確定匆促消滅宗教是不是會讓世界變得更好。他說：「我對這點仍然抱持不可知論的立場。」[12]

咕咕鐘裡的鳥屎

我對於說服別人改變宗教信仰的初次經驗滑稽得幾乎令人難以置信，當時我住在格羅寧根一間大學宿舍的四樓房間裡。一天早上，我聽到一陣敲門聲，開門之後只見兩個年輕的美國摩門教徒西裝筆挺地站在我面前。我對他們的信仰頗感好奇，於是邀請他們進門。他們隨即架起一個畫架和一塊畫板，畫板上貼了氈布剪成的人物與文字標籤，用來講述一個有著尋常姓名的美國人，在一道光束中看見了神。後來，一位天使領著他來到一塊黃金板，上面刻著神聖經典。

這一切就發生在一百多年前而已。我聽著他們說這則難以置信的故事，正準備問他們這位約瑟夫・史密斯（Joseph Smith Jr.）怎麼說服別人相信他的特殊經歷，卻在這時遭到無禮地打斷。我經常會開一扇窗讓我養的寒鴉提安飛進飛出。牠在外面自由自在，但總是會在天黑前回來讓我餵食並且關進籠子過夜。就在那兩個年輕人耐心講述著上帝現身在洞穴裡的情景時，提安突然從窗口滑翔而入，找尋降落地點。牠看上房間裡的最高處，就是站在畫板前其中一名摩門教徒的頭頂。那人完全沒想到會有一隻大黑鳥突然降落在他身上，我看到他臉上的驚慌表情，隨即試著安撫他，對他說這是提安，一隻取了名字的寵物鳥，不會傷害任何人。我從沒見過兩個人以那麼快的速度打包離開：他們立刻衝出門、跑向電梯，就在他們收拾東西的時候，我還聽到他們提及「魔鬼」二字。

我對提安從小就寵愛不已，總是設法挖出最肥的蚯蚓給牠吃，以致牠長得比一般寒鴉還要大。牠極為奇特，也非常聰明，當我到公園散步時，牠總是會飛在我上方。不過，牠當然又黑又吵，看起來有如烏鴉，而令那兩個摩門教徒想起了一種可能會竊取他們靈魂的生物。因此，他們根本沒有機會回答我的問題，也來不及說明史密斯怎麼藉由看著放在他帽底的「窺視石」翻譯了刻在黃金板上的那些「重組埃及文」。史密斯至少聰明得能夠理解對他感到懷疑的人士：「我要不是有過那個經歷，一定也不會相信。」[13]

既然如此，別人為什麼會相信他？史密斯遭遇了許多的嘲笑與敵意（他三十八歲就遭到一群暴民殺害），但耶穌基督末世聖徒教會（編按：即摩門教會）現在已有一千四百萬名信徒。明顯可見，那些信徒無意找尋證據，因為唯一可能算得上是證據的黃金板在翻譯完成後就必須還給天使。那些人之所以相信，純粹是因為他們**想要**相信，這點可以套用在所有宗教上。驅使信仰的力量，是對特定人物、故事、儀式與價值觀的喜好。信仰能夠滿足情感上的需求，例如對安全感、權威以及歸屬感的需求。神學只有次要地位，證據更是排在第三位。我能同意宗教要求信徒相信的事物有可能非常荒謬，但無神論者絕對不可能藉由嘲笑宗教神聖經典的真實與否，或是把信徒們信奉的神祇比擬為飛天麵條怪獸*，進而說服信徒

* 譯註：Flying Spaghetti Monster，為一嘲諷部分宗教將智慧設計論納入自然課綱而創辦的宗教，廣受無神論者追捧，在臺灣目前已是正式宗教。

們放棄自己的信仰。如果首要目標是獲得社會與道德交融的感受，那麼信仰的特定內容就不是重點所在。借用小說家譚恩美（Amy Tan）一部作品的書名，批評信仰就像是想要拯救溺水的魚一樣。把信徒從湖裡撈起來，然後放在岸上，告訴他們怎麼樣對他們有益，讓他們不斷掙扎彈跳直到斷氣為止。這是一種毫無意義的做法，他們會在湖裡是有原因的。

接受信仰是受到價值觀與渴望的驅使，不但突顯了宗教與科學的強烈對比，也同時揭露了這兩者的共同點，因為科學其實沒有一般認為的那麼事實導向。可別誤會我的意思，科學確實能夠產生重要的結果。科學在理解物理現實方面完全沒有對手，但科學也像宗教一樣，經常是奠基在我們**想要**相信的事物之上。科學家也是人，而人就不免受到心理學家所謂的「確認偏誤」（證據如果支持我們的觀點，就會特別受到我們喜愛）與「失驗偏誤」（證據如果不利於我們的觀點，我們就會加以貶斥）所驅使。聲譽卓著的《科學》（*Science*）期刊在一九六一年刊登的一篇文章，早就以科學家經常抗拒新發現的現象為主題，還取了這個促狹的副標題：「這種抗拒心態的來源尚未受到宗教與意識形態來源所受到的那種嚴密檢視」。[14]

味覺厭惡就是一個很好的例子。我們會深深記住曾經令我們中毒過的食物，以致只要一想到那種食物就不禁作嘔。這種反應對求生而言深具價值，但是違反了行為主義的教條。史金納創立的行為主義主張一切行為都會受到獎懲的形塑，而且行為與後果的時間間隔愈短，效果就愈顯著。因此，美國心理學家約翰・加西亞（John Garcia）提出他的研究發現，指稱大鼠只要對有毒食物有過一次不愉快的經驗，就算噁心感是在進食之後過了幾小時才出現，也會從此對那種食物敬而遠之——結果完全沒有人相信他。當時首要的科學家確保了他的研究無法發表在任何主流期刊上。這位作者一再遭到退稿，其中最惡名昭彰的一次是期刊編輯聲稱他的研究結果就像是在咕咕鐘裡發現鳥屎一樣不可能。所謂的「加西亞效應」現在已經受到充分證實，但早期的那種反應顯示了科學家有多麼痛恨出乎意料的發現。

我自己的經歷則是涉及一九七〇年代中期的一項發現，亦即黑猩猩在爭吵之後會藉由與對手親吻及擁抱而和好。現在，和解行為已在許多靈長類動物身上獲得證實。但當初我的一個學生必須針對一項關於這種行為的研究，向一群心理學家組成的口試委員會提出辯護之時，卻飽受訓斥。我們天真地以為那群只研究過大鼠的心理學家對靈長類動物不會有既定意見，他們卻堅決認定動物不可能會有和解的行為。這項發現不合乎他們的想法，因為他們對動物的觀點排除了情感、社會關係，以及其他一切使得動物令人感興趣的性質。我試圖改變他們的認知，於是邀請他們到我從事研究的動物園去，以便親眼目睹黑猩猩爭吵之後的行為。不過，他們對這項提議的回應卻令人費解：「實際去看那些動物有什麼好處？不受這種外來影響才能讓我們較容易保持客觀。」

據說古代薩第斯（Sardis）的國王曾經埋怨指出：「人的耳朵不像眼睛那麼輕易相信。」但我們遇到的情況卻是剛好相反：那些科學家擔心自己的眼睛可能會向他們透露他們不想聽的事情。科學家和一般人一樣，對於資料也會採取戰或逃的反應：他們支持熟悉的事物，迴避不熟悉的事物。每次聽到新無神論者宣稱「否認上帝的存在」使得他們比宗教信徒更聰明、而且能夠和科學家一樣理性，我就不禁想到這段往事。新無神論者喜歡把自己描繪成不受情感影響而能夠就事論事的思想家。自稱「野獸無神論者」的生物學家傑瑞．柯尼（Jerry Coyne），在《今日美國報》（*USA Today*）的一個專欄裡指稱宗教信仰與科學是徹底地不相容，「就與不理性和理性徹底不相容的原因一樣」。他接著自吹自捧、在科學家頭銜上畫出小小的光環：

> 從事科學必須運用證據和理性。懷疑極其重要，權威受到抗拒。任何一項發現如果要被視為「真」——一項永遠都只是暫時有效的概念——其結果都必須要能夠使他人得以複製與反覆驗證。我們科學家總是這麼問自己：「我要怎麼樣才能知道我是不是錯了？」[15]

啊，我真希望能有像柯尼這樣的同事！以我畢生身處學術界的經驗，我可以肯定地告訴你：要他們聽聞別人指出他們錯得多離譜，大概就像是對他們說他們的咖啡裡有一隻蟑螂一樣。一般的科學家都是在職業生涯初期得到一項值得注意的發現，然後就把餘生的心力完全投注於確保所有人都仰慕他所做出的貢獻，而且沒有人會提出質疑。未能達成這些目標的年老科學家絕對是最惹人厭的同伴。學者們充滿了小心眼的猜忌，經常在自己的觀點早已過時之後仍然緊抱不放，只要出現他們沒有預期到的新事物就會惱怒不已。原創性的想法極易引來訕笑，不然就是被斥為無知的結果。如同神經科學先驅麥可．葛詹尼加（Michael Gazzaniga）在最近一場訪談中抱怨的：

> 新觀念遭到了嚴重的抑制效果，原因是「最率先達陣」的人與觀念總是不停述說他們的故事，新發現只能從底部奮力往上爬。「知識總是在一個先驅者死後才有辦法往前推進」這句老話，看起來真是一點也沒錯！[16]

這比較像是我認識的科學家。權威的重要性高過證據，至少權威還在世的時候是如此。歷史上不乏這樣的例子，包括光的波動理論、巴斯德發現的發酵作用，乃至大陸漂移學說，還有倫琴發現的X光，一開始甚至被人宣稱是個騙局。對於改變的抗拒也可見於科學如何緊抱著不受證據支持的典範不放，例如羅夏克墨跡測驗，或是在受到證據牴觸的情況下仍然一再宣揚生物的自私性。科學家讚揚理論的「可信度」與「美」，依據他們認為事物怎麼運作或是應當怎麼運作而做出的價值判斷。科學其實深受價值觀的影響，連愛因斯坦也否認我們所做的事情只有觀察與測量。我們認為存在的事物其實不只是觀察的結果，理論在其中也扮演了幾乎一樣重要的角色。理論一旦改變，觀察也會跟著轉向。[17]

如果說宗教信仰會令人毫不質疑地接受一整套神話與價值觀，那麼科學家也只能算是稍微好一點而已。我們同樣如此，在還沒有對每一項潛在假設進行批判性衡量之前，科學家經常就接受某些特定觀點，而且會對不合乎此一觀點的證據視而不見。我們甚至可能會像我學生面對的那群心理學家一樣，刻意拒絕能讓自己獲得啟迪的機會。不過，儘管科學家的理性程度並不比宗教信徒高出多少，儘管不受情感影響的理性這一整個概念本身就奠基在一項巨大的誤解之上（我們根本**不可能**從事不帶情感的思考），但科學與宗教還是有著一大差異。這項差異不是存在於個別的人員身上，而是存在於這兩者的文化之中。科學是一門帶有行事規則的集體企業，就算受到個別部門的拖累，整體也還是能夠有所進步。

達爾文主義者應當贏得達爾文獎

科學最擅長的事情就是激起不同觀念之間的競爭。科學會促成一種天擇，使得最具可行性的觀念留存下來並且繁衍增生。舉例來說，假設我相信生命是由精蟲裡的「何蒙庫魯茲」（Homunculus）*傳遞，你則認為後代的產生是藉由混合父親與母親的特徵而成。這時來了一個名不見經傳的摩拉維亞修士，對豌豆深感興趣。他利用對豌豆植物進行異花授粉，證明了父母雙方的特徵會遺傳給下一代，但同時又全然保持分離。這些特徵可以是顯性、隱性、同型合子，或者異型合子。是啊，這種說法未免複雜得過於荒謬了吧！

「何蒙庫魯茲」說法簡潔漂亮，卻無法解釋子女為何經常長得與母親相似。特徵混合的說法聽起來也很不錯，可是終究會無可避免地減少變異，因為整個群體的特徵都將趨近於某種平均的狀態。那位修士的研究先是受到批評，接著被忽視並遭到遺忘，科學界純粹就是還沒準備好接受這種看法。所幸，他的研究在數十年後再度被發現。科學社群比較了不同的觀

＊譯註：十六世紀的人們認為胎兒發育自躲在精蟲裡的迷你小人，煉金術士可以透過人造的方式創造出生命。

念、檢視了證據、聆聽了辯論，然後開始偏好那位修士的說法。由於他的實驗可以成功地複製，因此格雷戈爾・孟德爾（Gregor Mendel）如今被奉為遺傳學的創始者。

相較之下，宗教則較為停滯。宗教確實會隨著社會的改變而變，但極少是證據造成的結果。這種情形導致了宗教與科學的衝突，例如這兩者在演化方面沒完沒了的爭執。在這個例子裡，真正的爭論點其實不太重要，至少在生物學家眼中是如此。人類與自然界的其他部分有什麼關係，實在算不上是演化理論的核心，但對於批評演化論的宗教信徒而言，這點卻是最主要的障礙。我們極少聽到有人對植物、細菌、昆蟲或其他動物的演化提出反對：一切的反對聲浪都是為了我們這個珍貴的物種。他們的想法認為，我們如果不是由上帝放在地球上，那麼我們的生命就會沒有目的。要了解這種對於人類起源的執迷，必須記住猶太基督教傳統是在對其他靈長類動物幾乎或是完全沒有認知的情況下興起的。沙漠游牧民族只知道羚羊、蛇、駱駝以及山羊這類動物。難怪他們會認為人與動物之間存在著一道巨大的鴻溝，並且只把靈魂保留給我們。他們的後代在一八三五年看到第一頭活生生的類人猿展示於倫敦動物園，不禁深感震驚。許多人大感惱怒，無法掩飾自己的反感。維多利亞女王認為那些猩猩「與人相像的程度令人感到痛苦而且不快」。[18]

人類例外論至今仍然活躍於社會科學與人文學科裡。他們深深抗拒人和其他動物的比較，就連「其他」一詞都令他們感到困擾。相對之下，自然科學因為受到宗教汙染的程度比較低，所以也就無可阻擋地朝人類與動物的連續性愈來愈強烈的方向邁進。林奈把智人明確擺在靈長目當中，分子生物學則是揭露了人與猿類的DNA近乎完全相同，而且神經科學至今也還沒有發現人類大腦當中有哪個部位無法在猴子的腦中找到相等的對應，具有爭議性的就是這種連續性。我們生物學家如果可以在完全不提到人類的情況下對演化進行辯論，那麼絕對不會有人因此睡不著覺。這麼一來，討論演化就會像是討論葉綠素怎麼發揮功效，或者鴨嘴獸究竟算不算是哺乳類動物一樣——誰在乎呢？

來到美國之前，我大體上並不知道懷疑演化論的觀點，只把這種觀點和美國人其他令人費解的傾向歸類在一起，例如對槍枝的愛好以及對足球的鄙視。二〇一一年的一項事件再度明白顯示，否認演化論就像美國派一樣是屬於美國的典型特色。那一年的美國小姐選美，五十一名參賽者面對「學校該不該教演化論？」這個問題，有四十九人提出兩面討好的回答。她們說，演化論是否成立還沒有確切的答案，而且存在許多宗教觀點與科學理論，最好的做法應該是各方面的說法都要教。阿拉巴馬小姐甚至認為學校根本不該教演化論。不過，最後的結果卻是彰顯了神聖正義，由加州小姐贏得后冠。她明白支持演化論，聲稱自己是個「無可救藥的科學迷」。

美國有不下百分之三十的人口把聖經視為上帝的真實話語。不過，抱持這種觀點的人數畢竟只有另一群人的一半，而另外那群人則認為聖經是一部不該依照字面意思解讀的啟發性經典，不然就是一部收錄了傳說與道德戒律的典籍。[19]對於想要宣揚演化論的人來說，得知這一點是相當令人欣慰的事。不以字面意思理解聖經的那群多數人口是他們的目標對象，也應該是他們的目標對象，因為那群人最有可能願意聆聽他們所傳達的訊息。當然，除非他們的訊息在一開頭就先賞對方一巴掌。可惜的是，聲稱科學與宗教不可調和的言論並不是毫無影響。這種言論等於是對宗教信徒說，不論他們有多麼思想開明而且不死守教條，都沒有資格踏入科學的大門，他們必須先捨棄所有他們鍾愛的信念。我發現新無神論者對於純潔性的堅持帶有令人起疑的宗教色彩，唯一欠缺的，就是某種受洗儀式，要求宗教信徒公開懺悔之後才能加入的「理性菁英」群體。諷刺的是，在這種要求下，最不可能合格的就是那個在修道院庭園裡種植豌豆的奧斯定會修士。

美國史上最致力為演化論公開辯護的學者是史蒂芬．傑．古爾德（Stephen Jay Gould）。古爾德在他的顛峰時期極受大眾喜愛，單憑一人之力就撐起了《自然歷史》（*Natural History*）這本雜誌。不過，在他去世之後，這本雜誌就只空留軀殼了。古爾德的文章讀來總是趣味盎然，尤其是他偶一為之的科學史書寫更是令人大開眼界，可見他對科學史真的是瞭若指掌。就算不完全同意他的所有意見以及他宣揚的每一件事實——我本身就是如此——還是可以看出他是演化論的代表人物，也是演化論最首要的擁護者。他的著作充滿了深具感染力的熱情，因此激勵了數以千計的美國年輕人走上科學之路。

在他對演化論的辯護當中，也經常針對過去和這項理論連結在一起的種族歧視與基因決定論提出警告。他強烈反對每一項人類行為都必須要有演化論奠基的理由，這種被他貶斥為「達爾文基要主義」的觀點，認為我們的所作所為完全受到基因控制，目的也都是為了促成基因的繁衍。古爾德指出，達爾文本身並不認為天擇扮演了這麼龐大的角色。而我也已經提過許多種尚未受到解釋的利他行為，把這類行為貶抑為「錯誤」解決不了多少問題。此外，這也不是唯一在演化上沒什麼道理的行為，想想抽菸、自慰、高空彈跳、喝酒、放煙火以及攀岩。非適應行為在我們這個物種其實極為常見，我們還會針對這點開玩笑。達爾文獎的創立目的，就是要表彰那些「藉由無意間剷除自己而促成人類這個物種改進的人士」。

這不是說我們不該試著把人類行為放在演化的基礎上加以理解，實際上根本沒有別的選擇。我預測再過五十年後，每一所大學的心理學系都會懸掛達爾文的肖像。儘管如此，這個領域在目前仍然充斥許多「就是這樣」而令人難以認真看待的論點，包括認為雄性禿是向雌性傳達禿髮者富有智慧的訊號（我們必須向所有那些頂上還有一頭濃密髮絲的男人告知這一點），乃至《強姦的自然史》（*The Natural History of Rape*）——這是一部真實著作的書名，而這本書對演化心理學造成的傷害也超過其他任何書籍。當然，這類論點之中的重大錯誤就是假定一項特質——例如禿頭——如果是遺傳而來，就一定對你有益。阿茲海默症、囊狀纖維化症以及乳癌都具有遺傳基礎，可是沒有人會想要主張這些疾病能增進個體的適存度。

不過，就強姦而言，這種行為甚至連遺傳基礎也沒有，完全沒有證據顯示性暴力具有遺傳性。但這點並未阻止藍迪・桑希爾（Randy Thornhill）與克雷格・帕爾默（Craig Palmer）猜測其演化上的效益，這兩名作者直接從果蠅的性行為進行推論，提議男人的強姦行為乃是為了散播基因。更糟的是，他們還為自己免除了提出實際資料的責任，因為大部分的重要效果必定都發生在人類史前時期。由於我們對這段過去已無從得知，唯一剩下的就是無所節制地編造故事。這兩名作者從來沒有回答這個問題：強姦行為的目的如果是繁殖，那麼為什麼有三分之一的強姦受害者不具生殖能力，例如兒童與老年人？[20]

我同意古爾德的看法，也就是對每一項人類行為從事演化方面的猜測並不會為我們帶來多少收穫。不過，古爾德卻因為提出這項懷疑論點而樹立了許多敵人。一九九七年間，他與演化論學者在《紐約書評》（*New York Review of Books*）這本雜誌上爆發了幾場筆戰。那些爭執實在令人嘆為觀止，只見一群懷有特大號自尊心的人物相互影射暗諷、憑藉道聽塗說來的傳聞提出批評、恣意謾罵（有一人被嘲諷為另一人的「走狗」），或是裝出一副從來不曾聽過對方名號的模樣。這種辛辣的言詞顯然無助於他們的團結。創造論者因此興奮地摩拳擦掌，利用這場爭吵追求他們自己的目的，包括在各種意想不到的場合強調這種理論上的紛爭，例如在美國小姐選美活動上。那些達爾文主義者應當獲得達爾文獎的提名才對。

不過，和古爾德的另一項意見所引起的反應相比，這些衝突就顯得微不足道了。身為無神論者的他，早在新無神論者認定科學與宗教互不相容之前，就宣稱這兩者可以相容。他在二〇〇二年英年早逝之後，就因為這項缺乏偏狹心態的論點而成為眾矢之的。

某種東西主義

古爾德在前述與一眾演化學者針鋒相對的那年發表了一篇著名文章，回憶他在梵蒂岡遇到一群正在吃午餐的教士。那些教士對**智慧設計論**這種新式創造論的崛起表達了憂心，他們問古爾德為什麼演化論仍然飽受攻擊。這位古生物學家在文章裡評論了此一情景的深沉反諷：身為前猶太教徒的他，竟然必須安撫一群天主教教士，向他們保證演化論的地位其實相當穩固，反對論點僅限於一小群美國人口而已。

講述這麼一段故事是古爾德的慣用手法，藉以暗示所謂的科學與宗教的戰爭其實受到了過度渲染。對於「宗教」的概括性說法本來就問題重重，因為這個詞語涵蓋了從一神論到多神論的各種信仰，也包括僵固的信仰體系乃至個人的靈性。舉例來說，佛教其實樂於接受生物演化的觀念，因為這種觀念完全合乎佛教認為所有生命都相互關聯而且不斷變動的觀點。[21]不過，即便在個別宗教當中，例如基督教或伊斯蘭教，文化差異也極為龐大；在一個角落遭到憎惡的做法與觀念，經常在另一個角落受到支持。印尼的遜尼派教徒與伊朗的什葉派教徒彼此差別之大，差不多就像瑞典的信義會教徒與美國南方的浸信會教徒之間的差異。古爾德對這些議題的理解勝過大多數人，於是從一份教宗文件借用了「教權」（magisterium）一詞，藉此說明科學與宗教各自盤據知識的不同領域，探討各自不同的問題。他聲稱這兩者是「互不重疊的教權（互不相屬的準則）」（nonoverlapping magisteria），把自己的觀點簡稱為「NOMA」。

我們面對的是兩組迥異的問題，一組涉及物理現實，另一組涉及人類存有。鑒於科學對第二個問題告訴我們的少之又少，法國生物學家馬修．李卡德（Mathieu Ricard）於是捨棄他在科學界前途光明的職業，成了佛教僧侶。我和李卡德見過幾次面，確實不難察覺他懷有一種極少人擁有的內在平靜。他曾在冥想時接受腦部功能性磁振造影掃描，得到的結果使他從此被稱為「世界上最快樂的人」（他對這個頭銜卻是不屑一顧）。神經科學家在他的左前額葉測量到有史以來最高的活躍程度，這個大腦部位的活動即與正面情緒有關。儘管李卡德說起話來仍有科學家的精確性，他卻在許久之前就已揚棄科學，指稱科學僅是「對小眾需求做出的重大貢獻」而已。[22]這句話呼應了列夫．托爾斯泰（Leo Tolstoy）的埋怨：他說他每次向科學家詢問生命的意義，例如我們在人生中應該做些什麼，總是會「收到大量的精確回答，但答覆的內容卻都和我的問題無關」。[23]

不過，極少有科學家追隨李卡德的腳步。與其轉向宗教，我們大多數人都抱持不可知論或者無神論，但這種現象不該解讀為科學能夠回答目的與意義的問題。即便在不久前證實「上帝粒子」存在的科學家，也知道這項發現遠遠不足以確認我們為何存在於地球上，更無助於回答上帝是否存在。科學家與一般人最大的不同，在於對知識本身的渴求——此一特質乃是我們這門職業的命脈——填補了一種心靈上的空虛，一般人則是以宗教填補這種空虛。科學家就像尋寶人一樣，尋寶過程的重要性經常不下寶藏本身，所以我們也會在致力於揭開無知之幕的過程中感到強烈的使命感。我們在這場奮鬥中感到團結一致，你我全都是一套世界網絡中的一部分。這表示我們也享有宗教的另一個面向：一群志同道合的同伴。在不久前的一場研討會上，當一名退休天文學家討論人類在宇宙中的地位時，忍不住熱淚盈眶。他停頓了兩分鐘之久，導致聽眾開始躁動不安起來，接著他才解釋自己從孩提時期就開始追尋這個問題的答案。看見來自數十億光年前的影像，至今都還是會令他感動不已，讓他意識到我們和宇宙的連結有多麼緊密。他不會稱其為一種宗教體驗，但聽起來確實非常近似。

連同其他創作職業的從業人員，例如藝術家與音樂家，許多科學家也都有這種超然存在的體驗。我每天皆是如此，別的不提，直視一頭猿類的雙眼絕不可能看不見自己。有不少動物都擁有面向前方的眼睛，但只有猿類的眼睛會帶給你那種似曾相識的震驚感受。對望著你的不像是一頭動物，而是一個就像你自己一樣具體而且任性的人格。這是猿類專家相當熟悉的主題，他們會告訴你第一次與猿類目光相接的經驗如何對他們造成徹底改變，不只是改變了他們如何看待眼前的研究對象，也改變了他們如何看待自己在世界中的地位。令維多利亞女王感到懊惱的正是這種衝擊，盯視著猿類的雙眼，她感覺到自己腳下的形上學基礎開始動搖。達爾文在同一座動物園看見同樣的紅毛猩猩與黑猩猩，卻得到一項頗為不同的結論：他邀請任何深信人類優於萬物的人士前來看看這些動物。令女王感到威脅的景象，卻讓達爾文感到了一種連結。

我們大多數人若是眺望著一片寬廣的大地或是海面上的夕陽，都不免覺得自己只是宇宙中一個細微渺小的存在，就像科學家透過顯微鏡或望遠鏡從事觀察、分析鯨魚鳴叫聲、挖掘恐龍骨骸，或者在森林裡追蹤黑猩猩時所產生的感受。黑猩猩一頭鑽進灌木叢裡，牠們的兩足行走近親卻必須拿開山刀努力劈砍枝葉才能跟上，聆聽牠們每一道叫聲，記錄牠們每一次社會互動。我已故的好友西田利貞是一位日本靈長類動物學家，以他在坦尚尼亞從事的田野調查研究著稱。伴隨他進行觀察的過程中，我不禁注意到，他只要看見野生黑猩猩吃什麼葉子或果實，就會跟著咬一口嚐嚐看。他說他想要知道那些食物的味道，但在我看來，他這種舉動卻是和一個近似物種融合為一體的終極表現。年輕的英國靈長類動物學家費歐娜・史都華（Fiona Stewart）也體現了這種認同感，做了一件以前從來沒人做過的事情：睡在黑猩猩構築的樹巢裡。以前的學者總是在地面上持望遠鏡觀察黑猩猩的巢窩，史都華卻在巢裡睡了一夜。她發現這種做法勝過睡在地面上，不但能睡得比較沉，也比較不會遭到蟲咬。另外，有些科學家搭著快艇追蹤海豚，不但為每一條海豚取了名字，還可以光從背鰭就可以認出牠們。此外，還有一些科學家駕駛輕航機帶領美洲鶴幼鳥升空，藉此引導牠們熟悉飛行的感覺。這一切行為全都奠基在對自然界的著迷上，而且這種著迷經常始於人生初期。對於一個微小部分的專精知識會使我們體認其宏偉與複雜，於是這種感覺就會朝各個方向擴散，橫越各種程度的大小，也跨越無盡的時間。我們對自己致力破解的奧祕心存敬畏，這種感受又會隨著我們每剝開一層而進一步加深。

因此，我完全了解著名細胞生物學家娥蘇拉．古迪納夫（Ursula Goodenough）為什麼會寫出一本書名為《自然的神聖深處》（*The Sacred Depths of Nature*）的著作，也了解愛因斯坦為什麼能夠相信史賓諾莎的上帝。巴魯赫．史賓諾莎（Baruch Spinoza）這位出身阿姆斯特丹的十七世紀哲學家，拾起了自從波希與伊拉斯摩斯的時代就已存在於荷蘭的懷疑思緒，將其具體化為一個非人格化的神。他的上帝不是傳統中那個父親般的人物，身在天上並且無所不知，而是一股抽象的超自然力量，與自然界緊密連結在一起。因此，他為後來的理性主義世界觀奠定了基礎：這種世界觀認為宗教經典不代表上帝的話語，只是代表血肉之軀的人類抱持的意見。委婉來說，他的訊息引起的反應並不是太好，結果因此被逐出了所屬的塞法迪猶太人教會。

愛因斯坦認同史賓諾莎的上帝，可是對宗教沒有敵意。針對宗教的普遍存在，他說在他看來，擁有信仰「勝過於對人生完全沒有任何超然存在的觀點」。[24]一如古爾德，寬容乃是關鍵所在。教條主義會導致思想的封閉，不論是以字面意思理解聖經的經律主義者對科學的盲目無知，還是有些無神論者的自以為是都是如此。近代一個例子就是保羅．庫茲（Paul Kurtz）遭到的排擠。他是國際聞名的《人文主義宣言》（*Humanist Manifesto*）作者，也是調查中心（Center of Inquiry）創辦人。然而，這位八十五歲的傳奇人物卻因為不支持褻瀆日（Blasphemy Day）以及其他嘲諷宗教的愚蠢做法，遭到他自己的組織列為不受歡迎人物。庫茲本身這麼說明了他遭遇的狀況：

> 他們想要對宗教抱持強硬抵制的態度。聽我說，我不喜歡上帝，我認為她是個迷思，我不認為有證據證明她的存在。但另一方面，有許多人都信奉宗教。我雖然認為宗教信徒可以受到批評，但我不厭惡他們，我不會刻薄對待他們。所以，因應宗教的方式可以有所不同。我很多同事大概小時候都擔任過輔祭男童，因此對宗教深惡痛絕，以致忍不住表達這樣的感受。[25]

庫茲提及輔祭男童的說法暗示了我先前提及的那種連續性教條主義，也就是單純重新劃定偏狹心態的界線而已。不過，反對性質的運動終究只會像渡渡鳥一樣陷入消亡，除非他們設法把厭惡的對象取代為更好的東西。他們必須想出可行的替代方案，沒有任何世俗運動能夠迴避托爾斯泰的問題。愈來愈世俗化的荷蘭人甚至為此發明了一個詞語：「ietsism」。其中的「ism」就是英文裡的「主義」，「iets」則是「某種東西」。典型的「某種東西主義者」不相信人格化的神，也不信奉傳統宗教，但認為天與地之間必定不只有表面上看得見的這些事物，一定還有些別的東西。

科學的敵人不是宗教。宗教有無窮無盡的樣貌與形式，世界上也有許許多多思想開明的宗教信徒，他們只挑選宗教中的特定部分加以奉行，對科學也沒有任何爭論。真正的敵人是以教條取代思考、慎慮以及好奇心的宗教信徒。在普埃布拉舉辦的那場上帝辯論不僅在智識上不誠實，雙方也都故作清高。別人能夠從哪裡取得比我這輩子體驗過的任何東西還要更加強烈的信念？他們的祕訣是什麼？信念從來不是遵循著科學證據或邏輯徑直地前進，而是透過人類詮釋的稜鏡偏折拐彎後產生的。一名法國哲學家說得很中肯：「嚴格說來，確定性並不存在；只有對自己的信念確定無疑的人。」[26]

因此，容我以美國小說家約翰．史坦貝克（John Steinbeck）的一段文字為本章作結，因為這段文字呈現了另一個面向：也就是不斷追尋、充滿好奇而且持續思索的人類心智，應該對一切影響都需保持開放胸襟。就是因為這種心態的驅使，人類才能在極易落入智識僵化的陷阱下，仍然世世代代不斷前進。史坦貝克把科學與宗教描繪成兩種相等的整體知識。他也許會同意古迪納夫的觀點，亦即將古爾德所謂的將那兩種教權分隔開來的薄膜其實具有「半通透性」。[27]如同我們身體的許多薄膜，這道薄膜也可以讓兩側的化學物質滲透到對面。畢竟，科學具有影響我們的社會與道德觀點的潛力，例如倡導環保意識，或是發明避孕藥而讓女性獲得了性自由。另一方面，存在主義式的問題也會對科學造成影響，例如針對病患治療方式的人道與醫療考量所進行的辯論。「我們是否該盡力讓所有人活得愈久愈好？」這個問題不是科學能夠回答的。在許多領域裡，都很難辨別哪個部分屬於我們的世界觀，哪個部分又屬於科學。我們必須跳脫單純二分法，改以全盤性的觀點看待人類知識的整體。在《科爾特斯海航行日誌》（*The Log from the Sea of Cortez*）這本記述一場太平洋沿岸科學考察之旅的著作中，史坦貝克嘗試了這樣的觀點：

奇怪的是，大多數被我們稱為宗教性的那種感受，大多數神祕性的吶喊——也就是最受人類珍視、運用並且渴求的那種反應——其實是對一種現象的理解與表達嘗試，亦即人與全部的一切都有關聯，與所有的現實都緊密相關，不論是已知還是未知的現實。這話說來簡單，但這種深奧的感受卻造就了耶穌、聖奧古斯丁、聖方濟各、羅傑·培根（Roger Bacon）、達爾文與愛因斯坦。這些人全都以自己的步調與觀點，懷著震驚的心情發現並且重申這項知識：萬物即是一物，一物即是萬物——浮游生物、海上的閃爍磷光、旋轉的行星以及不斷擴張的宇宙，全都由時間這條具有伸縮彈性的線綁在一起。我們應當把目光從潮池轉向星空，然後再度回到潮池。[28]

第五章

善心猿的寓言

只要看見別人痛苦的模樣，就會令我感到實質上的痛苦，而且我也經常篡奪別人的感受。別人如果咳個不停，我的肺與喉嚨也會不禁癢起來。

——蒙田（Montaigne）1

大象極易受到低估，我就低估了牠們使用工具的能力。過去我只見過牠們撿起樹枝搔抓臀部，另外也見過牠們拋擲泥土。在我工作的一座動物園裡，每當寒鴉在象欄的圍牆上啼鳴，那些大象就會這麼做。那些鳥兒就像《拉封丹寓言》（*Fables choisies mises en vers*）裡的渡鴉一樣。寒鴉也許自認歌聲動人——畢竟鴉科也屬於鳴禽——但音樂品味是極為主觀的。大象會拋擲一大團泥土趕走那些噪音製造者。

我以為大象的能耐就只有這樣而已，實驗從來不曾顯示牠們有更進一步的能力。科學家曾經把食物放在這種厚皮動物搆得到的範圍之外，再提供牠們一根長棍子，看看牠們會不會利用棍子勾取食物。靈長類動物在這項實驗表現得很好，但大象全然不理會那根棍子。實驗的結論認為大象無法理解這道題目，但沒有人想過，說不定問題是出在我們這些研究者根本就不懂大象。

不同於靈長類動物的手，大象的抓握器官同時也是嗅聞器官。大象不只利用象鼻拿取食物，也會加以嗅聞並且觸摸——象鼻充滿神經末梢，尤其是敏感的象鼻末端。大象擁有無可比擬的敏銳嗅覺，因此能夠確知自己抓取的是什麼食物，視覺對牠們而言僅具次要地位。不過，大象一旦捲起一根棍子，鼻道就受到了堵塞。就算棍子能夠接近食物，也還是會對嗅覺造成阻礙。這就像是要求我們蒙上眼睛伸手拿東西一樣，除非是參加派對遊戲，不然我們通

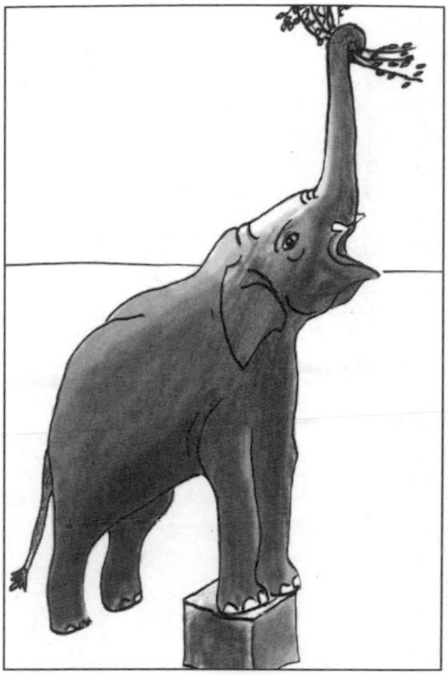

圖 5-1　為了勾取高高掛在上方的綠枝，坎杜拉必須找到一個箱子，並且把箱子推過來墊腳，結果他確實做到了這一點。

常不願這麼做，而且理由很充分。

我在不久前造訪位於華府的國家動物園，普雷斯頓・福爾德（Preston Foerder）與黛安娜・瑞絲（Diana Reiss）向我展示了坎杜拉這頭小公象在同一道題目、但不同方法呈現的情況下所能夠做到的事情。這兩位科學家把帶有水果的樹枝高高掛在象欄上方，就在坎杜拉抓取得到的範圍之外。他們為他提供了幾件可以使用的物品，包括棍子、一個正方形的箱子，還有幾塊厚厚的木砧板。坎杜拉沒有理會棍子，但過了一會兒之後，就開始用腳踢那個箱子。他沿著直線踢了那個箱子許多次，直到那個箱子位於樹枝正下方，然後用前腳踩上箱子，即可用象鼻勾到那根樹枝和水果。

坎杜拉嚼食他的獎賞之際，福爾德與瑞絲表示，為了增加這道關卡的難度，他們得把這些物品挪到不同的地方擺放。他們會把箱子放在象欄裡的另一個區域，在坎杜拉的視線之外，於是在他抬頭看見誘人的食物之後，就必須回想先前的解決方案，然後先走離他的目標，前去找尋工具。能夠做到這一點的動物不多，坎杜拉卻能毫不猶豫地到遠處取回那個箱子。後來不給他箱子，他則會把木板疊起來，藉此墊著腳好勾取食物。

坎杜拉的表現顯示他完全擁有對因果關係的理解能力，也就是所謂的「靈光乍現的時刻」（或是更生活化一點：頭頂冒出電燈泡的時刻），而這種能力被視為是高度智慧的徵象。明顯可見，在我們宣稱另一種動物只會拋擲泥土之前，應該先嘗試以牠們的觀點看待世界——就算我們必須想像自己有個像水管一樣的鼻子也不例外。

別人的福祉

這讓我回想起先前的另一項實驗，當時瑞絲和我一起合作，試圖確認大象是否能夠認得鏡中的自己。連同我當時的學生喬許・普拉尼克（Josh Plotnik），我們在紐約的布朗克斯動物園（Bronx Zoo）進行了一項研究。大象在以前從來不曾展現過任何徵象顯示牠們認得鏡中的自己。牠們是不是以為鏡中的自己是另一頭大象，就像猴子看見另一隻猴子的反應一樣？就我們所知，只有人類、猿類與海豚認得自己的鏡像。

然而，先前的測試都只給這種體型最龐大的陸地動物低矮的鏡子，遠比牠本身小上許多。而且鏡子還是擺在室內獸欄欄杆外頭的地面上。大象在那種情況所看見的，可能只是四條腿立在兩層欄杆後方，因為欄杆也會映照在鏡子裡。從那些實驗獲得的令人失望結果，被視為代表了大象不認得鏡中的自己。不過，我們不禁納悶是不是有更好的測試方法。我們特製了一面昂貴的八英呎見方防撞鏡，並且擺放在室外象欄內，好讓大象能夠觸碰、嗅聞以及查看鏡子後方，然後再探索自己的映影。探索是必要的第一步，黑猩猩與兒童也是如此。結果，一頭名叫快樂的亞洲象就認得了自己。她站在鏡子前面的時候，不斷摩挲自己前額上一個白色十字痕跡。唯有認知到鏡中的影像就是自己的身體，她才有可能知道那個十字痕跡的存在。這也是對兒童測試自我覺察的做法，大多數兒童都在兩歲以前就會展現出自我覺察的能力。大象被納入擁有自覺能力的動物菁英階層，成了一件備受矚目的大事。新聞媒體的標題忍不住引用一首童謠的歌詞：「她就是快樂，而且她自己也知道！」

事實證明大象比我們原本以為的還要聰明，但更重要的是，這項發現證明了負面證據的局限。你如果在一個特定物種沒有發現使用工具的行為或者自我覺察的徵象，並不能據此認定你對這個物種具有確切的理解。有可能是這種動物欠缺相關能力，但也可能是我們對這種動物欠缺了解：我們有可能提供了錯誤的工具，或是擺放了不適當的鏡子。實驗心理學的一句名言反映了這個洞見：「欠缺證據不代表沒有證據。」

這是個值得一再強調的要點。我穿越喬治亞州的一座森林，要是沒有看見北美黑啄木鳥的蹤影，也沒有聽到牠們的叫聲，是不是就可以斷定那座森林裡沒有這種鳥？當然不行。我有可能只是錯過了牠們而已。我們知道這些色彩鮮豔的啄木鳥有多麼善於在樹幹上跳躍躲藏。牠們的體型像烏鴉一樣大，經常如同幻影般在樹林裡滑翔，早期的伐木工人才會稱牠們為「老天爺」。不過，這種鳥兒大部分時候都很害羞，牠們有如笑聲的啼鳴與啄木聲也只有在特定的季節才聽得到。如果我穿越那座樹林好幾次還是沒有發現牠們，頂多說我沒有發現牠們存在的證據。那座樹林裡也許確實沒有這些「老天爺」，但我可不會拿我的性命來擔保。

因此，研究靈長類動物認知能力的領域，為什麼會長久以來一再只憑幾次穿越森林的經驗，就宣稱那些動物欠缺某些能力，實在頗為令人費解。最近的一個例子是宣稱猿類不具利社會的特質。牠們確實在許多方面都與我們相似，但可嘆的是，牠們就像扒手一樣自私：猿類只關心自己。我稍後會加以說明利社會選擇測驗（Prosocial Choice Test），此測驗宣稱黑猩猩對他人的利益漠不關心。儘管我們知道黑猩猩會自發性地多次幫助別人，例如分享食物、冒著危險保衛朋友、咬破盜獵者的羅網救出身陷其中的同伴，或是收養沒有親屬關係的孤兒等等。更進一步來看，儘管牠們也會幫別人拿取對方需要的工具，或是開門讓同伴抓取食物，這些表現卻一樣沒被納入考量。

學術社群指出，關於猿類這些表現的描述聽起來很不錯，但只要牠們無法通過最重要的慷慨測驗，我們就完全不會取信。所以才會經常有人宣稱黑猩猩的社會選擇「完全奠基於自身利益」，[2]人類合作是動物王國當中一種「重大的異常現象」，[3]而且利社會傾向是我們的祖先與猿類分家之後才演化出來的「人類衍生特性」。[4]

這種針對猿類抱持的負面觀點持續了十年左右，直到我的團隊對我現在正看著的那群黑猩猩進行測驗之後才加以推翻。我現在就坐在我辦公室的桌子前面，俯瞰葉克斯國家靈長類研究中心的野地研究站，位於亞特蘭大市郊。我在這間辦公室工作已經超過二十年，那些黑猩猩就生活在我的窗戶底下，每一頭二十幾歲的黑猩猩都是我從小看著長大的，包括目前的雄性領袖薩可與雌性領袖喬吉雅。這兩頭黑猩猩小時候都曾經被我搔過癢，牠們總是一面發出粗啞的笑聲，一面求我繼續為牠們搔癢。牡丹曾經是這群黑猩猩的前任雌性領袖，她到晚年經常得仰賴其他成員幫助，包括為她帶來飲水、協助她攀爬等等。難怪這些黑猩猩會認為我和我高聳的辦公室都屬於牠們領域的一部分——假如是我帶訪客來，一切都沒問題，但自行來到這裡的人，就不一定會受到歡迎。有一次，我在一段多雨期之後來到這裡，發現整個園地泥濘不已，我的整面窗戶上滿是一塊塊乾掉的泥土。我不明白是怎麼一回事，後來聽別人說才知道，原來是有一組清潔人員進入我的辦公室打掃，引起了那群黑猩猩的不悅。

就像不會有人依據兒童在遊樂場上的行為判斷他們的心智能力，黑猩猩的智力也無法僅僅憑藉觀察而能通盤理解。野地研究有其用處與價值，但要評估猿類的認知能力，必須得從我們向牠們提出特定的問題來檢驗。我們從事許多這類測驗，並且遵循兩個要點：第一，我們把注意力集中在黑猩猩能夠做到、而不是做不到的事情。鑒於負面證據帶來的疑慮，我們純粹不予考慮這些測驗（編按：要求黑猩猩做到牠做不到的事情的實驗設計，像是要求牠們轉魔術方塊）；第二，我們的實驗都維持簡單而且合乎直覺。這一點，對於自發性行為的觀察經驗就能派得上用場了，例如我每天在辦公桌前抬起頭來就能看見牠們所做的事情。我們設計黑猩猩感興趣而且能輕易勝任的活動，舉例來說，與其測試牠們模仿人類的意願，我們寧可觀察牠們會對彼此做些什麼。黑猩猩對我們人類的興趣其實沒有我們希望的那麼高，但牠們會熱切注意自己的同類。牠們會把臉挨著另一頭黑猩猩的臉，觀察對方的每一個動作，也會嗅聞另一頭黑猩猩的嘴巴，甚至把手搭在另一頭正在從事某項活動的黑猩猩身上，藉此取得體感回饋。猿類並不特別善於模仿人類，但我們發現，牠們非常喜愛模仿自己的同類。畢竟，同類對牠們而言才是真正重要的對象。

這種對黑猩猩友善的做法，在我們設計一套新的利社會選擇測驗的過程中很有幫助。過去，黑猩猩一直未能通過的這種測驗，是利用一個裝置為兩頭黑猩猩供應食物，其中一頭黑猩猩可以拉動兩根拉桿，拉動其中一根只會讓自己獲得食物，拉動另一根則是能讓自己和另外那個同伴都獲得食物，這表示牠可以在不損及自身利益的情況下裨益同伴。不過，黑猩猩選擇那兩根拉桿的機率都差不多，似乎對拉下拉桿之後的結果毫不在乎。

不過，重點顯然在於牠們對那個裝置的理解程度有多高。牠們知道自己的選擇會對同伴造成什麼樣的影響嗎？我們對此頗感懷疑。我們設計研究方式的做法，經常是在喝晨間咖啡的時候圍坐在一起。我領導一個由十幾名成員組成的小團隊，其中包括研究生、博士後研究員以及技師。團隊裡的一名成員會先說明自己的實驗構想，然後我們所有人會依此提出批評，解釋其中某個部分為什麼可能行不通，或是提出不同的做法、引述其他研究等等。我們會一再討論，有時可能長達幾個月，直到我們認為設計的複雜度適合黑猩猩的程度為止。利社會測驗的設計過程也是如此。我們首先仔細檢視以前的那些研究，舉例來說，我們發現受試的黑猩猩經常相隔數公尺，而且中間相隔不只一面玻璃。牠們當然很清楚自己能夠得到食物，但牠們看得出同伴得到了什麼嗎？我們檢視了實驗裝置的圖片，對其複雜度大感訝異。如果連我們人類也搞不懂那種裝置的運作方式，黑猩猩是不是應該也搞不清楚？於是我們決定消除所有這些問題。

維琪．霍納（Vicky Horner）是一位對野生與圈養黑猩猩都瞭若指掌的科學家，她修改了一項先前用於猴子身上的設計。這項設計完全不需要用到裝置。我們把兩頭黑猩猩放在兩個只由一道鐵絲網隔開的相鄰空間裡，並且把獎賞牠們的香蕉片用包肉紙包起來。這麼做可讓牠們在進食的時候必定能發出聲音，像是在古典音樂會場合拉開拉炮一樣引人注意。我們要確保受試的黑猩猩知道同伴的進食狀況。記得在定案的那一天，我們各自扮演受試者角色測試了一遍。我們想像自己是黑猩猩，做出實驗中的各種行為。我們覺得整個過程相當順暢，接下來就是進行實際測試了。

我們的黑猩猩生活在一片寬廣的園地，有青草和木製攀爬架。我們呼喊牠們的名字，把牠們喚進一棟建築物，然後按照計畫把牠們隔開。我們完全交由牠們自願參與，因為實驗裡涉及食物，所以牠們都非常積極。不過，我們卻面臨了人類心理學家從來不必處理的問題。舉例來說，母猿的生殖器如果呈現紅腫，就會深受公猿覬覦。公猿若不是擋在建築物門口不讓她進去，就是在她進了建築物之後流連在外，整個實驗過程中不斷敲打建築物的金屬門。

圖 5-2　在一個等待著的同伴面前，受試黑猩猩（圖右）把手伸進一個水桶，裡面裝滿兩種顏色的塑膠代幣。受試者挑選了一個代幣之後，我們就把那個代幣放在一張桌子上，擺在兩個用紙包裹起來的獎賞之間。我們依據顏色不同而只獎賞受試者（「自私」的顏色），或是對兩頭黑猩猩都給予獎賞（「利社會」的顏色）。黑猩猩會表現出對利社會選項的偏好。

慾火焚身的公猿所能製造的噪音頗為嚇人，也顯然不利於實驗對象專心。或者，幼猿也可能不願與母親分開，而跟著她一起進來，導致我們無法單獨對她進行實驗。除此之外，還有感冒與疾病、爭吵、天氣不好的日子以及其他干擾因素。由於我們必須對許多頭黑猩猩從事許多次測試才能得到可信的結論，這類研究經常可能花費長達一年的時間才完成。

不過，努力終究有了回報，我們率先證明了黑猩猩會關心彼此的福祉。霍納的堅持不懈、新式的實驗設計，以及我們和那些黑猩猩的融洽關係，一致發揮了相輔相成的效果。第一次的測驗對象是牡丹與麗塔這兩頭沒有親屬關係的母猿，她們在兩個相鄰的房間裡安定下來之後，我們就在一個水桶裡裝滿有色代幣。那些代幣是小截的塑膠管，全都一模一樣，只不過有半數是綠色，另外半數是紅色。我們要求牡丹一次挑出一個代幣交給我們。不管她挑選綠色或紅色，都一定會得到獎賞。唯一的差別是麗塔受到的待遇：紅色代幣代表「自私」，因為紅色代幣只會讓牡丹獲得獎賞；綠色代幣則是代表「利社會」，因為綠色代幣可讓牡丹和麗塔雙雙獲得獎賞。牡丹連續選擇了許多次之後，開始每三次就有兩次會是綠色代幣的選擇。

在其他幾對黑猩猩受試者當中，我們觀察到了機率高達十分之九的利社會選擇。但平均而言，幫助另一頭黑猩猩的傾向差不多與牡丹相同：不是太高，但也不只是偶然的結果。另一方面，如果只是把一頭黑猩猩單獨帶進房間進行同樣的活動，牠對兩種顏色的代幣就一視同仁。換句話說，利社會的偏好需要在有同伴的情況下才會出現。[5]

受試者的同伴明顯知道這是怎麼一回事，因而不斷試圖影響受試者，方法包括威嚇對方、敲打隔在牠們之間的鐵絲網、用嘴噴水、高聲大叫，或者伸出手掌乞討，同伴通常會在受試者做出自私選擇之後這麼做。不過，這種壓力帶來的卻是反效果，導致利社會選擇的出現機率下滑。這種現象彷彿是受試者要求同伴自制，否則什麼也得不到。測試了二十一對不同搭配的黑猩猩之後，我們排除了恐懼因素，因為地位最高的黑猩猩雖然最無所懼怕，利社會表現的程度卻是最高。牡丹與喬吉雅都表現得非常慷慨。

我們對牡丹的慷慨表現一點也不吃驚。她的個性向來極為體貼，總是一心想要幫助以及安慰所有同伴，而這點也足以解釋她在晚年所獲得的愛與尊重。喬吉雅就不是如此了，她以身為惡霸與麻煩製造者著稱。她達到性成熟之後，就會藉由公然與地位低落的公猿性交引發公猿之間的爭吵，或是毆打其他母猿的幼仔從而引起可能捲入群體半數成員的鬥毆。因此我從不認為喬吉雅性情慷慨，但她在我們的測驗裡卻證明了自己也有慷慨的一面。她是不是在我們不知道的情況下善於幫助別人？喬吉雅在群體中的地位得以逐漸攀升，是不是不僅靠著威嚇，也是施恩授惠的結果？這類策略在母猿身上比較難以察覺，公猿則都會大張旗鼓地展現自己對別人的威嚇或者幫助。

大多數黑猩猩專家對我們這項研究結果的反應都是鬆了一口氣。他們一直難以置信地看著負面資料逐漸占了上風。有些人甚至還到野地蒐集糞便與毛髮樣本，從中採集ＤＮＡ，藉此證明黑猩猩的合作不只局限於血緣關係，沒有親屬關係的黑猩猩也經常互相幫忙。不過，除了令專家感到欣慰之外，我們的發現也遭遇了一些埋怨。一名經濟學家抱怨道，由於受試的黑猩猩幫助別人的行為不會造成自己的損失，這種行為不能真正算是利他行為。另一人則是指出，這些黑猩猩並非**隨時**都表現出利社會的行為。那人說，既然牠們每三次就有一次會對同伴的利益置之不理，那麼牠們就不是特別善良，而是「心胸狹隘」。[6]

別忘了，人類在長達整整十年的時間裡一直被認為獨一無二，因為據說黑猩猩即便在自己不蒙受損失的情況下也不願互相幫助。我們改善實驗方法、排除了複雜的裝置之後，結果發現我們的黑猩猩確實會互相幫助。這下子學術界的同僚又要抱怨黑猩猩的這種行為表現算不上是真的互相幫助，未免有些荒謬。當然，我們仍需要從事更多的研究，但顯然過去的那種主張已經站不住腳。兒童在同樣的利社會選擇測驗當中，也沒有表現出百分之百的利社會傾向：在一項研究裡，他們互相幫助的機率為百分之七十八。因此，人類與黑猩猩的差別只是程度上的多寡而已。

人類的特殊地位一旦受到威脅，標準就會神奇地移動。不過，現在我們已經難再否認其他動物具有利社會特質。除了先前提及的研究之外，另一個新因素則是無所不在的攝影機。以前我們都必須仰賴野地研究者的陳述，例如珍．古德（Jane Goodall）描述蜜蜂女士如何因為年老力衰而無法爬上結了果實的樹木。這頭年邁的黑猩猩會耐心等待她的女兒從樹上摘採果實下來，把其中一顆放在蜜蜂女士身旁，然後她們兩個就會心滿意足地一起進食。我們以前都只能在沒有進一步證據的情況下相信這種報導，但現在網路上已有數十部引人入勝的影片。千百萬人都在YouTube上看過「克魯格之役」（Battle at Kruger）這部影片，一群水牛從獅爪下救出一頭小牛；還有「狗英雄」（Hero Dog），智利聖地牙哥的一條狗冒著生命危險把一隻半死的同伴拖離交通繁忙的公路。此外，還有一條狗在不久前那場日本海嘯之後拒絕拋下受傷的同伴、一頭非洲象把小象從泥坑裡拉出來，以及中國一座動物園的白鯨救了一名在冰冷水缸裡停止呼吸的潛水員。其中一條白鯨將她輕輕啣在嘴裡，就像狗叼起幼犬的方式，然後兩條白鯨一起將那名潛水員推上水面。

隨著這些證據鮮明地呈現在所有人的電腦螢幕上，只有人類才會關心別人福祉的觀念也就迅速喪失了說服力。

喬吉雅的感恩

不過，YouTube 上的影片不能盡信。另外還有一部顯示了金魚的同步游水動作。四條魚如同軍機表演般列隊一起前進，彼此間保持相同的距離，在一個淺水缸裡游動，還會同時轉彎。牠們看起來像是受到上方一雙魔術師的手指揮著。這部影片後來激起公憤，原因是有人猜測那些魚被餵食了小鐵粒。牠們可能是受到另一個人拿著磁鐵在水缸底下操控，那個水缸才會那麼淺。那名魔術師沒有否認這些指控，只說他的魚活得快樂而健康。

那部影片的表演不太可信，因為鯉科本來就不以緊密群游著稱，牠們只會聚在一起。通常不會一同從事活動的動物，幾乎不可能經由訓練而做出協同配合的行為。我們能夠訓練兩條海豚同時跳出水面，原因是海豚本來就會自發性地這麼做。母海豚會與自己的幼仔同步游動，一起浮出水面以及下潛。公海豚會聯合起來同步游動好威嚇對手，藉此展現牠們彼此的關係有多麼緊密。不過，如果你想要訓練兩隻家貓一起跳過一個圈環，就不免嘗受失敗。貓是習於獨自狩獵的動物。

我們對動物合作的研究中，都會避免提供任何特定的訓練。我們想要知道動物對於合作概念的理解有多高。牠們有共同的目標嗎？牠們看得出同伴的貢獻嗎？我的學生馬里尼・蘇查克（Malini Suchak）設計了一項實驗，需要黑猩猩共同合作。我們沒有依循傳統實驗那樣讓牠們成對接受測試，而是在戶外於整個群體的面前進行。這麼做能迫使牠們邀集其他成員幫忙，就像野生黑猩猩在出外獵捕猴子之前從事的行為。移動的目標在三度空間裡很難捕捉，這就是為什麼兩頭或三頭黑猩猩一起狩獵會比獨自狩獵的成功率來得高。我目睹過牠們在樹冠層高處追逐猴子，成功捕捉到獵物後即可聽到牠們一同發出興奮的尖叫聲。狩獵與分享捕得的肉乃是黑猩猩社會性的根源，就像我們也認為這種行為催化了人類的演化一樣。我們的祖先狩獵大型獵物，需要的合作程度又更加緊密。

蘇查克的裝置架設在戶外圍欄上。到了現在，那些黑猩猩已經知道牠們無法單獨憑藉自己的力量從那個裝置取得任何好東西。麗塔想了想，抬頭看她的母親波麗，只見波麗正在一座高聳的攀爬架頂端，在她構築於那裡的巢中睡覺。麗塔一路爬了上去，不斷戳著波麗的身側，直到她們一起從高處下來。麗塔走向那個裝置，不時回頭確保她母親跟在身後。另外有幾次，我們則是覺得那些黑猩猩似乎在我們沒有注意的時候達成了協議。兩頭黑猩猩並肩走出夜間宿舍，直接朝那個裝置而去，彷彿非常清楚自己要做什麼。

黑猩猩非常精通透過細膩的眼神與身體姿勢溝通。牠們不必使用語言，也經常不需要明確的手勢，就能明白表達自己的下一步要做什麼。這種仰賴身體語言的習慣，使得牠們非常善於解讀人類表現出來的徵象。實際上，牠們在這方面的能力極強，似乎比我還要清楚我自己的情緒和意圖，感覺起來彷彿是牠們可以看穿我們一樣。我經常注意到牠們對身體語言表現出敵意的人有多麼敏感，例如那些帶著偏見來到這裡的訪客。在我們的陪伴下，那些人顯然不會像有些動物園遊客那樣嘲笑黑猩猩（例如高聲呼喊，或者以誇張的姿勢搔抓自己的身體），但那些黑猩猩的反應仍然像是遇見了敵人一樣。喬吉雅會偷偷到水龍頭底下含住一口水，然後和其他黑猩猩混在一起，所以沒有人料想到她即將發動噴水攻擊。不過，牠們也會注意到訪客對牠們的尊重。我有一次帶著資深野地研究者西田利貞參觀園區，那些黑猩猩就完全沒有反應。他站在我身邊，稍微側傾身體，走路的步伐輕盈無聲，也沒有任何突發的動作，就像我看過他在森林裡的表現一樣。於是，黑猩猩似乎也就覺得這個人完全沒有問題。

喬吉雅曾經一度被帶離這個群體十八個月。這項決定是政治不穩定促成的結果，當時公猿不斷爭吵，母猿也是，而且爭吵的程度極為激烈，以致我們不禁為部分幼猿的安危擔心。有些青年黑猩猩在高階成員的撐腰下恣意奪取低階母親的幼仔。由於黑猩猩寶寶的哺乳期長達四年，在非自願的情況下與母親分離是令人擔憂的現象。有些成員因此被我們帶離，以便平撫猩群的情緒，有些被永久帶離，但大多數都在一段時間之後逐步回到群體。喬吉雅是最後一個，儘管她名聲惡劣，但我還是一再堅持讓她回去。她在這個群體出生長大，和大多數成員都擁有良好關係，說不定有一天會成熟圓融而成為模範公民。我記得我的樂觀態度引來許多不可置信的神情，但經過一番爭辯之後，她終於獲准回去。

這種做法對許多動物而言並不是個好主意。舉例來說，普通獼猴不歡迎長時間缺席的群體成員回歸，彷彿那個成員的位置已經被別人取代了一樣。這種猴子的階級制度非常嚴格，位階第十的成員如果被帶走一段時間之後再回來，就算只分開短短的幾個月，也會發現位階已經遭其他猴子占據，其他所有的位階也是一樣。對回歸猴子展現出的敵意幾乎和面對陌生人一樣激烈。不過，黑猩猩卻沒有這種問題。牠們的階級制度頗為鬆散，而且生活在所謂聚散型（fission-fusion）社會，其中的成員隨時都可能相遇、密切來往，然後又分開。野生黑猩猩可能會在長達幾個月的時間裡完全沒見到猩群的其他成員。

喬吉雅以神氣昂揚的姿態回歸。儘管猩群成員激動不已，她也稍微受到了一些推擠，但她抬頭挺胸，彷彿自己只離開了幾天而已。她擁抱願意接納她的成員，也為牠們理毛，並且看著公猿爭相要坐在她身邊。她的母親與姊妹抱著也保護著她四歲大的女兒麗莎，而她本身則是很快就重新融入群體。到了那一個星期尾聲，就已經幾乎看不出她曾經離開過一段時間。她面對自己以前支配的母猿仍然充滿霸氣，自信的模樣也絲毫沒變。

我後來上前仔細看看她與麗莎，結果發生了一件至今仍然清楚記得的事情。我們在喬吉雅年幼頑皮的時候關係曾經相當好，但她成年之後就開始忽視我，於是我們大致上處在非敵非友的狀態。然而，她這時候卻走向我，直視我的雙眼。她的目光明確流露出友善的氣息，對我伸出手。我握住她的手之後，她以輕快的節奏對我發出喘息——這大概是黑猩猩所能發出最和善的聲音。她就只有在那一次這麼對我，以前從來沒有過，後來也沒再這麼做過。那不只是打招呼的舉動，因為我探望喬吉雅許多次，她從來沒有出現過這種行為。由於這項舉動發生在她返回群體之後，因此這兩者必定有所關聯。她可能注意到我有多麼樂於見到她回來，說不定還不只如此，也許她察覺了她的命運所引發的緊張關係以及我對她的支持。如同我所說的，黑猩猩對身體與嗓音傳達的訊息具有無比的敏銳度。我們永遠不會知道，但我覺得她是在感謝我讓她回到她所屬的地方。

我把她的這項舉動歸類為**感激**的表現，這種例子曾經發生過許多次。有一次發生在一頭曾經被我教過怎麼用奶瓶哺餵寶寶的黑猩猩身上。她因為乳汁分泌不足而導致幾個子女夭折，但還是一心想要收養別的寶寶。先前喪失那幾個子女的遭遇導致她陷入深度憂鬱，經常自我孤立，還會無緣無故尖叫。除了撫養這頭年幼的黑猩猩之外，她也因為學會這項特殊技能而得以保住她後來產下的寶寶。對於懂得使用工具的動物來說，用奶瓶哺餵並不是太難的事情。在這之後，每當我隔了幾年去探望她，她見到我總是興奮得不得了，彷彿我是她失散多年的家人一樣。這種反應似乎和我幫助她成立了家庭有關。另一個感激的例子是沃夫岡．科勒（Wolfgang Köhler）頗具揭露性的軼事。這位研究猿類工具使用能力的德國先驅，有一次發現兩頭黑猩猩在一場暴雨中被關在棲息處外面，在雨中冷到不停發抖。他為牠們打開了門，不過那兩頭黑猩猩卻沒有急著衝進室內，而是先欣喜若狂地抱住這位教授。

感激有助於我們向別人提供對方應得的回報。由於感激能夠促使助人者樂於繼續為別人提供幫助，因此對奠基於互惠之上的社會而言是不可或缺的元素。湯瑪斯．阿奎那（Thomas Aquinas）極為重視感激，稱之為次要美德，與正義這項首要美德緊密相關。感激會讓人對於自己獲得的裨益產生一股溫暖的感受，從而促使我們回報對方。如果不是因為這樣，我們為什麼會回報別人的恩惠呢？因為義務感嗎？我們的記憶如果讓我們預先對幫助者產生好感，事情就會容易得多。在這種情況下，我們幾乎不會覺得自己的行為是一種回報。提出互惠性利他行為理論的羅伯特．崔弗斯（Robert Trivers），就是因此才會認為感激是一項至關緊要的元素。

不過，我們沒有依賴上述這些故事，而是實際衡量了互相幫助的行為。一年到頭許多日子裡，我都在上午記錄黑猩猩之間的理毛行為，然後在下午為牠們安排分享食物的活動。我會到野地研究站周圍的樹林砍下帶有葉子的樹枝（黑猩猩非常喜愛黑莓嫩苗與楓香），用忍冬綁成一束一束，然後把兩大束枝葉丟進園區。任何階級的成猿都可以把一束枝葉據為己有，因為黑猩猩尊重所有權。不久後，擁有一束枝葉的幸運傢伙就會被一群乞討者圍在中心，全都對牠伸出一隻手，發出嗚咽哀號的聲音。即便是階級最高的公猿也會加入乞討行列，野地研究者也曾在一群黑猩猩圍繞一具猴子屍體時觀察到這種現象。最後，所有的黑猩猩都會咀嚼著食物，有些是直接向所有者取得，有些則是間接從家人與朋友手上取得。在許多場活動中衡量了將近七千次的食物互動之後，我的資料顯示，食物的獲取和先前的理毛行為有所相關。舉例來說，有一天薩可幫梅伊理毛，結果他那天從梅伊手上取得幾根樹枝的機會就比沒有幫她理毛的日子明顯高出許多。這點強烈顯示黑猩猩會記得並且感激先前受到的幫助。

互惠也適用於反面。崔弗斯預測了這一點，而且認為**道德攻擊性**有其用處。我們對那些欣然受益而不回饋的人會感到憤慨。同樣地，黑猩猩如果發現自己的盟友在牠和另一頭黑猩猩發生爭吵的時候不願挺身支持，也會與那些盟友反目成仇。牠們會對旁觀的好友伸出一隻手，請求對方過來和牠並肩而立抗拒對手。但那個朋友如果轉身離開，這頭遭到拋棄的黑猩猩就可能暫時中斷牠涉入其中的衝突，一面高聲尖叫一面上前追打那個朋友。這一切都發生在吵鬧混亂的狀況下——沒有什麼比得上黑猩猩群毆的混亂與嚇人程度——可是這種反應有助於維繫互惠關係。黑猩猩也會報復，如果打架輸給幾頭黑猩猩組成的聯盟，牠們也許會等待適當的時機以牙還牙。這一頭黑猩猩只要獨自遇到那個聯盟落單的其中一員，就會撲上去大打出手。我知道有些公猿在這方面非常處心積慮：如果遭到由四個對手組成的聯盟打敗，就會在後續幾天找時間分別與那四個對手算帳。更常見的情形是，一頭遭到聯盟打敗的黑猩猩會等到那個聯盟裡的一員和別人打架落居下風，再利用這個天賜良機加入戰局對那名對手落井下石。[7]

在我看來，黑猩猩社會總是圍繞著投桃報李而轉。牠們建構了一套恩惠與仇怨的社會經濟模式，內容涵蓋了食物、性行為、理毛乃至於爭吵時提供的支持。牠們似乎對每一筆帳都記在心裡，而且會對別人產生期待，也許甚至認為這是一種義務，才會對打破信任的行為表現出反感的反應。由於我對我們近親的這種行為已經習以為常，因此對另一種高度社會性的動物在這方面的無動於衷頗感訝異。這是我在泰國一座保護區測試大象合作行為時注意到的現象，當時和我一起進行這項實驗的，是先前從事那項鏡子研究的普拉尼克。我們無法採用一般的做法，也就是利用一件沉重的裝置迫使受試者必須找同伴合作。面對大象，這麼一件裝置必須和十八輪大貨車一樣大！於是我們借用了一位日本同事發想的巧妙設計，把一條繩子繞過一件裝置，兩端都面對著受試動物。受試動物如果只拉其中一端，就會把繩子從裝置上拉下來導致繩子失去用處。只有同時拉起兩端，才能把那件裝置拉近。這麼一件裝置的重量多少不重要，但同步合作是必備條件。

結果，這件任務對大象來說輕而易舉。牠們會一同走到繩子的兩端，一起拾起繩子開始拉。截至目前為止，一切都進行得很順利。不過，我們接著把任務複雜化，看看牠們有多麼理解同伴的必要性。我們會拖慢其中一頭大象的速度，看看另一頭大象知不知道要等待。大

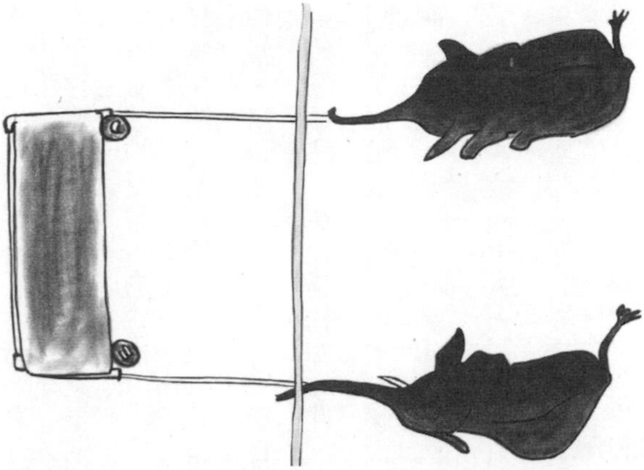

圖 5-3 從上方看，兩頭大象拉扯一條繩子，把附有食物籃的滑動托盤拉到面前。牠們必須同時拉動，否則繩子就會從托盤上滑落，導致牠們一無所獲。

象展現了驚人的耐性，能為此等待長達四十五秒。我們也會撤掉繩子的其中一端，使得其中一頭大象沒繩子可拉。我們發現在這種情況下，另一頭大象也不會浪費力氣嘗試，似乎知道這樣拉了也沒用。

有些大象會採取「違規」做法，規避我們設計這項任務的用意。舉例來說，一頭年輕母象會走到繩子前面，用她的大腳踩住繩子，等待另一頭大象過來。這麼做她就不需要拉，因為她的腳已經踩住繩子的一端，費力的工作完全交給同伴即可。不過，在任務完成之後，她倒是不會忘記把鼻子伸進食物籃，捲起獎賞。

我們認為這種行為不只代表智慧，也代表了作弊。奇怪的是，另一頭大象完全不會抗議，也不會因此不願拉動繩子。不過，我不確定這種做法在黑猩猩身上會行得通，這正是蘇查克和我在我們的合作研究想要得知的事情。

猿類與大象之所以不同，原因是後者不曉得別人的貢獻，還是因為牠們需要付出的努力微不足道？我們為每一頭大象提供的獎賞是兩穗玉米——對體型那麼大的動物而言，就像是花生米一樣——而且牠們唯一需要做的就是拉一條繩子。牠們付出的努力與得到的獎賞，說不定不足以讓牠們對占便宜的行為感到介意。

這樣最好。畢竟，對大象進行研究本來就有不少風險，我們可不想激怒牠們！

身體共鳴的同理心

麥可・傑克森（Michael Jackson）曾經在飯店四樓房間的陽台上把他九個月大的寶寶懸垂在欄杆外，只用一隻手臂笨拙地將不斷掙扎的男嬰抱在半空中。當時樓下的群眾有許多粉絲高聲歡呼，但也有不少人驚恐尖叫。他們擔心傑克森會害寶寶掉落地面，更糟的是，那個寶寶頭上還蓋著一條毛巾。那是一幅極為古怪的景象，後來受到饒舌歌手阿姆（Eminem）諧仿，也遭到虐童專家批評。

可是，我們為什麼如此在意？那又不是我們的寶寶。我們之所以會有這種反應，原因出自一種過去經常遭到科學忽略的能力：同理心。而且，我在此處說的同理心不是指其中偏向同情心、會促使我們幫助別人的那個面向，而是指其中較為中性而且根本的性質，也就是我們對別人感同身受的能力。十六世紀法國哲學家蒙田提到他只要聽見別人咳嗽就不禁覺得喉嚨發癢，即是在同理心一詞出現的幾百年前就描述了同理心的本質——同理心會讓不同的個體之間產生連結。我們如果只是在報紙上讀到傑克森對待寶寶的方式，也許不會特別當一回事，只覺得他笨手笨腳而已。不過，我們卻是在電視上看到了這一幕。我們看到那個陽台有多高，也注意到這位爸爸抱寶寶的動作有多麼危險，而那個寶寶又是怎麼扭動掙扎。一體認同感使得我們融入那個情境，讓我們覺得彷彿自己也抱著那個嬰兒，並且感覺到他的抗拒。我們在身體的層次上經歷了那段過程，因此那一幕帶給我們的感受也就遠比任何書面描述還要可怕得多。

身體共鳴是自動的反應。舉例來說，如果我們缺乏對別人感同身受的能力，《王者之聲》（The King's Speech）這部電影就會乏味至極。誰在乎那個人把一個詞語說得快還是慢，或是根本說不出來？唯有把劇中那位國王的困境投射在自己身上，我們才會對他的口吃問題感到利害攸關，彷彿自己也身陷其中。我們緊張不已，忍不住想要幫他說出那些話，滿心希望他能夠成功，就像父母餵寶寶吃東西的時候也會做出咀嚼的動作，或是在學校看戲劇表演時坐在台下以無聲的嘴形跟著說出孩子的每一句對白。我們擁有這種置身別人處境的美妙能力。

以神經科學的術語來說，我們因為在別人身上察覺或者預期某種運動活動，而在自己的大腦啟動類似活動的神經表徵。一項利用電腦螢幕上的臉部表情進行的測試，證明了我們會在無意識的情況下做到這一點。就算那些臉部表情閃現的速度快得來不及受到意識知覺（受試者以為自己只是在看風景照），我們的臉部肌肉還是會跟著產生動作，而且我們的情緒也會受到螢幕上閃現的表情影響。皺眉的表情會引發哀傷，微笑則會引起開心。從事這項研究的瑞典心理學家渥爾夫・狄伯格（Ulf Dimberg）對我談到此一發現起初受到的抗拒，導致他在一九九〇年代初期找不到管道發表他的研究結果。在這項結果已經受到多次證實的今天回顧起來，那種抗拒實在顯得荒謬不已。但在那個時候，同理心卻被視為一種受到大腦控制的複雜技能。當時的想法認為我們是自行**決定**發揮同理心，於是在腦中刻意模擬自己在別人的處境中會有什麼感覺。當時同理心被視為一種認知技能。現在，我們已經知道發揮同理心的過程不但比較簡單，也比較自動。並不是說我們對同理心缺乏控制能力（呼吸也是自動的行為，但我們仍能加以控制），但科學看待同理心的方式卻是徹底錯誤。同理心源自無意識的身體連結，其中包括面容、嗓音與情緒。人類不是決定要發揮同理心，而是原本就具有同理心。

的確，即便在沒有任何身體線索的情況下，我們還是能對別人的處境感同身受（例如在我們閱讀小說的時候），但這不表示同理心的本質即是如此。要知道同理心的本質為何，先想想這種特性的起源。看看幼兒如何在朋友跌倒大哭的時候跟著哭、或是如何跟隨一群成人歡笑，儘管引起那些成人發笑的低俗笑話遠遠超出那個幼兒的理解能力。同理心的源頭是身體的同步以及情緒的傳播。基於想像力和預測的複雜型態（像是上述提及的讀小說）乃是由此衍生而來，但僅具有次要地位。

就在這項開創性研究展開的同時，義大利帕爾馬（Parma）的科學家發現了鏡像神經元。這種神經元會在我們從事一項動作的時候活躍起來，例如伸手拿取杯子，但在我們看見別人伸手拿杯子的時候也一樣會活躍起來。由於鏡像神經元不會辨別我們自己的行為和別人的行為，因此會讓一個生物對別的生物感同身受。難怪這項發現被譽為心理學的一大進展，就像DNA的發現在生物學領域具有的重要性一樣。這種神經元使人在身體的層次上融合在一起，所以我們看見傑克森把他的寶寶懸垂在高空之時才會感到緊張，也才會在觀看《王者之聲》的時候忍不住想要幫主角把話說出來。

這項發現正合乎人類同理心最早受到的闡述，其中涉及美感的知覺。舉例來說，我們為什麼觀賞芭蕾？如果看到橡膠輪胎以同樣的編排在舞台上跳來跳去，我們是不是也會得到一樣的美感享受？歌劇演員如果不唱歌，而是藉由彈奏斑鳩琴或者手風琴表達對別人的情意或是自己內心的妒忌，那麼歌劇是不是還具有一樣的感染力？對此我相當懷疑。觀賞芭蕾的時候，我們會進入舞者的體內，跟著他們踏出每一個步伐，也跟著他們一起踮起腳尖旋轉。一名舞者把另一名舞者拋進第三名舞者的懷裡，於是我們在那一秒也同樣在空中飛翔。由於觀眾都融入台上的表演當中，一個失敗的跳躍動作就會引起立即的反應。同理心如果全然存在於認知層次上，觀眾在這種時刻應該會遲疑一下（而在內心納悶著：「怎麼會這樣？」或者：「她有沒有受傷？」），但我們卻是在舞者都還沒跌落地面之前就會先發出「哎唷」或「唉呀」的驚呼聲。

歌劇則是透過人聲造就同樣的連結。自從出生以來（甚至在出生之前），我們就知道人聲是樂趣、痛苦、憤怒以及其他各種情緒的載具。人聲直通我們的中樞神經系統。人聲穿透我們的能力是任何人造樂器都無法企及的。我們不只是推測女高音內心的痛苦，而是實際上感受到她的痛苦，還會因此冒出雞皮疙瘩。身為歌劇愛好者，我每次看完一場精采的表演都會覺得全身虛脫。

視覺藝術也會利用這種連結。任何人只要看著米開朗基羅（Michelangelo）的奴隸雕像，看到那個真人大小的雕刻人物奮力要從一塊大理石掙脫出來，一定不免覺得自己的肌肉跟著緊繃起來。站在卡拉瓦喬（Caravaggio）的《聖多馬的懷疑》（The Incredulity of Saint Thomas）這幅畫作前面，看到耶穌看著他那個心存懷疑的門徒伸出食指戳進他胸前的傷口，我們也不禁因為這項舉動必定會引起的疼痛而感到畏縮。波希的作品同樣充滿了足以引起同理心、憐憫或恐懼的身體畫面。波希本身經常被指為厭惡世人，但如果沒有觀眾的同理心，他的畫作就不可能會有任何效果。我們跟著他畫筆下的罪人一起受苦，被刀子刺穿，半死不活地被吊在樹上，遭到飢餓的惡狗啃食，被綁在一架豎琴上，被笛子插進肛門，被迫從事苦工，或是被丟進平底鍋裡煎炸。反諷的是，酷刑也需要同理心，因為我們要刻意引起別人的痛苦，就必須知道怎麼樣會令人痛苦。波希之所以會引起我們的各種情緒，原因是我們忍不住融入他描繪的那些景象。他要我們相信畫中那些慘遭凌虐的人物有可能是我們自己，而在短暫的一刻當中，他們也確實成了我們。

身體同理心甚至也適用於抽象藝術。發現鏡像神經元的其中一名義大利科學家維托里奧．迦列賽（Vittorio Gallese）與美國藝術史學家大衛．弗里柏格（David Freedberg），共同說明了我們如何無意識地跟隨畫家在畫布上的動作。就像鋼琴家聆聽鋼琴演奏必定不免

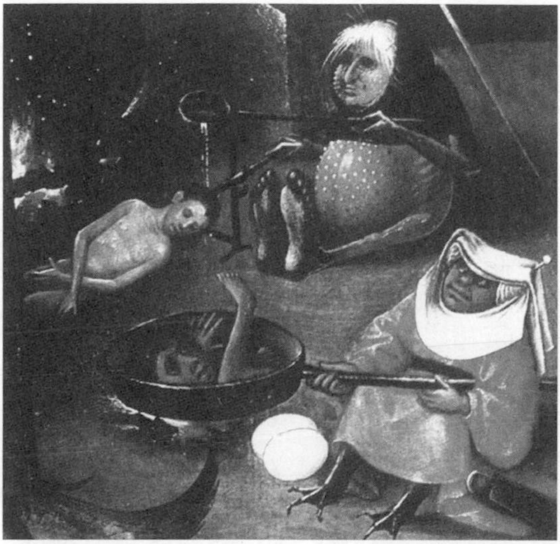

圖 5-4　在波希的《末日審判》（Last Judgment）裡，兩個老太婆用烤肉叉與平底鍋煮人。以視覺化的方式呈現罪人的苦難，遠比任何口語描述都還要有效。我們會在潛意識的層次對人體產生共鳴，從而實實在在感受到這個畫面裡的高溫烈火。

啟動他腦中負責手指動作的運動區，觀眾在欣賞傑克遜．波洛克（Jackson Pollock）的畫作時，也會體驗到「一種身體的參與感，跟著創作者的創作行為留下的實體痕跡——不論是筆畫還是滴落的顏料——所暗示的那種動作而動」。[8]

這種過程絕對不只發生在我們這個物種身上。在鏡像神經元於學術界引發的軒然大波之中，我們經常忘卻這種神經元並不是在人類身上發現，而是獼猴的腦中。直到今天，我們對猴子的鏡像神經元所擁有的證據，不論在數量與詳細程度上，都仍然勝過人類腦中的這種神經元。大多數的人類研究都只是假設這些神經元存在於特定的腦部區域，因為要確認這種神經元的存在，就必須在腦中插入電極，這種做法可是極少受到採用。[9]但在猴子身上，我們就擁有許多直接證據。鏡像神經元也許有助於靈長類動物模仿別人，例如牠們會跟著一個受過訓練的模特兒以相同的方式打開箱子，在野地也會依照牠們看過自己母親採用的手法挖除水果內的種子。靈長類動物先天就習於從眾。他們不只會模仿，也喜歡受到別人的模仿。在一項實驗裡，兩名研究人員與捲尾猴互動，並且拿了一顆塑膠球給牠們玩。其中一名實驗者模仿了猴子對球做出的每個動作，另一名實驗者則沒有這麼做。結果，猴子比較喜歡那個模仿了牠們的人。人類青少年也有相同的反應，在一項實驗裡，他們的約會對象如果模仿了他們的每個動作，例如舉起杯子或者將一手的手肘撐在桌上，受到他們喜歡的程度就會高於沒有模仿他們的約會對象。

我們很容易可以看出身體連結如何能夠促進同理心。如果和一個悲傷的人交談，我們就會表現出悲傷的表情與頹喪的身體姿勢，甚至可能會跟著對方一起哭。另一方面，我們如果和一個活潑歡樂的對象談話，很快就會跟著一起笑，並且因此感到心情愉快。同樣的感染情形也可見於動物身上，但這個主題卻因為動物情緒被視為禁忌的不幸現象而沒有受到充分研究。史金納鄙視情緒，尤其是動物的情緒，指稱「『情緒』是我們經常為行為賦予虛構肇因的典型例子」。[10]史金納造成的影響極為巨大——他的學派就像是個宗教——所幸現在已經逐漸消退。大腦研究已經破除了對動物情緒的懷疑。舉例來說，我們如果看見類似波希描繪的地獄場景那種滿是傷口與暴力的血腥影像，大腦的杏仁核就會活躍起來。以電流刺激老鼠腦中的杏仁核，會促使牠們逃跑、失禁排便以及蜷縮在角落。因此我們不得不斷定，老鼠與人類大腦的同一個部位控制相同的情緒狀態：也就是恐懼。現代神經科學把相同的邏輯套用在愛、喜悅以及憤怒等等，而對動物的情緒生活進行了充分的探究。

把動物視為刺激反應的機器這種觀點從來就不吸引我；這種觀點貧乏至極，我甚至不曉得要推翻這種觀點該從哪裡著手。根據患有自閉症的動物專家天寶．葛蘭汀（Temple Grandin）所述，就連史金納自己也改變了想法。葛蘭汀在還是學生年紀的十八歲時曾與史金納見過面，她說那次見面頗為尷尬，包括她必須向這位教授解釋他不該觸碰她的腿。她問道，如果我們對大腦獲得了更多了解，那不是很棒的事情嗎？但史金納答道：「我們不需要了解大腦，我們有操作制約（operant conditioning，用來表示動物行為皆由單純的刺激所引起的行為反應）。」這點令我深感震驚，為什麼會有一個科學家對理解任何事物的知識如此不屑一顧？獲得知識不是無論如何都是好的嗎？當然，除非獲取知識會對一個人自己視如珍寶的理論造成威脅！史金納是不是和許多科學家一樣，也犯了失驗偏誤的毛病？由於葛蘭汀自身有許多問題都與大腦功能有關，因此委婉地表示她不敢苟同史金納的說法。不過，她提到史金納在晚年親自體會到制約並非一切，而因此棄暗投明。當時有人對他提出類似的問題，提及對大腦獲得更多理解會不會是一件有用的事情，結果他回答：「自從我中風之後，我就認為這個問題的答案是肯定的。」[11]

神經科學提供了兩項關於同理心的基本訊息，第一是人類與動物的情緒之間沒有明確的分別，第二是同理心會從一個身體傳到另一個身體。你要是把一根針刺進一名女子的手臂，那麼她的丈夫單單看見這段過程，腦中的疼痛中心也會因此活躍起來。他的大腦反應得彷彿那根針是刺進**他自己**的手臂一樣。依據我們對鏡像神經元、模仿以及情緒感染的理解，同理心的這種「身體管道」可能自從靈長目出現以來就已經存在，但我猜其歷史比靈長目還要古老。由於我已經寫過《同理心的時代》（*The Age of Empathy*），這本書記述這種管道的起源，所以我在這裡只簡短提幾個例子就好。

我的一名同事利用在水桶挖洞重現一首著名童謠的內容。麥特・坎貝爾（Matt Campbell）把一個底部挖了小洞的塑膠水桶帶在身邊。我們的黑猩猩已經學會把眼睛貼在那個小洞上觀看一台舉在水桶另一端的 iPod。這麼一來，我們就能確知是誰在觀看，也能避免其他黑猩猩看見 iPod 上播放的影片。這種「窺探秀」的目的在於衡量打呵欠的感染力，因為這是一種與同理心相關的奇特現象。舉例來說，最容易受到別人打呵欠感染的人也最有同理心。具有同理心缺乏問題的兒童，例如自閉症患者，就完全不會受到別人的打呵欠感染。我們的黑猩猩看見猿類打呵欠的影片，就隨即跟著打起呵欠，但只有在牠們認識影片中那頭猩猩的情況下才有效。陌生對象打呵欠的影片對牠們毫無影響。由此可見，呵欠感染的重點不只在於看見別人的嘴巴張開與閉上，認同影片中的個體是必要因素。順帶一提，熟悉度扮演的角色在所有的同理心研究當中都存在，不論研究對象是人類還是其他動物都一樣。我們和別人的共通處愈多、和對方感覺愈親近，同理反應就會愈強。在一項人類野地研究中（在餐廳、等候室等地，於受試對象不知情的狀況下進行研究觀察），研究人員發現呵欠感染在親屬與好友之間的速度與頻率，都高過點頭之交與陌生人之間。[12]

談到這裡，我不禁想到最近一次搞笑諾貝爾獎——尤其是在我和達賴喇嘛的那場對話之後。搞笑諾貝爾獎是對諾貝爾獎的諧仿，宗旨在於表彰「先令人發笑而後引人深思」的研究，二〇一一年一項得獎的研究即是試圖找出烏龜是否也有感染性呵欠的現象。維也納大學的研究人員訓練了一隻紅腿象龜從事把嘴巴張開以及閉上的動作，然後由牠表演給其他同類看。由於他們沒有觀察到任何反應，因此斷定感染性呵欠不是一種單純的反射動作，必須仰賴模仿與同理心這類烏龜所欠缺的特質。

為了避免有人以為靈長類動物的同理模仿行為只會在實驗情境下出現，自發性做出這種行為的例子其實所在多有。許久以前，我在安亨動物園觀察到一頭受傷的公黑猩猩如何以手腕支撐著跛行，而不是像尋常那樣以指關節著地。不久後，那個黑猩猩群體當中的幼黑猩猩紛紛跟在這頭運氣不佳的公黑猩猩後面學牠的模樣行走，全都用手腕撐地。我還有一次在葉克斯野地研究站這裡目睹了一場分娩過程，結果母猿一頭接著一頭出現身體上的共鳴表現：

我在我的觀察窗前看見一群黑猩猩聚集在梅伊周圍——動作很快又靜默無聲，彷彿受到某種祕密訊號召集。梅伊微微張開兩腿半蹲著，張開一隻手掌伸到身體底下，準備接住產下的寶寶。亞特蘭大這頭年紀比較大的母猿以類似的姿勢站在她身邊，手也做出相同的動作，但卻擺在她自己的兩腿之間，儘管這麼做完全沒有意義。經過十分鐘左右，一頭健康的公猿寶寶冒了出來，那群黑猩猩隨即為之騷動。一頭黑猩猩發出尖叫，有些相互擁抱，可見牠們全都多麼投入那段過程。身為亞特蘭大之所以對梅伊具有認同感，原因可能是她自己已經生過許多寶寶。身為梅伊的好友，她在後續幾個星期幾乎連續不斷地為這位剛生產的媽媽理毛。[13]

另一項報導則是涉及烏干達布東格森林（Budongo Forest）裡一頭殘障的黑猩猩。凱瑟琳・荷拜特（Catherine Hobaiter）描述一頭將近五十歲名叫汀卡的公黑猩猩，不但雙手嚴重畸形，手腕也癱瘓。除此之外，他還感染了一種會令患者極度不適的慢性皮膚病，尤其是他又因雙手萎縮而無法為自己抓癢。不過，汀卡發展出了一種用藤蔓植物抓癢的方式，就像我們用兩手拉一條毛巾擦乾後背的做法。他會用腳抓住一條由高處垂掛而下的藤蔓，橫向摩擦自己的頭部和身體。這種動作看起來很怪，但顯然效果不錯，因為他經常這麼做。其他身體健全的黑猩猩完全沒有理由要這麼做，但研究人員卻觀察到幾頭幼黑猩猩模仿了汀卡的做法。牠們經常利用為了抓癢而拉下的藤蔓摩擦自己。由於在其他黑猩猩群體從來不曾見過這種現象，這種奇特習慣的擴散顯然又是鏡像神經元發揮作用的另一個例子。

同理心的身體管道因為具有這種無意識的本質，通常都會被我們自己低估。我甚至聽過政治評論家把同理心比喻為「脆弱的花兒」，沒有資格在社會裡扮演重要角色。明顯可見，說這種話的人有其本身的用意，但他們卻忘了林肯認為美國這個國家就是由同情心凝聚在一起。舉例來說，林肯之所以決定抗拒奴隸制度，一大原因就是他對別人的悲慘遭遇產生的情感反應。他寫信向美國南方的一名朋友指出，看見奴隸被鐵鍊鎖在一起的記憶，對他而言是「持續不斷的折磨」。[14]重大的政治決策如果至少在一定程度上能夠由同理心激發，那麼我們就沒有理由貶低同理心的重要性。我個人覺得，一個沒有同理心和團結精神的社會根本不值得讓人活在其中。

不過，人類的同理心不以自己所屬的物種為限。和我們所照顧的動物有關的政策，也會受到我們的同理心影響。以豬的閹割引起的辯論為例，從以前到現在，這種手術在許多國家都是在沒有麻醉的情況下施行。在一個探究這項議題的委員會上，反對這種做法的人士遭到科學家與獸醫的頑強抵抗，質問著我們對疼痛有何了解，以及疼痛怎麼有可能受到衡量。這是標準的陳腔濫調，意思就是「我們不曉得牠們有什麼感覺」。下一次的會議上，反對人士帶了一部影片前來。他們沒有提出任何意見，只說這場討論的主題既然是閹割程序，那麼自然應該看看當前的做法。接著，他們播放了一頭豬在意識清楚的情況下遭到閹割的影片。那頭豬掙扎不已，尖叫長達幾分鐘。到了影片結束之後，所有與會的男士都滿臉蒼白，雙手緊緊夾在兩腿之間。這部影片遠比任何理性論述都更強而有力地扭轉了麻醉措施辯論的趨勢。

這就是身體同理心共鳴的力量。

被老鼠救了一命

「誰是我的鄰舍呢？」一名律師對於耶穌的「愛鄰舍如同自己」這項忠告提出這個疑問。他發現有些人難以令他發揮愛心，因此想要尋求一項範圍不那麼廣泛的指示。他得到的回答即是「仁慈的撒馬利亞人」寓言。

一個重傷的犯罪受害者被拋在路邊，先是一名祭司路過卻視而不見，接著又有一個利未人也是如此。這兩人都是熟知道德的宗教人士，但不想耽誤自己的行程，因此靠著道路的另一側快步走開。只有身為撒馬利亞人的第三個路人停了下來，幫那人包紮傷口，然後把他扶上自己的驢子，帶到安全的處所。那個撒馬利亞人雖是遭到猶太人鄙視的「不潔」之人，卻是唯一展現了善心的一個。那個傷者的困境令他產生了發自內心的感觸。聖經的這項訊息告誡我們要小心照本宣科的道德，因為這樣的道德經常會為人提供漠視他人困苦的藉口。

不過，這只是這則寓言的其中一項教訓而已。另一項教訓是所有人都是我們的鄰人，就算是和我們不相似的人也是如此。就人類與動物同理心的狹隘性來看，這項教訓又更具挑戰性。就算擁有像呵欠感染性這樣的簡易衡量標準，與陌生人的共鳴現象仍然難以證實。黑猩猩與人受到熟悉對象感染呵欠的容易度，都比陌生對象來得高。同理心具有無可救藥的偏見，這點可見於蘇黎世大學的一項研究，也就是衡量人對別人的苦難所產生的神經反應。受試男性看著另一個人手上連接著電極而遭受電擊，對方可能與受試者支持同一支足球隊，也可能是敵對球隊的支持者。不消說，瑞士人看待足球的態度非常認真，只有和他們支持同一支球隊的球迷才會引發他們的同理心。實際上，看見敵對球隊的球迷遭到電擊，甚至還會造成大腦愉悅區域的活躍。[15]還說什麼愛自己的鄰人呢！

對囓齒動物的研究已經明白顯示，這種內團體偏私的心理和同理心存在的時間一樣長久。置身透明玻璃管內的實驗室老鼠可以看見彼此，其中一隻會被餵食稀釋醋酸，研究人員說這樣會使老鼠感到輕微的腹痛。受到這樣的待遇，老鼠會伸展身體，表現出不太舒服的訊號。另一隻老鼠會因為看見這樣的景象而對疼痛愈來愈敏感，彷彿自己體驗到了對方的疼痛。不過，這項憐憫實驗只有在曾經一起生活過的兩隻老鼠之間才有效果，牠們對陌生老鼠的痛苦無動於衷。[16]

那些老鼠示範了**情緒感染**，這種現象在人類身上也廣為人知。我們都知道喜悅或哀傷會感染別人，也知道自己有多麼容易受到身邊其他人的情緒感染。俗話說，獲得快樂最好的方法，就是讓自己身處快樂的人當中。據說一般人比死還更害怕公開演說，結果有人就依據這句話從事了一項研究。研究人員要求受試者稍加準備後就必須對一群觀眾演說。他們演說完畢之後，所有的參與者都獲邀把口水吐在一個杯子裡。如此一來，科學家即可從中萃取出皮質醇：一種與焦慮有關的荷爾蒙。他們發現，演說者的緊張會感染聽眾。聽眾跟隨著每一句話，演說者如果充滿自信，他們就跟著感到放鬆；演說者如果緊張，他們就跟著覺得不自在。藉由先前探討《王者之聲》時提到的那種身體管道，演說者與聽眾的荷爾蒙濃度呈現趨同的現象。[17]

另一項囓齒動物研究則是使用大鼠。這種動物雖然名聲不佳，但我卻能輕易理解這項研究的發現，因為我在大學期間曾經養過大鼠當寵物。我雖然沒有因為牠們而在女孩之間吃得開，但牠們卻讓我了解到大鼠其實是愛乾淨、聰明又富有感情的動物。在芝加哥大學的一項實驗中，一隻大鼠被放在一個圍欄裡，看見了另一隻被關在一個透明容器裡的大鼠。那隻大鼠被關在裡面，痛苦地掙扎著。第一隻大鼠不但學會如何打開一扇小門放出第二隻大鼠，牠這麼做的動機也令人震驚。面對兩個容器的選擇，一個裝有巧克力碎片，另一個關著牠的同類，牠經常選擇先救出自己的同類。另一方面，如果是一個空的容器和一個裝有巧克力碎片的容器，那麼牠就一定會先打開第二個。這項研究結果和史金納對於制約的強調可說是徹底相反，同時也見證了動物情感的力量。研究作者把大鼠的表現解讀為奠基於同理心之上的利他行為，而在結論中指出：「解救被困住的同伴，價值相當於取得巧克力碎片。」[18]

這項逃獄實驗涉及一種較為複雜的同理心，也就是同情心。我們不知道同理心如何轉譯為幫助或撫慰別人的行為，但至少需要對別人感同身受。同理心可以頗為消極，只是單純反映感覺，但同情心則是具有外向的動力。同情心表達對他者的關懷，並且帶有改善對方處境的衝動。仁慈的撒馬利亞人寓言的重點就在這裡。除非是鐵石心腸的人，否則只要看見一個人躺在路邊呻吟，絕對不免引發我們的同理心。不過，與其讓這種感受轉譯為同情心，那兩個宗教人士卻試圖擺脫這種感覺，刻意避開引起同情心的那個來源。自保是常見的行為，例如電影觀眾會用手遮住眼睛以免看見血腥畫面。因此，據說沒幾個觀眾實際看見《127小時》（127 Hours）這部電影最關鍵的那一幕，也就是主角被大石頭壓住、以一把小刀割斷自己的手臂。相較之下，那個撒馬利亞人不僅面對了別人的痛苦，還展現了同情心。他沒有擔心自己的時間遭到拖延，也沒有擔心弄髒衣服或者面前的情景是不是強盜的設局，而是對身陷困境的另一個人優先表現了關懷。

人為自己的不作為找的種種藉口，曾經在一項巧妙的實驗中受到測試。大學生受到指示必須從校園裡的一棟大樓趕往另一棟，但實驗人員在他們必經的路途上安排了一個倒在路旁的「受害者」，只有百分之四十的學生詢問「受害者」遭遇了什麼問題。必須匆忙趕往目的地的學生，停下來助人的機率遠低於時間充裕的學生，有些人甚至從發出呻吟的「受害者」

圖 5-5　同理心就像俄羅斯娃娃一樣有許多層次。其核心是匹配別人情緒狀態的能力。演化圍繞著這個核心建構了愈來愈複雜的能力，例如關懷別人以及採取別人的觀點。能夠表現出所有層次的物種少之又少，但核心能力存在的時間與哺乳類動物一樣長久。

身上直接跨過去。諷刺的是，儘管他們必須到另一棟大樓聆聽的演說就是以仁慈的撒馬利亞人為主題，他們卻還是做出了這樣的行為。[19]

不過，助人的決定不只仰賴理性的評估，因為促成這種決定的驅動力幾乎總是來自情感。如果不是因為我們的同理心或同情心等情感，恐怕不會有動力去幫助別人。誰會單純基於理性思考而跳進河裡救另一個人？舉例來說，在瑞士足球迷的那項研究裡，受試者腦中的同理感受愈是活躍，就會

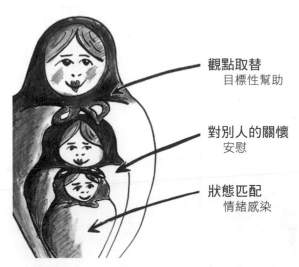

愈致力於減輕對方的痛苦。另一方面，單憑情感本身也不夠。情感會與成本效益的考量結合而得出行動或不行動的計畫。這就是為什麼在仁慈的撒馬利亞人那項研究裡，不是所有的學生都會願意為人提供幫助。人類的援助行為是情感動力與認知過濾結合造成的結果，同樣的綜合影響也可見於其他動物。

要研究同理心扮演的角色，一個方法是觀察對於他人痛苦的反應。在黑猩猩與巴諾布猿身上，安慰是可以預測的結果。一頭母猿在不久前遭到攻擊而倉皇逃命，現在單獨坐著、噘著嘴、舔著傷口，或者顯得一副沮喪的模樣。一個旁觀者過來抱了抱她、幫她理毛，或者仔細檢視她的傷口，於是她的精神為之一振。安慰可以伴隨相當激動的情緒，例如兩頭猿類在彼此的懷抱裡高聲尖叫。我們整理了將近四千項觀察，結果發現安慰的對象主要是朋友與親屬，而且提供安慰者也以雌性為多。[20]雌性比較會提供安慰的現象也可見於我們這個物種，我們把安慰視為一種同情關懷的形式。這類型的研究方法通常是要求身在家裡的家庭成員裝出受傷或難過的模樣，然後看看兒童會有什麼反應。兒童從很小的年紀就會表現出和猿類一樣的觸摸、擁抱以及撫慰的身體接觸，而且女孩做出這種行為的機率高於男孩。

擬人論的反對者呼籲以不同用語描述人類與猿類的這種反應，但我拒絕這麼做。聲稱「動物不是人」的人士通常忘了，儘管動物確實不是人，但人卻同時也是動物。一方面把動物行為的複雜性降到最低，另一方面卻不對人類行為這麼做，只會豎立起一道人為的障礙。我個人遵循另一種簡約原則，亦即認為兩個近似的物種如果在類似的情況下表現出同樣的行為，那麼這項行為背後的心理過程很可能也是一樣。如果不這麼做，就必須假設這兩個物種在分家之後的這段短暫時間裡，個別演化出產生同一項行為的不同方式。從演化的觀點來看，這種倡議未免過於曲折。除非能夠證明猿類安慰同伴的動機與人做出這種行為的動機不一樣，否則我寧可採取比較簡潔的假設，也就是這兩個物種都懷有相同的衝動。

他人觀點

同理心還有一種更複雜的表現，就是目標性幫助。與其對別人的痛苦產生反應，這種行為的目標是要理解對方的處境。我們能夠認出別人的特定需求，例如幫助盲人過街。我們可以想像失明的狀況，而針對這種特定狀況提供協助。這種例子在人類生活中所在多有，在其他大型腦部的物種之中也是如此，包括海豚、大象以及猿類。我以前常述說的故事，包括一頭巴諾布猿如何救了一隻撞上玻璃昏迷的鳥兒，以及一頭黑猩猩如何把一個對野生動物天真無知的朋友從毒蛇前面拉開。有許多故事都顯示猿類似乎能夠採取別人的觀點。不過，我在這裡不說這些故事，因為目標性幫助現在終於受到了檢驗。日本京都大學靈長類研究所從事的這項研究，與我們針對黑猩猩樂於彼此幫助所進行的研究恰好互補。

我去過靈長類研究所幾次，那裡的黑猩猩生活在寬廣的戶外區域，有許多綠色的灌木與高大的攀爬架。如同我們在葉克斯靈長類研究中心的做法，那些黑猩猩也會被喚進室內從事自願性的測試。不過，靈長類研究所的黑猩猩必須穿越一條繁複的隧道，才會進到一個牠們身在中心而人類處於邊緣的房間。那些黑猩猩被關在一個玻璃房間裡，人類實驗者則是拿著新奇的裝置在牠們周圍走來走去。不過，在我提的這項實驗裡，研究人員使用的裝置並不是特別先進。山本真也讓那些黑猩猩在取得柳橙汁的兩種方式中做出選擇：牠們可以用耙子把一個裝有柳橙汁的容器勾過來，或是透過吸管飲用柳橙汁。問題是，牠們的手上沒有任何工具可以使用。房間隔壁有個分隔開來的區域，裡面坐著另一頭黑猩猩，擁有一整套各式各樣的工具。這頭黑猩猩會看看對方遭遇的問題，然後挑出適當的工具，透過一扇小窗遞給對方。擁有工具的那頭黑猩猩如果無法看見對方的處境，就會隨機挑選一件工具，這顯示牠完全不曉得對方的需求。這項實驗證明了黑猩猩不僅樂於互相幫助，還會把對方的特定需求納入考量。[21]

為了避免有人以為猿類在野地裡從來不會分享工具，山本真也的研究獲得了方果力猩群的一項觀察證實。方果力是塞內加爾的一個地區，美國靈長類動物學家吉兒·普魯茲（Jill Pruetz）在那裡研究棲息於莽原上的黑猩猩。相較於森林裡的黑猩猩，方果力猩群必須長途跋涉才能找到食物。黑猩猩分享獸肉的行為早已廣為人知，但方果力的黑猩猩還會分享植物性食物（例如猴麵包果），而且也是工具分享行為最早受到記述的猩群。舉例來說，一頭青年母黑猩猩用一根樹枝釣著白蟻，結果一頭高階公黑猩猩啣著一件準備好的工具在她身邊坐了下來。黑猩猩會折下樹枝，剝除側枝當成釣昆蟲的工具。後來，那頭母黑猩猩自己的工具不再有效了，就會直接取下公黑猩猩口中的工具，於是公黑猩猩又製作了另一件，繼續坐在她身邊等待。一會兒之後，母黑猩猩又從他口中取下這件新工具，繼續從事她釣白蟻的活動。母黑猩猩離開後，那頭公黑猩猩就沒有再製作工具，也沒有自行從事釣白蟻的活動。[22]

我們對猿類的能力仍然所知極少，不論是圈養還是野生的猿類。不過，過去幾年以來我們已獲得了比較多的了解。牠們顯然不像以往認定的那麼自私，在人道行為方面的表現很可能勝過一般的祭司或者利未人。

第六章

多餘的十誡

有兩種東西，我對它們的思考愈是深沉和持久，它們在我心中喚起的讚嘆和敬畏愈發歷久彌新：天上璀璨的星空，以及我們內在的道德法則。

——伊曼努爾．康德（Immanuel Kant）[1]

我們有可能被火燒到而不覺得疼痛嗎？我們有可能不對朋友感同身受嗎？這些現象難道會因為落在主觀經驗領域裡，所以其後果就比較沒有必然性或是比較不那麼強而有力嗎？

——愛德華．韋斯特馬克（Edward Westermarck）[2]

在東京的多摩動物園，我目睹了一項令人驚訝的儀式。在一幢建築物的屋頂，一名管理員將一把把夏威夷豆撒在一個露天圍欄裡的十五頭黑猩猩之間。市面上買得到的堅果當中，只有夏威夷豆硬得讓大多數母黑猩猩無法用牙齒咬破外殼。那個黑猩猩群體中沒有成年公黑猩猩（我造訪了一座小神龕，裡面以鮮花供奉著喬——喬是牠們長久以來的雄性領袖，才剛於幾個星期前死去），只有成年公黑猩猩才有足夠的咬合力咬得破夏威夷豆的硬殼。那群黑猩猩四處奔跑，在嘴裡、手掌和腳掌收集盡可能多的夏威夷豆。然後，牠們在圍欄內的不同地點坐下來，每頭黑猩猩都在身前置放一小堆夏威夷豆，而且全都面向一個稱為「破殼站」的地方。

一頭黑猩猩走向破殼站，也就是一塊大石頭以及一個用鐵鍊繫在石頭上的小金屬塊。接著，她把一顆夏威夷豆放在石頭表面，舉起金屬塊不停敲擊，直到果殼破裂為止。這頭母黑猩猩身邊伴隨著一頭幼黑猩猩，允許這頭幼黑猩猩分享她的勞動成果。她敲破了自己所有的夏威夷豆之後，就把位子讓給下一頭黑猩猩，於是那頭黑猩猩把自己的豆子全放在腳邊，開始做同樣的事情。動物管理員說明，這是牠們的日常儀式，總是秩序井然地進行，直到所有的夏威夷豆都敲破為止。

我對那幅景象的平和狀態頗感驚奇，但沒有因此受到欺騙。如果我們看見一個紀律良好的社會，那個社會背後通常存在一套社會階級。這套決定誰能夠先進食或者先交配的階級制度，終究植根於暴力當中。一頭低階母猿及其子女如果想在輪到牠們之前就先使用破殼站，場面一定會鬧得很難看。這些黑猩猩不只很清楚自己的地位，也很清楚違反規則會有什麼後果。社會階級是一套巨大的約束體系，無疑為人類道德鋪了道路，因為人類道德也是這麼一種體系。

衝動控制即是關鍵所在。

不存在的放蕩物種

一名法國婦女指控多明尼克・史特勞斯－卡恩（Dominique Strauss-Kahn，一位著名政治人物）對她性侵，忍不住指稱對方表現得像是一頭「性慾衝動的黑猩猩」。[3]人類只要一旦對自己的衝動失去控制，就覺得有必要把這種情形比喻為動物。這實在是一項嚴重的侮辱……對黑猩猩而言！

學術界也避免不了失控的動物這種普遍的形象。這點對於道德演化而言非常重要，因為遵循道德的相反就是「為所欲為」，其中潛藏的假設即是我們欲求的對象不是好事。菲利普・基徹（Philip Kitcher）這位傑出的自然化倫理學哲學家，曾經為黑猩猩貼上「放蕩」的標籤，指稱這種生物克制不了自己的任何衝動。一般與「放蕩」一詞聯想在一起的那種惡毒與淫蕩性質並不包含在他的定義當中，他的定義只聚焦於對行為後果的漠視而已。不過，他傳達的訊息和那名法國婦女一樣：如同部分可鄙的男性，動物也徹底欠缺情緒控制。基徹接著猜測我們可能是在演化過程中克服了這種放蕩性質，也成為我們之所以為人的原因。此一克服過程始於「一種知覺，發現特定形式的計畫行為可能會帶來充滿問題的後果」。[4]

基徹的意思是不是說每一隻貓只要看見老鼠，就會不顧一切地追上去？貓難道除了跟隨自己的狩獵衝動以外就別無選擇？要是這樣的話，貓為什麼會耳朵緊貼著頭皮，躲在垃圾桶後面，悄悄跟蹤著她想獵捕的對象？她為什麼會浪費寶貴的時間，只在老鼠看不見她的時候才偷偷前進？有沒有可能是她懂得在適當時機撲上去會比過早行動來得有效？我常會不禁想要鼓勵哲學家養隻寵物。學習後果是形塑行為的強大力量，這可有別於基徹的定義。

動物園的那群黑猩猩也展現了衝動與行動之間一道堅定的壁壘。牠們顯然都想立刻敲破自己的夏威夷豆，卻沒有辦法這麼做。或者，想像一頭母黑猩猩的寶寶被一頭用意良善的青年黑猩猩抱走。那頭母黑猩猩在這種情況下會跟在綁架者身邊，一面嗚咽一面乞求，希望從對方手上取回自己的孩子，而對方則是一再迴避她。那頭母黑猩猩壓抑了全力追逐對方的衝動，因為她害怕那頭青年黑猩猩會逃到樹上，對她心愛的寶寶造成危險。她必須保持沉著冷靜。不過，寶寶一旦安然回到她的懷裡，一切就不同了。我見過母黑猩猩襲擊做出這種綁架行為的青年黑猩猩，長距離追逐對方，同時不斷怒吼尖叫，發洩先前壓抑的所有挫折感。同樣地，一頭不許在其他成員面前交配的年輕公黑猩猩，也會偷偷坐在一頭對他具有性吸引力的母黑猩猩身邊，傳達只有她看得見的細微信號，例如張開雙腿展現他勃起的陰莖，同時做出召喚她的手勢。他邀請那頭母黑猩猩跟著他前往靜謐無人的處所。有一次，一頭年輕公黑猩猩正在這麼做的時候，另一頭年紀較大的公黑猩猩恰好從轉角處走過來，於是他立刻垂下手遮住自己的陰莖，掩藏了自己的意圖。

高階成員也可藉由控制衝動而獲益。舉例來說，一頭雄性領袖可能會受到另一頭年輕公黑猩猩的直接挑戰，例如朝著他的方向丟石頭，或者對他做出嚇人的衝撞示威動作，全身毛髮豎起，只差一點就撞上老大。這是一種測試對方膽量的做法。經驗豐富的雄性領袖對這樣的喧鬧行為完全置之不理，彷彿根本沒有注意到，然後投注時間為自己的盟友一一理毛，等到晚一點再發動反擊。到了這時候，那個魯莽的年輕傢伙就會寡不敵眾。

有一次，一名野地研究者向我提到，他從沒想過公黑猩猩能夠打斷彼此的骨頭，更是令人體會到公黑猩猩有多麼壓抑。我也沒想過這一點，但一頭能夠以牙齒咬破夏威夷豆的動物

（咬破夏威夷豆需要每平方英吋三百磅的壓力；人類咬合力約八十八磅）絕對有足夠的力氣打斷彼此的骨頭。克里斯托．伯施（Christophe Boesch）在森林裡記錄了數百場不同猩群成員間的邂逅與火花，他注意到公黑猩猩抓住陌生黑猩猩的腿而一口咬下的時候，其實可以清楚聽見骨頭碎裂的聲音。[5] 我自己在彼此熟識的黑猩猩之間所打的架中從沒目睹過這種現象，不論牠們看起來打得多凶。這表示在大多數時候，至少在自己的群體內，公黑猩猩都會克制自己的暴力程度。

情緒反應系統勝過本能反應系統的地方，就在於其結果並非固定不變。「本能」一詞指的是一套遺傳程式，指示著動物或者人類在特定情況下做出特定行為。不過，情緒卻會造成內在的改變，同時也會對眼前的情勢做出評估，並且衡量不同選項的優劣。我們不清楚人類和其他靈長類動物是否擁有嚴格意義下的那種本能，但牠們擁有情緒卻是明白無疑。德國專家克勞斯．薛爾（Klaus Scherer）把情緒稱為「一種智慧型介面，能夠依據特定時刻對該生物體最重要的事物調節輸入與輸出」。[6]

聲稱情緒具有智慧看來也許違反直覺，但可別忘了，情緒和認知的區隔其實仍無定論，這兩者緊密交纏。此外，這兩者的互動在人類和其他靈長類動物身上也許非常近似。幫助調節情緒的前額葉經常被認為在我們這個物種特別大，但這已經是一種過時的觀點。人類大腦的神經元有百分之十九存在大腦皮質，就和一般哺乳類動物的大腦沒什麼兩樣，因此，我們的大腦被稱為「線性升級靈長類大腦」。人類的大腦也許整體而言比較大，但其中各部位的相互關係並無特出之處。[7]

我們大多數人都看過這種爆笑影片：兒童獨自坐在桌前，努力克制著自己不吃桌上的棉花糖——他們可能偷偷舔一下，咬下一小口，或者別開目光以避免誘惑。這是最顯而易見的衝動控制測驗。實驗人員對那些兒童承諾說，只要他們不吃那個棉花糖，就可以得到第二個棉花糖。這種「延遲享樂」也在我們的靈長類近親身上測試過。舉例來說，猴子如果知道牠們不吃一片香蕉可以因此得到更大的一片，牠們就會忍住不吃。另一個例子是，一頭黑猩猩耐心地盯著一個容器看，只見那個容器每隔三十秒就會有一顆糖果掉進裡面。牠隨時都可以取下那個容器，吃掉裡面的糖果，可是如此一來糖果就不再掉落。牠等得愈久，得到的糖果就會愈多。猿類在這項實驗的表現差不多和兒童一樣，延遲享樂的時間可以長達十八分鐘。如果有可以把牠們的心思從糖果機器引開的玩具，等待的時間就會比較長。一如兒童，牠們也會藉由分心的方式抗拒誘惑。這是否表示牠們察覺得到自己的慾望，而刻意加以削減？如果是的話，那麼這種行為就似乎頗為接近自由意志了！[8]

明顯可見，基徹的「放蕩」黑猩猩是一個不存在的物種。靈長類動物可讓我們對奠基於情緒和情緒控制之上的群體生活獲得絕佳的洞見。情緒控制深深嵌入社會當中，而牠們也尊重情緒控制對牠們的行為所加諸的限制，只有在兩種情況下才會違反規則：一是牠們認為自己可以逃過制裁，二是牽涉的問題極為重大，值得冒這樣的險。否則，牠們就會像多摩動物園的黑猩猩一樣，依序等待並且克制自己的衝動。我們有一長串的祖先都生活在發展完善的階級制度當中，社會抑制對牠們來說乃是第二天性。懷疑者如果需要證據證明這段歷史對我們的影響有多大，那麼只需想想我們為道德規範賦予多少權威即可。有時候，這種權威是人格性的，就像是個超級雄性領袖，例如我們聲稱上帝在山頂上交給我們一套規範。另外有些時候，我們則是著迷於理性推論的權威，聲稱有些規則具有無可抗拒的邏輯說服力，不予遵守將會是愚蠢的行為。人類對道德法則的尊崇透露了一種心態，顯示我們這個物種喜歡與上層階級保持良好關係。

最具揭露性的現象，就是我們違反規則之後的反應。我們會低下頭，避開別人的目光，垂下肩膀，彎曲膝蓋，看起來整個身形都小了一號。我們嘴角下垂，眉毛外張，呈現出一種毫無威脅性的表情。我們感到羞恥，不禁用手遮臉，或者「恨不得鑽進地洞裡」。這種想要從別人眼前消失的渴望，令人聯想起屈服的行為表現。黑猩猩會在領袖面前於沙土中爬行，伏低身體仰望對方，或者把臀部轉向對方，藉此展現出沒有威脅性的模樣。相較之下，

圖 6-1　一頭居於支配地位的黑猩猩全身毛髮豎起，以兩腿行走，手中拿著一塊大石頭。牠看起來比牠的對手還要高大，對方則是一面迴避牠，一面發出喘息的哼聲，這是一種屈服的表現。不過，這是儀式造成的現象，因為這兩頭公黑猩猩實際上體重與身形都相當。

居於支配地位的黑猩猩則會讓自己的體型顯得更大，而且會踐踏在蜷縮成胎兒姿勢的從屬成員身上。人類學家丹尼爾．費斯勒（Daniel Fessler）研究了各種人類文化的羞恥，將普世存在的身形縮小姿態比擬為從屬個體面對憤怒的優勢個體的情形。羞恥感反映了一個人意識到自己激怒了別人，而知道自己必須安撫對方。不論這種行為帶有什麼自覺的感受，都比不上古老許多的那種階級模板。

如同達爾文在許久以前就已經指出的，人類唯一獨特的表情是臉紅，我沒聽聞過其他靈長類動物會出現這種臉部瞬間發紅的現象。臉紅是演化上的一個謎，對於認為人類只會利用別人的人士而言，必定特別難以理解。如果我們真的只會利用別人，那麼我們身上的血液顯然不該這樣不受控制地湧上臉頰與頸部，導致膚色的變化就像燈塔一樣顯眼。這種信號對天生的操弄者而言根本不合邏輯。我想像得到臉紅唯一的好處，就是讓別人知道你意識到了自己的行為對他們造成什麼影響，這樣有助於培養信任。我們偏好在臉上流露內心情緒的人，比較不喜歡絲毫不會表現出羞恥或內疚徵象的人。我們演化出一種誠實信號來傳達對違反規則的不安感受，這點就深切展示了我們這個物種的某種特質。

臉紅是為我們賦予道德的同一套演化機制的一部分。

一對一道德

道德是一套規範體系，重點在於幫助或者至少不傷害別人。這套規範體系注重別人的福祉，並且把群體放在個人前面。道德不否認自利，但是會對自利的追求加以約束，藉此促成一個合作的社會。

這項功能性定義把道德與風俗還有習慣區隔開來，因為風俗習慣僅僅是用刀叉、筷子或者空手進食的差異而已。別人也許不認同我用手抓取食物——至少在我目前所處的文化是如此——但他們的不認同並不具有道德性質。就連小孩也懂得辨別禮儀（男孩上男廁，女孩上女廁）與道德規範（不要拉別人的馬尾）。涉及幫助或者不傷害別人的規範，受到的看待會比習俗遠遠嚴肅得多。幼兒相信前者的普世性。你如果問他們能不能想像一個所有人都上同一間廁所的文化，他們的答案會是肯定的；但你如果問他們有沒有可能會有一種文化，其中的人可以在毫無必要的情況下傷害別人，他們就會拒絕認為這種文化有可能存在。哲學家傑西·普林斯（Jesse Prinz）指出：「道德規範直接根源於情感當中。我們一旦想到打人，就會覺得難過，而且我們無法關閉這種感覺。」[9]道德理解在人生中發展出來的時間早得令人吃驚，不到一歲的嬰兒就已經會對偶戲中的好人角色產生偏好。和別人一起來回滾動一顆球的布偶，會比偷走球而跑開的布偶更受嬰兒喜歡。

同理心是關鍵要素。兒童從小就會學到，用手打或者用嘴咬兄弟姊妹，會引發一種尖叫的反應，並且帶來各種負面後果。除了極少數長大成為心理病態者的兒童之外——這類人的童年表現包括虐待動物、過度暴力以及缺乏懊悔心態——絕大多數的兒童都不喜歡看見兄弟姊妹嚎哭的景象。第二，傷害兄弟姊妹會導致所有的玩樂與遊戲戛然而止，沒有人想要和不斷打人的人一起玩耍。此外，憤怒的父母或老師可能會介入責罵打人的孩子，或者藉由指出受害者的淚水而令他感到內疚，這些情感後果都會遏阻傷害玩伴的行為。同理心教導兒童認真看待別人的感受。

倒不是說我們應該對如此早期的發展感到意外。純粹只是因為飾面理論的普及，才會有那麼多人認為善性不是人性的一部分，而且我們必須努力向我們的孩子教導善性。兒童被視為自私的怪獸，只有在老師與家長的教導下才得以抑制其天性而學會遵循道德，孩童被視為心不甘情不願的道德家。我的觀點恰恰相反：兒童是天生的道德家，而且由其生物組成背景獲得龐大的助力。人類自然而然會注意別人，會受到別人的吸引，並且對別人的處境感同身受。如同所有的靈長類動物，我們的情緒也會受到別人影響。而且不只有靈長類動物會這樣，一條嚙咬著玩伴的大狗如果聽見對方發出尖銳的吠叫聲，就會立刻停下自己的動作，而牠之所以會有這樣的反應，原因就和靈長類動物一樣：傷害別人是一種惹人厭惡的行為。

狗的階級性比我們更強，所以更有理由害怕自己的行為帶來的後果。這點也許能夠解釋勞倫茲養的狗兒布利為什麼會對一項違反規則的行為產生強烈反應。在這個例子裡，受害者不是脆弱的第三者，而是主人本身。布利在這位著名的動物行為學家試圖阻止一場爭吵的時候不小心咬到了他的手。儘管勞倫茲沒有責備他，也立刻安撫了他，布利卻還是為此徹底精神崩潰。他在後續幾天幾乎徹底癱瘓，對食物也毫無興趣。他會趴在地毯上淺淺地呼吸，偶爾發出一道深沉的嘆息，彷彿來自他飽受煎熬的靈魂深處，看起來像是罹患了某種致命疾病一樣。布利消沉了好幾個星期，勞倫茲因此猜測他也許擁有「良心」。布利以前從沒咬過人，所以他不可能依據先前的經驗判斷自己做錯了事情。也許他違反了傷害高階個體的先天禁忌，而這種行為有可能帶來最糟的後果，包括被逐出群體。[10]

我在學生時期曾經觀察過一群獼猴在雄性領袖在場與不在場的情況下表現出來的行為。只要是在雄性領袖沒看見的時候，其他公猴就會開始接近母猴。一般而言，這麼做會導致牠們惹上麻煩。這項原則曾經受到試驗，只要猴王在一個透明箱子裡看著，低階公猴就會拒絕接近母猴；但猴王一被帶走，牠們就隨即把所有顧忌拋在腦後。牠們恣意交配，而且還蹦蹦跳跳，行走時高高舉起尾巴，表現出高階公猴的這些典型行為。不過猴王回來之後，牠們就會特別緊張，露出滿臉屈服順從的笑容迎接牠。牠們似乎理解自己做了不該做的事。[11]

這種貓不在家的狀況觀察起來總是逗趣不已，因為老鼠總是惦記著貓。在另一個獼猴群體，長期以來的猴王史匹科斯先生有時候會對在繁殖季節監控五、六隻躁動不安的公猴感到厭倦，或者可能只是想要讓自己的老骨頭在室內保持溫暖，於是牠會一次消失半個小時的時間，讓其他公猴享有許多交配機會。位居第二的公猴深受母猴歡迎，但他卻對史匹科斯先生念念不忘，忍不住到門邊透過一道小縫窺探室內的狀況。也許他是想要確認史匹科斯先生有沒有乖乖待在裡面。由於公獼猴需要多次騎乘才會射精，因此年輕公猴總會在自己的伴侶和那道門之間來回奔跑十幾趟，才得以完成一次交配。

社會規範不是只在支配者在場時才會遵守，支配者不在場時亦不會隨即忘卻。如果真是這樣，低階公猴就不會主動查看猴王的狀況，也不會在自己的出軌行為後表現得過度屈服順從。牠們會在一定程度上內化這些規範。一項比較複雜的表達現象曾經出現在安亨動物園的黑猩猩群體中，當時位居第二的公猿魯伊特首度打敗了雄性領袖耶羅恩，這場打鬥發生在兩頭公猿獨自在牠們的夜間宿舍時。第二天一早，這群黑猩猩被放到牠們的露天圍欄，這時其他成員才注意到令人震驚的證據：

瑪瑪發現耶羅恩的傷口之後，隨即發出高呼並且環顧四周。耶羅恩隨即為之崩潰，不停尖叫哀號，於是其他成員紛紛過來查看是怎麼一回事。在那些黑猩猩圍繞著他高呼之時，「禍首」魯伊特也開始尖叫。他緊張不已地跑到一頭接一頭的母黑猩猩面前，擁抱她們，並且向她們行禮。接著，他那一天有許多時間都在照料耶羅恩的傷口。耶羅恩的腳上有個切口，體側也有兩道傷口，是魯伊特強而有力的犬齒造成的結果。[12]

魯伊特的處境近似於名叫布利的那條狗，因為他咬傷老大的行為打破了階級制度的默契。群體成員的反應似乎認為這種行為極其惡劣，於是魯伊特只好盡力彌補。不過，他沒有放棄凌駕於耶羅恩之上的策略，因為他在接下來的幾個星期內持續施壓，最後終於迫使耶羅恩卸下領袖地位。他照料那頭年長公猿的傷口應該不會令任何人感到吃驚，因為那是黑猩猩關係中的正常現象。不過，這種行為對巴諾布猿來說更是典型。我見過死對頭重逢的時候，結果攻擊者毫不猶豫地捧起對方的腳或是抬起對方的手臂，也就是對方當初遭到咬傷的部位。這樣的舉動顯示牠們不只精確記得自己與對方的打鬥，也對自己傷害對方的行為感到懊悔。互咬在巴諾布猿之間極為罕見，難怪牠們會對這種行為的後果感到擔憂，而把自己一時衝動導致對方流出的每一滴血都舔舐乾淨。

同理心在這些例子裡大概也起了作用，還有在魯伊特對耶羅恩的傷口表現出來的反應之中。就黑猩猩的標準而言，耶羅恩受的雖然只是皮肉傷，卻是他多年來第一次遭到攻擊而受傷。整體而言，靈長類動物就算面對衝突紛爭，也還是滿心希望保持良好關係。在牠們玩耍的時候，也可以明白看出牠們其實很清楚疼痛與焦慮的傷害效果。年輕的靈長類動物之間如果年齡相差較大，遊戲對於年紀較小的玩伴而言經常會太過粗暴，例如腿遭到扭傷或者輕啃得來的咬傷。母親只要稍微看見孩子有痛苦的表現，就會立刻阻止遊戲。玩耍通常安靜無聲，唯一的聲音就是粗啞喘息的笑聲，聽起來和人類的笑聲頗為相似。我們錄下了數以百計的角力玩耍，結果發現在年幼玩伴的母親在旁觀看的情況下，年輕黑猩猩尤其會發出笑聲。比起獨自和那頭幼黑猩猩玩耍，牠們在幼黑猩猩母親在場的情況下笑得更頻繁。感覺彷彿要讓那個母親安心，藉此向她表示：「看我們玩得多開心！」[13]

總結來說，靈長類動物與人類兒童遵循的社會準則由兩大強化力量所支持。其中一股力量來自內在，另一股力量來自外在。第一股力量是同理心以及對良好關係的渴望，從而盡力避免不必要的痛苦。第二股力量是實體後果的威脅，例如由高階者施加的懲罰。經過時間的發酵之後，這兩股強化力量會造成一套內化的準則，我稱之為「一對一道德」。這種道德可讓能力與力氣不相等的同伴和諧相處，例如雄性與雌性或是成人與少年，讓他們處在一種彼此都覺得愜意的生活方式。有時候這種準則會暫停適用，例如當兩個對手競逐地位之時，但靈長類動物通常都致力於追求和平共處。沒有能力或不願意遵循社會準則的個體會遭到邊緣化。就演化上而言，這整個過程的終極驅動力就是融入群體的渴望，因為與此相反的情形——孤立或者遭到排擠——將會大幅降低個體的生存機率。

一九八五年出版的《狒狒的性與友誼》（*Sex and Friendship in Baboons*）這部著作裡，芭芭拉．史茂茲（Barbara Smuts）率先把「友誼」一詞套用在動物身上，結果此一做法在當時遭到了強烈質疑。有些人認為這個用詞過於擬人化。不過，隨著我們對於動物之間的情誼獲得愈來愈多了解，懷疑態度因此消散，這個用語也就逐漸普及。舉例來說，在烏干達的基巴萊森林（Kibale Forest），兩頭年邁的公黑猩猩在大部分時間裡都共同行動，一起狩獵，分享獸肉，只要被濃密的枝葉隔開，就會藉由互相呼叫保持聯絡。這兩頭公黑猩猩在和其他猩群打鬥的時候也會互相支援。牠們雖然沒有親屬關係，但長年以來都是深深信賴彼此的夥伴。觀察牠們多年的靈長類動物學家三谷（John Mitani）描述，在其中一頭黑猩猩死亡之後，牠的夥伴就變得不像以往那麼合群，不但把自己孤立起來，還似乎處於哀悼之中。許多這類關係都得到了記錄，DNA分析也支持這種關係經常出現在非親屬之間的說法。因此，「友誼」一詞並非誇大，而且也可以套用在大象、海豚以及其他哺乳類動物的夥伴關係上。對於狒狒的野地研究顯示，擁有友誼關係的母狒狒不但壽命比較長，生養的子女也比較多。因此，個體間的緊密關係在演化上必定有其存在的理由。[14]

和所有群體成員保持良好關係的社會準則，涵蓋了誰可以和誰交配、如何與嬰兒玩耍、必須順從誰，以及在什麼情況下可以侵吞別人的食物，什麼情況下又應該輪流靜靜等待。黑猩猩與巴諾布猿都尊重彼此的所有權，即便是雄性領袖，也有可能必須乞討食物。居於支配地位的個體極少憑恃武力搶奪別人的食物，違反準則者也會遭到激烈的抵抗。第三章描述佛克爾遭到群體圍攻的情景，就顯示了野生巴諾布猿如何對付違反準則的成員。類似的例子所在多有，例如我的觀察窗底下那群黑猩猩就曾經發生過這麼一起事件：先前的雄性領袖吉莫曾經因為懷疑一頭年輕公黑猩猩擅自與母黑猩猩交配而對他施以懲罰。吉莫通常只會單純趕跑犯規者，但不曉得為什麼——也許是因為同一頭母黑猩猩在那天拒絕與他交配——他對這頭年輕公黑猩猩卻是死命追趕，毫不留情。那頭公黑猩猩嚇得拉肚子，而且這件事情看起來顯然無法善終。不過，在吉莫抓到他之前，母黑猩猩就開始發出響亮的「嗚哇」聲表達抗議。後來，這道聲響更因為雌性領袖的加入而增強成震耳欲聾的眾聲齊鳴。抗議者的音量達到高峰之後，吉莫便停下追逐動作而且露出緊張的咧嘴表情：他收到了訊息。

我覺得自己目睹了輿論發揮作用的過程。

「實然」與「應然」

社會準則之所以令人深深著迷，原因就在於其規範性。社會準則是具有強制力的。我這邊指的不只是動物的行為表現，還有牠們所受預期該有的行為表現。這一切的重點就在於「實然」與「應然」的區別。實然與應然的差別聽起來像是文法的探討，其實是哲學的一大主題。事實上，要探討道德的起源，就不可能不談到這項區別。「實然」描述事物實際上的狀況（社會傾向、心智能力、神經歷程），「應然」所指的則是我們希望事物會有的狀況以及我們應有的行為表現。「實然」談的是事實，「應然」談的是價值觀。懂得遵循規範性準則的動物，即是由「實然」轉變到了「應然」。也許可以補充的一點是，牠們達成這項發展的過程中完全不曉得學術界針對此一轉變耗費了多少墨水。

大衛．休謨（David Hume）這位提出實然／應然區辨的蘇格蘭哲學家在將近三百年前寫道，我們應該小心，不要以為這兩者一模一樣；他接著指出我們應該「提出理由」說明如何從事實現狀論述我們追求的價值。[15]換句話說，道德不只是單純反映了人性。就像我們不可能由一輛汽車的描述推論出交通法規，所以我們也不可能藉由了解我們是什麼人或是什麼樣的動物而推論出道德規範。休謨的論點相當有力，但與後來的哲學家採取的那種誇大說法天差地遠，因為他們把這項呼籲我們謹慎為之的建議轉變成了「休謨的斷頭台」，聲稱「實然」與「應然」之間存在著一道無可跨越的鴻溝。於是，一切想要把演化邏輯或神經科學應用在人類道德上的嘗試，即便是最小心謹慎的嘗試，都遭到這座斷頭台斬斷。他們說「科學無法教導我們如何理解道德」。這點雖然沒錯，但科學絕對能夠幫助我們解釋為何某些結果可能比其他結果更受到偏好，從而造就出道德當前的模樣。別的不提，設計那種不可能遵循的道德規範是毫無意義的，就像制定出一套汽車無法遵守的交通法規一般——例如規定車輛必須從速度較慢的車輛上面跳過去。哲學家將此稱為「應然暗指著可行」的論點，道德必須針對其目標物種發展出合適的內容。

「實然」與「應然」就像道德的兩個對立面。我們擁有這兩者，也需要這兩者，而且這兩者雖然不同，卻又不是徹底分離。這兩者具有互補性，就像中國文化的陰陽概念，既對立又聯合。休謨本身沒有理會以他為名的那座「斷頭台」，而是強調了人性有多麼重要：他認為道德是情感的產物。同理心（他稱之為同情心）就是他認為最重要的一項要素，他認為同理心具有無比的道德價值。他這麼說並沒有自相矛盾，因為他只是敦促我們對從「實然」面的現狀推論出「應然」面的預期行為，此一過程需謹慎小心，但從來沒有說我們不能這麼做。我們也不該忘記，這兩者之間的緊張關係在現實生活中其實不太能感受得到，有別於多數哲學家喜歡棲身其中的概念層次，有著明顯差別。哲學家認為我們不能藉由**理性推論**而從一個層次達到另一個層次，這樣的想法確實沒錯，但誰說道德是由理性建構而來，或者必須由理性建構而來呢？如果道德就像休謨認為的一樣，是植基於情感價值之中呢？

價值深深存在於我們的現實樣貌裡。有些人認為生物學的一切完全屬於道德等式裡的「實然」面，但每個生命都會追求目標。生存是一項目標，繁殖是另一項目標，另外還有其他比較立即性的目標，例如把對手排除在自己的地盤之外，或是避開極端溫度。動物「應當」填飽自己的肚子、逃離掠食者，以及找尋伴侶等等。填飽肚子雖然明顯可見不是一項道德價值，但這種區別在社會領域卻不是那麼清楚明白，像是社會性動物「應當」和諧相處。人類道德發展自感知他人的存在與需求，也同樣發展自這項理解：要獲得團體生活的利益，我們就必須妥協並且關注別人的需求。

不是所有動物都具有這種感知他人所需的能力。食人魚或鯊魚就算和我們一樣聰明，也絕對不可能產生我們的社會準則，因為牠們對傷害別人毫無顧忌，頂多只是必須承擔遭到報復的風險。我們在情感上與牠們極為不同，這點即可解釋我們為何會為「幫助或者不傷害別人的概念」賦予特殊地位。這兩項價值不是來自外部也不是透過邏輯影響我們，而是深植於我們的腦幹內。在《神經科學所說的道德》（*Braintrust*）這部著作裡，邱吉藍以實然／應然的觀點解釋演化如何促使我們傾向於遵循道德：

> 從生物觀點來看，基本情緒就是大自然引導我們的方式，藉此促使我們做出在明智的狀況下應當從事的行為。社會情緒能夠促使我們做出在社會中應有的行為，獎懲制度則是學習利用過往經驗改善我們在這兩個領域之中的表現。[16]

我們當下的模樣與我們應有的樣貌這兩者之間的緊張關係，應該是個引導性的議題，能促使我們進行引人入勝的辯論。以我和一名部落客的爭論為例。該名部落客認為，比起先天懷有利他衝動的人，一個人若是沒有這樣的衝動卻又表現出利他行為，那麼這個人就更值得我們的敬重。深具影響力的道德哲學家康德就是這麼認為，人類的善心在他眼中就像節約能源在美國前副總統錢尼眼中一樣毫無價值。錢尼把節約能源的行為嘲諷為「高尚」但無關緊要的事情，康德則是把憐憫稱作「美麗」但毫無道德用處。既然義務是唯一重要的東西，誰又需要柔情呢？

相較之下，另一名部落客則比較喜歡擁有自發性助人衝動的人，而不喜歡盤算了是非對錯之後才出手相助的人。因此，他偏好直覺感受的善心，對出於義務的利他行為比較不以為然。這是個引人思索的兩難，就像這個問題一樣：你希望自己結婚的對象是個愛你的人，還是一個認為自己對你懷有義務而選擇給予同樣支持的人？後者投入的心力無疑比較多，也相當值得我們的仰慕，但我寧可和前者結婚。我可能浪漫得有些無可救藥，但我總不認為人能夠因為懷有義務就全心奉獻。同樣地，道德的驅動力如果有一部分來自發自內心的利社會感受，一定也會可靠得多。

人間地獄

第二項驅動力是我們的階級天性以及對懲罰的害怕。這個主題非常古老，對於那些聲稱沒有上帝就不可能有道德存在的人而言尤其如此。我們不必同意他們這種悲觀的看法，但權威與社會壓力所扮演的角色確實無可否認。相對於在人生初期就起了作用的利社會傾向，規矩的強制執行則出現得相當晚。即便是階級嚴明得惡名昭彰的普通獼猴，也對幼猴展現了難以置信的容忍度。我在一九八〇年代期間從事一項實驗，對一個龐大的猴群剝奪幾個小時的飲水，然後再為牠們的水盆注滿水。所有的成猴都依照階級次序前來喝水，就像多摩動物園的堅果破殼情景一樣。不過，一歲以下的幼猴則是隨時想來就來。牠們與階級最高的公猴一起喝水，並且不受拘束地與雌性領袖的家庭成員一同相處。幼猴在滿一歲之後才會開始受到懲罰，牠們也就會因此迅速得知自己的地位。

由於猿類的發育速度比猴子慢，因此幼猿在誕生之後的頭四年幾乎都不會受到懲罰。牠們不管做什麼都沒關係，包括把雄性領袖的背當跳床、從別人手中抽走食物，或是用盡全力擊打少年黑猩猩。就連牠們的母親也不會予以糾正，母親採用的主要策略是轉移注意力。一頭母猿的幼仔如果爬向一頭心情不好的公猿，或是快要和玩伴打起架來，母親就會對牠搔癢，把牠帶走，或者把牠抱起來餵奶。我們可以想像得到幼猿第一次遭到拒絕或是懲罰之時的震驚感受。最激烈的懲罰通常施加在太過接近母猿的年輕公猿身上。在那之前，牠們都得以待在這些母猿身邊，甚至可以在能力所及範圍內與這些母猿交配。不過，終有一天會出現這樣的現象：成年公猿之間的競爭氣氛，將會溢出化為對年輕公猿的一項突然攻擊。其中一頭公猿會豎起全身的毛髮，衝向那頭毫無戒備的年輕情聖，抓住牠，用嘴咬住牠的腳，接著瘋狂甩動，直到見血為止。年輕公猿只需要一次或兩次這樣的教訓就會學乖，從此以後任何一頭成年公猿只要瞥一眼或是踏上一步，就足以嚇得牠們從母猿身旁跳開。

年輕公猿因此學會控制自己的性衝動，或者至少懂得謹慎行事。人類兒童也是以同樣的方式學習社會規範，我們相當包容三歲兒童，對他們的不當行為通常只是一笑置之；倘若換成是青少年做出違規行為，就會惹得我們惱怒不已。人類的學習過程和其他靈長類動物一樣，一開始做什麼都沒關係，但接下來可接受行為的範圍便會隨著年齡的增長而愈縮愈小。難怪懲罰會在我們的道德體系具有顯要地位，包括執行法律乃至於排斥那些欺騙過我們的人，也包括「以眼還眼」乃至於罪人死後在地獄的烈焰裡遭受恆久折磨。

把對懲罰的恐懼注入人心可不是件隨意應付的小事，宗教與社會正都竭盡所能致力於此。波希的畫作也就因此具有特殊的地位。如果說波希以什麼聞名，那就是以描繪地獄著稱，提醒我們受到惡行吸引的人會遭遇什麼樣的可怕下場。他畫筆下的酷刑與毀滅召喚了我們內心最深沉的恐懼，包括遭到排擠、身陷痛苦以及死亡。難怪他的畫作會一再受到複製，就像今日的影像在網路上散播開來一樣。安特衛普甚至有一整座藝術工廠專門複製波希筆下的場景。然而，那些認為波希必定是因為虔誠信仰才會畫下這些情景的人應該再看仔細一點：《人間樂園》的右幅可是無與倫比，原因在於波希排除了上帝，把一切都交在人類手裡。就像佛教雖然沒有一位嚴厲的上帝，但有「因果輪迴」的概念，令不道德的人自食惡果，波希同樣描繪了一座不折不扣的人間地獄。其中充滿了許多日常景象，只是顯得極為古怪，看起來像是極不愉快的生命終結方式，而不是傳統那種死後的地獄火坑。我們在地平線上可以看見火光，但那是地球本身在燃燒。波希的地獄甚至還有一座冰凍的湖泊，可以見到裸體的人和幻想的動物在上面溜冰，就像荷蘭人會在任何結冰的表面上溜冰一樣。這顯然不是你一般常見的那種煉獄！

畫面中一個重要人物是一隻鳥頭怪物，稱為「地獄之王」，頭上戴著一個大鍋。這隻怪物坐在有如王座的馬桶上，吞食著被打入地獄的人，然後將他們排入掛在馬桶底下的一個透明袋子或者羊膜囊。我們也可以看見兩個巨大的耳朵中間夾著一把刀：這個圖像有許多不同解讀，有人認為那把刀是鍊金術士的淨化工具，也有人認為那兩個耳朵象徵了人類對新約聖經的充耳不聞，更有人認為這整組圖像象徵了一門架在輪子上的大砲或是陰莖與陰囊。和波希這座地獄裡的許多巨型樂器結合起來（包括一具首度受到精確描繪的手搖琴），那雙大耳朵也暗示了無盡的雜音造成的音樂酷刑。

波希讓我們這些凡人獨自面對自己的命運和恐懼。我試圖把這座人間地獄和他這件三聯畫當中的其他元素連結起來，不禁注意到另外兩幅畫面裡充滿大量的水果，但在地獄裡卻是付之闕如。我先前已經提過，波希的人間樂園沒有禁果，顯示亞當與夏娃可能從來不曾經歷獲取禁忌知識並且承擔其嚴重後果的遭遇。他彌補這項欠缺的做法，就是為中幅的那群裸體人物提供多得他們吃不消的水果。他們受到鳥兒餵食水果，也相互餵食水果，還帶著巨大的草莓走來走去，甚至還有一個人的頭變成了葡萄，可能是指涉中古荷蘭語對龜頭的一種說法。[17]不過，中幅雖然滿是非禁忌的水果，地獄裡卻完全沒有這些水果，不禁讓人覺得波希有意藉此傳達某種論點。

我傻傻地以為這個問題的答案可以在《大索爾公路與波希的柳橙》（*Big Sur and the Oranges of Hieronymus Bosch*）這部小說裡找到，我在一趟前往加州的旅程上帶了這本書。在一座硫磺溫泉裡坐在赤身裸體的浴客之中，確實讓我感受到與《人間樂園》的連結，加州大索爾公路的景色也確實非常壯觀，但我卻難以把這本書看完。我很少讀過像亨利・米勒（Henry Miller）這麼自我耽溺的作家，而且很快就發現他對波希幾乎一無所知。米勒在這本小說裡提及波希的三聯畫《千禧年》（The Millennium），這是德國藝術史學家威廉・弗倫格（Wilhelm Fränger）為《人間樂園》取的新名稱。[18]弗倫格主張波希屬於一個異端教派——這種猜測雖然毫無證據支持，卻一再被反覆提出。這項猜測和其他幻想論點一樣全無根據，例如聲稱波希是個害怕閹割的未出櫃同志，或是個嚴重的精神分裂症患者。米勒非常熱衷波希描繪的一叢柳橙，注意到波希畫筆下的柳橙有多麼寫實（「遠比我們日常吃的香吉士柳橙更美味、更香甜」）。[19]不過，波希可能根本從來就不曉得柳橙是什麼。歐洲北部居民直至十六世紀才知道有這種水果，到了十七世紀才開始在「橙園」裡種植柳橙。荷蘭畫家通常以描繪蘋果樹或其他北方水果為主，其中最著名的是皮特・蒙德里安（Pieter Mondrian）。《人間樂園》似乎也是呈現了一座蘋果園。

水果在這件三聯畫中的分布不均很容易解釋：水果象徵樂趣，包括味覺與情慾上的樂趣，而地獄則是一個所有樂趣都遭到剝奪的地方。不過，這樣還是沒有解釋這幅畫裡為何沒有上帝。由於上帝可見於波希的另一幅地獄畫作《末日審判》裡，醒目地掌管著痛苦的世人，因此《人間樂園》沒有納入祂的身影必定有其原因。波希是不是想要傳達某種世俗訊息？他是不是要告訴我們，不道德的行為就算不受到神聖審判也還是一樣應該受到地獄

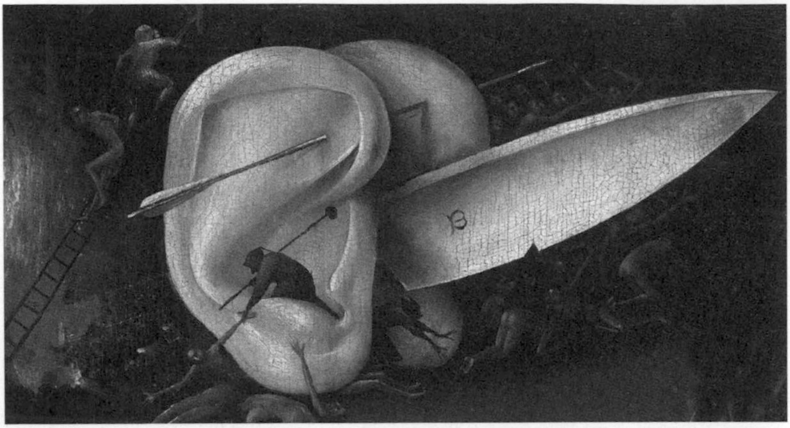

圖 6-2 波希的《人間樂園》呈現末日景象的右幅，畫面裡可以看到被一枝箭刺穿的兩個耳朵。這兩個耳朵中間夾著一把鋒利的刀。這對耳朵就這麼壓在陷落於地獄的人群身上，令許多世代以來的評論家困惑不解。

般的懲罰？他是不是暗示著蘇格拉底提出的那個著名問題，亦即我們是否需要神明來告訴我們什麼樣的行為才算道德？一項行為是因為受到神明的喜愛所以合乎道德，還是因為合乎道德所以才受到神明的喜愛？蘇格拉底對尤西佛羅（Euthyphro）問道。

《人間樂園》邀請我們想像一個世界，在這個世界裡，我們自顧自過著我們的日常生活，沒有上天指示孰對孰錯，也沒有上帝監督我們。波希似乎在告訴我們，這麼一個世界仍然需要道德，也還是會懲罰未能過著正直生活的人，而且這樣的人就算不下地獄，也還是會在人間遭到地獄般的折磨。

社群關懷

身為文藝復興之子，波希生存的時代開始對理性的重視高於虔誠。人類開始夢想一種受到理性賦予正當性的道德，而在幾個世紀後發展為康德將「純粹理性」提升為道德的基礎。當時盛行的觀點是認為恆久有效的道德真理存在於「外在」某處，由一項深具說服力的邏輯維繫，而我們終將發現這項邏輯。哲學家提供了他們發現此一邏輯的專業技能。

這種奇特的觀念究竟來自何處？這種觀念令人聯想起演化辯論中的「智慧設計論」論點。那個論點舉眼睛為例，指稱眼睛的複雜功能絕不可能是偶然造成的結果，所以我們必須假設有個智慧設計者存在。大多數生物學家都不同意這種論點，而指向中間階段，包括扁蟲具有感光功能的色素斑點以及鸚鵡螺的「針孔」眼睛。只要有足夠的時間，天擇即可藉由微小的漸進步驟產生出極度複雜的結構，有如一個「盲眼鐘錶匠」——這是道金斯提出的貼切說法。這種發展不需要任何事先的規劃。既然如此，為什麼要把道德律也當成眼睛一樣？的確，道德律繁複細膩，但這不表示道德律就是邏輯設計的結果。自然界裡有什麼東西是邏輯設計的結果？認為道德可以由第一原理推論而來是一種創造論的迷思，而且還深深欠缺證據支持，因為從來沒有人曾以具說服力的方式做到這一點。我們唯一擁有的只是近似的論述而已。

規範倫理學帶著過往時代的印記。道德「律」的整個概念就隱含了一種受到強制執行或者能夠強制執行的原則，這就不免令人納悶那個強制執行者究竟是誰。這個問題的答案在以前明顯可見，但我們要怎麼在不援引上帝的情況下適用這項概念呢？關於此一議題的哲學探究，我推薦基徹的《倫理計畫》（*The Ethical Project*），其中對此表達了懷疑：

> 倫理計畫的理論建構受到了一項假設的阻礙，那就是假設倫理必定存在著某種權威，某種能讓人可靠辨識出真理的觀點。哲學家自命為開明的教導者，取代了以往那種妄稱自己擁有洞見的宗教教導者。可是為什麼？倫理可能純粹只是一種我們共同造就出來的東西而已。[20]

當前這個時代雖然頌揚理智，而把情感貶抑為糊爛混亂之物，但畢竟不可能迴避我們這個物種的基本需求、渴望以及執迷。我們身為血肉之軀，自然會有追求特定目標的衝動——其中最主要的即是食物、性與安全。由此看來，整個「純粹理性」的概念就有如純粹的虛幻想像。你有沒有聽說過一項研究發現，法院裡的法官在午餐後會比午餐前更寬容？[21]在我看來，這項發現具體而微地呈現了人類理性。我們幾乎不可能讓理性決策完全脫離心理傾向、潛意識的價值觀、情緒以及消化系統。根據認知科學的研究，理性思考主要是事後補上的結果。我們擁有一種二元心理狀態，會在事發當下立刻提出直覺性的解決方案，這時我們根本還來不及對眼前的議題加以思考；然後，我們才會再進行第二道速度比較慢的程序，檢視那些解決方案的品質與可行性。第二道程序雖然有助於我們為自己的決定提出合理的解釋，但把這些解釋理解為做出決定的實際原因，那就是徹底倒果為因了。不過，我們卻總是一再這麼做，就像奴隸主聲稱自己蓄奴是在幫助奴隸，或是戰爭販子聲稱他唯一想要的就是為世人消除暴君一樣。我們相當善於依據自己的目的找尋合適的理由。強納森．海伊特（Jonathan Haidt）揭露了道德論述中的這種傾向，貼切地將其比擬為尾巴搖狗的本末倒置狀態。我們為自己的行為提出的理由通常不足以反映真實的動機。巴斯卡（Pascal）曾以簡潔的話語指出：「內心的道理，是理智無法理解的。」[22]

實際上，我對人為自己的行為所提出的解釋抱持極為深切的懷疑，不禁覺得自己的研究對象是無法填寫問卷的動物實在是幸運至極。然而，當前的普遍觀點仍然認為思考先於行為。我聽過哲學家談論原諒的「觀念」與公平的「概念」，甚至聲稱我們的公平概念來自法國大革命。他們的意思難道是說，人類在瑪麗王后被送上斷頭台之前對公平一無所知？我們雖然非常善於把既有的傾向轉譯為概念，不過，從來不曾聽過這些概念的靈長類動物與幼童卻一樣會在吵架之後互相親吻以及擁抱（原諒），也一樣會在獎賞或聖誕禮物分配不均時發出激烈抗議（公平）。因此，容我回歸我的由下而上論述，把情感置於掌控地位。這項論述假設道德有兩個基本層次，一個層次涉及社會關係，另一個層次則是涉及社群。第一個層次就是我所謂的一對一道德，其中反映了個體理解自己的行為對別人有什麼影響。我們和其他社會性動物一樣都有這個層次，牠們也發展出和我們類似的抑制與行為準則。如果沒有達到這樣的發展，就會導致不和諧，所以我們才會覺得自己有義務考量別人的利益，覺得這是一種「應然」的行為。理性推論**不是**這種行為的根源，儘管我們不難想出別人為什麼會因為遭到虧待而抗議，或是一頭公黑猩猩為什麼會懲罰一頭徘徊在母黑猩猩身旁的年輕對手。不過，這種反應全然是情感造成的結果，就像一個雄性對另一個雄性懷有的嫉妒心，或是認知到想要獲得朋友的陪伴就必須表現得夠朋友。

然而，一對一道德其實頗為狹隘。我們還需要第二個層次，也就是我所謂的「社群關懷」。社群關懷不否認個人利益，但卻是一項幅度極大的進展，目標在於追求整體社群的和諧。人類道德就是在這個層次上開始和其他動物分道揚鑣，儘管有些動物也展現了社群關懷的初步型態。

我已經提過菲尼亞斯及其他高階靈長類動物在維持秩序上扮演的角色，例如阻止其他成員鬥毆。這種以中立姿態「管控秩序」的現象也可見於野生黑猩猩，近來的一項研究也比較了不同群體之間的這種做法，而斷定這種做法足以穩定社會動態。[23]另外還有年長母猿的斡旋，促使相鬥的公猿和解，還會拉著公猿的手臂敦促牠們主動向對手示好。母猿會從性情暴烈的公猿手中扒下牠手上拿的大石頭。那些母猿就算沒有直接涉入當下的衝突、大可在一邊旁觀，也還是會這麼做。因此，黑猩猩會改善自己周遭的社會氛圍，促成的和平結果不只裨益自己，也能夠裨益所有社群成員。以母黑猩猩對她們其中一員遭到公黑猩猩強制交配所做出的反應為例：在野外，公黑猩猩也許能得逞，因為牠們可以藉由帶母黑猩猩出外「狩獵」而遠離群體，避免第三者的干預。牠們甚至可能會揮舞樹枝當做武器，藉此強迫不情願的母黑猩猩屈從。不過，受到圈養的黑猩猩不可能避開其他成員，於是我經常目睹公黑猩猩因為求愛太過強硬而引發對方尖叫抗議，然後一大群母黑猩猩就會過來幫助她趕走那個惡棍。由於雌性的團結就黑猩猩而言不是常態，因此她們對試圖強暴行為的集體抗拒相當值得注意。她們是不是達成了某種默契？母黑猩猩是不是意識到只要大家共同協助有需要的對象，長期而言她們全都可以因此獲益？

人類社群關懷背後的驅動力是開明自利。我們追求一個運作健全的整體，原因是我們在這個整體當中才能興旺發展。我如果看見一個竊賊闖入我家附近的一間房子，儘管那不是我住的地方，也和我無關，但我還是會遵循社會規範打電話報警。如果類似的事情發生在我們祖先的聚落，他們一定會動員所有人阻止那個不懂得區分你我財物的人。違反道德的行為，就算沒有直接影響到我們，也還是對所有人都不利。人類學文獻對這種機制在尚無文字的社會中如何運作有不少極佳的描述，例如科林・滕布爾（Colin Turnbull）講述一個名叫塞夫的姆巴提人（Mbuti pygmy）獵人把自己的網子架設在其他家庭的網子前面。姆巴提人的獵人都會在叢林裡架設長長的網子，然後婦女和兒童會把森林羚羊與西貒*等動物趕進網裡，造成不少喧鬧聲。接著，獵人就會用矛刺殺那些受困的動物。塞夫把網子架在別人的網子前面，因此得到了豐富的收獲。不過，別人注意到了他的作弊行為。回到營地之後，只見社群裡的氣氛頗為陰鬱，對塞夫的負面評價也逐漸冒出。根據滕布爾的敘述，塞夫的做法在通常性情溫和的姆巴提人眼中看來實在極度令人憤慨。營地裡，其他獵人開始奚落嘲諷塞夫。年紀比他小的男子拒絕起身讓位給他，其他人則是對他說，他們希望他被自己的矛刺死。塞夫不禁哭了出來，不久後就把他獵得的肉全部拿出來分給大家，就連他的妻子試圖藏在他們小屋屋頂下的肉也不例外。塞夫學到了一個重要的教訓，那個社群也執行了一項對所有狩獵採集者而言都至關緊要的規則。合作可為所有人保證穩定的食物供給，所以個人狩獵成績的重要性必須受到淡化，分享必須成為深植人心的義務。

每當我看到黑猩猩的「輿論」發揮作用——例如母黑猩猩群起對抗求愛態度過於強硬的公黑猩猩——就會想到這類事件。牠們是不是也會像姆巴提人那樣監管整個社群的後果？帶頭抗爭的個體是不是會因此聲望提高？聲望與名譽是人類在對自己沒有直接利益的情況下仍然遵循道德的一大原因。別人會比較願意跟隨一位正直的公民，而不是一個說謊作弊並且總是把自己的利益擺在第一位的人。我們在猿類身上可以窺見名譽的蹤跡。舉例來說，一場激烈的爭吵如果失控，旁觀者可能就會輕戳雄性領袖把他吵醒。由於他是最有力的仲裁者，所以大家都會預期他介入干預。猿類也會關注個體之間的互相對待方式，例如在一項實驗裡，牠們都比較喜歡和一個善待其他黑猩猩的人類互動。此處的重點不在於牠們自己受到怎麼樣的對待，而是在於那個人藉由和其他黑猩猩分享食物而獲得的名譽。[24]在我們自己的研究裡，我們發現如果讓黑猩猩群體觀看兩頭黑猩猩各自做出一項雖然不同但一樣簡單的把戲而獲取獎賞，牠們都會偏好跟隨地位較高的那頭黑猩猩的榜樣。如同青少年模仿小賈斯汀的髮型，牠們也會模仿群體內的重要成員而不是低階者。[25]人類學家把這種現象稱為**聲望效應**。

不過，猿類雖然展現了個人名譽以及關注社群議題的徵象，人類卻是遠遠超越於此。我

＊譯註：西貒在非洲沒有分布，可能為誤引資料；不影響理解。

們遠比牠們善於估計自己以及別人的行為會對公眾利益造成什麼影響，也非常善於辯論該施行什麼規則以及該適用什麼樣的制裁措施。我們知道即便是面對微小的違規行為也必須防患未然，以免那個人又接著犯下更嚴重的錯誤。此外，我們還擁有語言的優勢，能夠講述發生在許久以前或是遠處的事件，讓整個社群知道。一頭黑猩猩如果惡劣對待另一頭黑猩猩，可能就只有牠的受害者知道這件事。在人類當中，第二天早上所有人就都會知道這件事情的詳細過程，包括鄰近村莊的人也會有所聽聞。我們傳播八卦的能力無與倫比！語言可讓我們維持鮮明的記憶，也能一再提起若干違規行為。我們的名譽是累積而成的，儲存在集體的記憶裡。塞夫的作弊行為在他的一生中不會被忘記，別人也可能會向他的子女提起這件事。人類把名譽建構和社群關懷提高到了猿類無可企及的層次，從而以道德之網緊緊約束了每一個人。

社群層次的思考也可以解釋我們為何如此看重能普遍適用的規則。如同韋斯特馬克所言，道德情感和一般情感的一項差異，就是其「無私性、明顯可見的中立性，以及普遍性的色彩」。[26]感激與厭惡等情感只涉及我們的個人利益——我們受到怎樣的對待，以及我們希望受到怎樣的對待——但道德情感則是超越於此。道德情感處理的是比較抽象層次的是非對錯。只在我們針對**任何人**於同樣狀況下應該受到什麼樣的對待做出判斷，才算是道德判斷。亞當·史密斯曾經提出同樣的論點，要求我們想像一個「中立的旁觀者」對我們的行為會有什麼想法。一個不牽涉其中的人會怎麼認為？這就是人類道德最複雜的表現：不理會自己的利益而針對是非對錯提出意見。

不過，我難以接受中立的旁觀者所具有的中立性。畢竟，這麼一個旁觀者也是人，就算不屬於我們的社群，也至少能夠想像自己屬於我們的社群。亞當・史密斯從來沒有提議這麼一個旁觀者應該是外星人。要理解這個觀點，且以韋斯特馬克在他關於摩洛哥的一部著作中一則故事為例。在那則故事裡，一頭心懷憤恨的駱駝因為步伐緩慢或者轉錯方向而多次遭到一個十四歲的「孩子」鞭打，那頭駱駝順從地接受了懲罰。幾天後，駱駝在沒有馱負物品而與那人單獨走在路上的時候，「就以可怕的大嘴咬住那個不幸男孩的頭，高高舉起之後再往下重重一摔，導致頭骨的上半部完全扯落，腦漿灑滿一地。」[27]這個駭人的場景不免受到道德解讀，尤其鑒於那個男孩先前的行為。儘管如此，我們大多數人卻不會從道德的觀點評判這則故事，只是認為馴養的動物不該殺人而已（在中世紀時期，動物會因為違犯上帝的「人類管理大地」旨意而遭到審判）。因此，且讓我們將這項區別再往前推進一步，假設那頭駱駝攻擊的對象不是一個男孩，而是一條狗，這麼一起事件就更不容易引起我們的道德情感。為什麼？我們不是全然中立嗎？

問題就在於我們太中立了。實際上，我們中立得根本不太在乎這起事件。我們也許會感到驚駭並且同情那條狗，但這起事件並不會引發我們的道德認同或者反對，在我們眼中就像一顆石頭撞擊另一顆石頭一樣無感。相較之下，我們只要一看見兩個人互動，就算是我們不認識的人，也會忍不住把他們的行為拿來和我們認為人應該怎麼對待彼此的行為互相比較。一個人如果掌摑另一個人，我們立刻就會開始評斷：這個巴掌是打得恰如其分，還是反應過度，抑或是惡意的舉動？之所以會如此，部分原因是我們面對人會比面對動物更容易設想對方的意圖，但主要原因是人類互動的場景自然而然就會引發社群關懷。我們會問自己，這是我們會希望在自己身邊看到的行為嗎？例如幫助別人或是互相支持就屬於這種行為。又或者，我們目睹的行為是不是有害公眾利益，例如說謊、偷竊或者殘暴行為？我們非常清楚人類行為可能帶來的後果，因此難以保持中立。不過，一頭駱駝和一條狗的互動就不會引起這樣的關注。

研究過人類與猿類的美國人類學家克里斯・博姆（Chris Boehm），以充滿洞見的文字探究了狩獵採集者強制落實社會規範的方式。他認為這種做法可能會造成主動遺傳選擇的結果，就像育種者依據外表與性情挑選動物一樣。有些動物得以繁殖，有些得不到這樣的機會。並不是說狩獵採集者懂得思考人類遺傳學，但藉著放逐或者殺害違反太多規範或是違反某項重大規範的人，他們確實會把若干基因從基因庫中消除。博姆描述了惡霸或者危險的行為變態者如何被一名社群成員除掉，也正是其他成員一致授權他用箭射穿這麼一個人的心臟。經過數百萬年來的長久施行，這種具有道德正當性的處決做法必定減少了性情魯莽、心理變態、性好作弊以及強暴侵犯別人的人，也減少了造成這些行為的基因。也許有人會表示反對，指稱這類人仍所在多有，但這點並不足以否定這類人受到社群淘汰的可能性。[28]

認為人類可能掌控了道德演化，而造成我們這個物種有愈來愈多的成員願意遵守規範，是一種非常引人入勝的想法。

水中的百憂解

狩獵採集社會甚至不允許獵人提起自己獵殺了什麼動物。理查・李（Richard Lee）指出，孔桑族（!Kung San）獵人回到營地總是一語不發，在火堆旁坐下來，等待別人過來問他那天看見了什麼東西。接著，他會平靜地提出像是這樣的回答：「哎呀，我打獵實在不行。我什麼都沒看到（停頓）……只有一隻小動物。」不過，這類話語會引得聽者面露微笑，這表示說話的人在當天必定有不小收穫。[29]狩獵採集文化以社群和分享為核心，並且強調謙遜與平等，他們對大嘴巴的人感到不以為然。相較之下，西方社會則是頌揚個人成就，並且允許成功的個人坐擁自己獲得的利益。在這樣的環境裡，謙遜可能會是一種有害的特質。

印尼拉馬萊拉（Lamalera）的捕鯨人乘駕大型獨木舟航行於大海上，由十幾個人在幾乎手無寸鐵的情況下捕捉鯨魚。這些獵人划船接近鯨魚，手握魚叉跳上鯨魚的背，將武器插進其體內，然後眾人就守在一旁等待那條巨獸因失血過多而死亡。由於他們的家庭都依賴這項具有性命危險的活動為生，不同家庭的男人真真切切身在同一條船上，因此他們非常注重捕得食物之後的分配。不出意外，拉馬萊拉人對於公平的敏感度高過人類學家測試的大多數文化。人類學家在世界各地進行最後通牒賽局（Ultimatum Game）的實驗，衡量受試者對公平獎賞的偏好程度。拉馬萊拉人是追求公平方面的冠軍，和其他較能自給自足的社會形成鮮明對比，例如每個家庭各自照料自家田地的園藝社會。[30]

因此，如果真有所謂的道德律，也必定不太可能在世界各地都一樣。孔桑族、拉馬萊拉人或是一個現代西方國家的道德律絕對不可能相同。我們這個物種確實擁有一些不變的特質，而且人類道德也全都著重於幫助以及不傷害別人，因此一定程度的普遍性是可以預期的。然而，資源分配的公平度或者謙遜的程度應該多高才算恰當，這類細節卻不可能由一條單一律法涵蓋。道德在每個社會裡也都會隨著時間改變，所以今天的火熱議題在以前的世代眼中可能沒有太大意義，性風氣就是一個很好的例子。羅馬人侵略歐洲北部之時遇到的凱爾特人部落，據說就是由性態度隨便得令人驚駭的女王所統治，至少在後來的父權社會眼中是如此。這點雖然難以證實，但這些父權社會的子民在幾百年後又因為庫克船長登上夏威夷而大受震驚。這座島上的居民在性方面幾無約束，因此被描述為「放蕩」與「淫亂」。不過，這種鄙夷的用語頗有問題，因為沒有任何徵象顯示他們的生活方式對任何人有害。在我看來，只有對人造成傷害才是足以反對特定生活型態的理由。在那個時候，夏威夷兒童都接受按摩與口部刺激的方式教導他們享受自己的生殖器。夏威夷大學的性學家米爾頓・戴蒙（Milton Diamond）指出：「婚前性行為與婚外性行為的概念並不存在，而且如同玻里尼西亞的大部分地區，世界上沒有其他民族比他們更縱情享受自己的肉體之樂。」[31]

女性的性自主權在母系社會裡遠高於父系社會，人類也經歷過各式各樣的生殖安排方式。我們也許是在農業革命之後才採取了嚴格的一夫一妻制，時間約在一萬年前，當時男性開始關注如何把他們的女兒與財產傳遞給下一代。在生殖方面對忠誠與貞潔的執迷，可能是到了那個時候才開始出現。至少，這是克里斯多福・萊恩（Christopher Ryan）與卡西達爾・潔莎（Cacilda Jethá）在《樂園的復歸？》（*Sex at Dawn*）這部著作提出的觀點。他們深具啟發性地將巴諾布猿視為人類性生活的祖先模式。在那本書中，一個標題為「你的爸爸是哪些人？」的章節裡，他們說明了某些文化裡的兒童如何獲益於擁有多個父親。他們的論點奠基於赫迪針對多重父母家庭的生存價值所從事的開創性研究，包括她對男性只會愛護親生子女這項教條的拒卻。有些部落實行「可分割的父親身分」，認為女人可與多名男性上床，而那些男性的精液都會對她肚裡的胎兒提供滋養。那些男性全都各自擁有部分的父親身分，也都必須幫忙照顧這個孩子。這種安排方式在南美低地的部落中很常見，能夠在男性死亡率高的環境裡保障孩子坐擁靠山，這種做法也暗示了性獨占程度的降低。女人在婚姻以外的性選擇獲得尊重，不會遭到懲罰。婚禮當天，新娘與新郎受到的告誡除了要好好照料他們的子女之外，對彼此的其他愛人也要約束自己的嫉妒心。[32]

性嫉妒很可能普世存在，但要加以鼓勵或壓抑卻全然是社會的決定。所謂道德規範具有普世性的說法不過爾爾，道德不是反映固定不變的人性，而是與我們對自己採取的組織安排方式密不可分。游牧牛隻牧人不可能與大型獵物獵人擁有同樣的道德體系，大型獵物獵人也不可能和工業國家擁有同樣的道德體系。我們可以盡情制定我們想要的道德律，但這些道德律絕對不可能在任何地方都同樣適用。《聖經》中的十誡是不是如一般認定的屬於例外，能夠放諸四海皆準，同樣引人懷疑。十誡的規範甚至真的有助於我們做出道德決策？一名保守派政治人物在喜劇節目《寇柏特報導》上聲稱十誡應該公開展示，因為「要是沒有十誡，我們就可能會失去方向」，於是主持人隨即請他背誦十誡的內容。那個政治人物措手不及，只見他在觀眾的大笑聲中背不出來，僅能說出：「不要說謊，不要偷竊。」[33]

不過，如同希鈞斯指出的，十誡大部分內容都與道德無關，而是著眼於尊重。在頭五條誡命裡，上帝堅決要求絕對忠誠（「除了我以外，你不可有別的神」）以及對長輩的尊重。在這之後，他才接著提出所有人都熟知的「不可」禁令。希鈞斯指出：

> 要證明宗教是人造的產物，我們很難找到比這更簡單的證據。首先是看到一位君主咆哮著尊重與恐懼，同時針對他的無所不能與無盡的報復心態提出嚴厲的提醒，就像巴比倫或亞述的帝王可能會命令書吏在一份公告開頭寫下的話語一樣。接著是嚴詞提醒眾人必須不斷工作，只有在那名君主允許的時候才可以休息。然後是幾則法律方面的提醒。……不過……如果認為摩西的族人在長久以來都一直以為殺人、姦淫、偷盜與作假見證是可以接受的行為，未免太侮辱人了。[34]

第六誡（「不可殺人」）聽起來相當直截了當，但如果外國的軍隊侵略我的國家，或者如果有人要綁架我的孩子，那我絕對有充分的理由可以不理會這項誡命。聖經本身就列出了許多例外，舉例來說，合法權威執行的死刑就似乎不受這條誡命的約束。明顯可見，十誡的用意並不是要人墨守其字面上的意思。

兩項最普及的世俗道德律，在普世適用方面的表現也好不到哪裡去。我雖然喜歡「己所欲，施於人」這條黃金律的文字安排以及其中傳達的精神，但這句話卻帶有一項致命缺陷。這句話假設所有人都是一樣的。舉個粗俗的例子，假如我在一場研討會上尾隨一名美麗的陌生女子到她的飯店房間，不請自來地跳上她的床，那麼我大概猜得到她會有什麼反應。如果解釋說我只是對她做出我希望她對我做的事，那麼我訴諸黃金律的說法恐怕不會獲得接受。或者，假設我刻意拿豬肉香腸給一名素食者吃。由於我自己喜歡吃肉，我只是遵循黃金律而已，可是那名素食者絕對會認為我的行為粗魯無禮，甚至不道德。邱吉藍舉了另一個例子，提及用意良善的加拿大官員把印第安原住民家庭的兒童轉交給白人家庭撫養。他們也許覺得自己如果住在叢林的帳篷中，也會希望別人能對他們這麼做。可是，就如同引起澳洲原住民兒童「被盜的一代」的政策，強制融合的政策現在已被視為極度不道德。黃金律無助於解決大多數的兩難問題，例如死刑是否道德，或是《悲慘世界》裡的尚．萬強（Jean Valjean）為他挨餓的外甥女竊取食物的行為是否正確。黃金律的適用範圍非常有限，除非所有人的年齡、性別與健康狀況都相同，好惡也都一樣。我們既然不是生活在那樣的世界裡，這項規則也就沒有表面上聽起來那麼有用。

另一項備受喜愛的世俗規範，則是最大幸福原則，又稱為功利主義。哈里斯在不久前將其挑選為道德的「科學」基礎。[35]哲學家爭先恐後地指出，這項由傑瑞米．邊沁（Jeremy Bentham）與約翰．史都華．彌爾（John Stuart Mill）這兩位十九世紀英國哲學家提出，可以一路追溯到亞里斯多德的提議，其實沒有任何科學之處。認為道德應該促進「人類物種的蓬勃發展」（也就是希臘文的「eudaimonia」），良好的道德決定將可讓最大多數的人感到幸福，這種觀念並不是奠基於任何實證證據，而是一種價值判斷。價值判斷總是有辯論的空間，而功利主義的缺陷也早已廣為人知。增加世界上整體幸福的渴望雖然通常會把我們推向正確的方向，卻遠非萬無一失。假設我住在一棟公寓裡，其中一名住戶每晚都會整夜吹奏低音號，導致一百多人痛苦不已。由於無法勸阻他製造噪音，我們其中一人因此趁他睡覺的時候開槍殺了他。他完全不曉得發生了什麼事。鑑於此舉化解了多少的集體痛苦，我們的決定怎麼可能會有任何錯誤？你要是不喜歡開槍殺人的部分，不然改成注射致命藥物好了。沒錯，這麼做剝奪了一個人的生命以及他可能享有的幸福，但整棟大樓裡的整體福祉明顯提升了一級。從功利主義的角度而言，我們做了正確的選擇。

還有人指出過這種做法的其他問題，例如在水裡投放百憂解。這是不是一項絕妙的解決方案？社會裡的所有成員必定都會因此成為幸福的傻瓜！或者，我們也可以效法北韓，憑藉操控媒體而讓所有人都對國內的一切感到滿意，從而創造出一個無知即是福的美麗新世界。[36]這些做法都會提高幸福的程度，但聽起來卻不是特別合乎道德。不過，我自己對功利主義前提的質疑卻更為深層，也更加嚴肅，因為我覺得這項前提違反了基本的生物學。我無法想像一個社會、人或者動物能夠不具備忠誠的性質。自然界的一切都是圍繞著內團體與外團體、親屬與非親屬以及朋友與敵人的區別而發展。就連植物也認得出血緣關係，如果和一個不同種的陌生植物種在一起，就會生長出比較具有競爭性的根系。[37]自然界裡完全沒有個體能毫無區別地追求整體福祉的先例。功利主義的提議忽略了數百萬年來的家庭關係與群體忠誠。

也許有人會主張，擺脫這些效忠心態對我們比較好，不該把心思放在哪些人能從我們的行為中獲益，而哪些人又沒有。我們應該純粹克服自己的生物本性，追求比較完美的一般道德。這種說法聽起來也許相當美好，但只要想想這種論點的反面，就會發現我們將因此喪失任何形式的奉獻投入和群體團結。「家庭擺第一位」不是功利主義的口號。恰恰相反，功利主義者會要求我們把家庭放在公眾利益之下，我覺得這種要求難以接受。如果世界上所有兒童在每個人眼中的價值都一模一樣，那麼誰會徹夜不眠照顧一個生病的孩子，或是擔憂一個孩子的功課？尚・萬強如果是功利主義者，那麼他就不會有任何迫切的理由要把那條麵包帶回家，他大可將那條麵包施捨給街道上挨餓的流浪兒。功利主義的立場會引起令人震駭的問題，例如要是有另一個女人更需要我，那麼我為什麼應該繼續待在當前的婚姻裡？或是如果有別的老年人境況更糟，那我為什麼應該幫助我的父母？此外，我出賣自己國家的軍事機密也不會有任何錯誤，尤其是我出賣情報的對象如果是個人口眾多的國家。那個國家裡因為我的行為而感到開心的人數如果多過我自己國家裡因此受害的人數，那麼我所做的就是正確的行為。我自己的國家如果不這麼認為，會不會只是因為我的國家太過敏感？我個人不這麼認為，因為在我眼中，忠誠並不是功利主義者所說的那樣有礙道德，而是深深屬於道德的一部分。我們預期別人懷有忠誠的心態，也對欠缺忠誠的情形深感驚駭，例如父母疏於照顧子女、拒絕支付子女的扶養費或是叛國的行為。我們對最後這項行為更是深惡痛絕，因此回應就是槍決做出這種行為的人。

我曾與哲學家彼得・辛格（Peter Singer）公開辯論過這些議題。辛格深深信奉功利主義，甚至認為我們自己所屬的物種也不值得特別的忠誠。[38]他把人與動物的痛苦和幸福一同放進一道公式，其中涵蓋了程度不一的知覺、尊嚴與感受疼痛的能力。這樣的數學計算令人難以置信，一個人是否等於一千隻老鼠？一頭猩猩是不是比一個罹患唐氏症的人類嬰兒更有價值？一名重度痴呆的病患是不是完全沒有價值？經過一段你來我往的激烈爭辯之後，辛格和我終於找到了一個共同點，那就是人類應該盡可能善待其他動物。慈悲的觀點遠比任何冰冷的算計更吸引我。後來辛格被迫承認自己這種觀點的缺陷，原因是媒體披露了他僱請私人助理照顧自己罹患阿茲海默症已達晚期的母親。被人問到他為什麼不把錢拿去幫助更有需要的人——至少根據他自己的理論而言——他的反應是：「也許這點比我先前以為的還要困難，因為遇到自己的母親，感覺就不一樣了。」[39]因此，全世界最知名的功利主義者也把個人忠誠置於集體福祉之上，在我看來這正是正確的做法。

以上簡短岔題探討十誡、黃金律以及最大幸福原則，所要表達的就是我認為道德上的是非對錯無法由簡單而無可辯駁的規則所涵蓋。如果想要這麼做，即是遵循了我們想要揚棄的宗教道德所具有的那種由上而下的邏輯。此外，這麼做也絕非毫無危險，因為這樣可能會把我們帶上錯誤的道路，把原則看得比人更重要。一項極端的反應甚至把對規範性的追求貼上「道德上不負責任」的標籤。[40]閱讀基徹、邱吉藍以及其他哲學家的作品，我們可以看見一項正在進行中的不同運動，試圖把道德奠基於生物學上，同時又不否認其中的細節乃是由人所決定。[41]這也正是我的觀點。我不認為觀察黑猩猩或巴諾布猿能讓我們得知孰是孰非，也不認為科學可以做到這一點，但理解自然界無疑有助於我們明白如何以及為何會關懷彼此並且尋求道德結果。我們之所以這麼做，原因是生存仰賴於良好的關係以及合作性的社會。

道德律只是對我們應有的行為提出的近似描述，也許只是隱喻。潛在的價值觀竟然能夠深深內化而促使我們產生自主的良心，正如康德所說的，這應當令我們深感驚奇，因為我們對這種情形怎麼會發生仍然幾乎毫無理解。

遵守規矩

在本章最後，且讓我再針對我們近親的一對一道德與社群關懷講述兩則故事。我不是說猿類擁有和我們一樣的道德，但牠們確實展現了這兩項關鍵要素。第一則故事呼應了我先前提過的巴諾布猿清楚記得牠們咬過別人的哪裡，還會對自己的行為表現出擔憂或甚至懊悔。不過，我這裡要敘述的不是發生在巴諾布猿本身的狀況，而是牠們在密爾瓦基郡立動物園（Milwaukee County Zoo）對一名獸醫的反應。我數十年前居住在威斯康辛州的時候，曾經多次造訪那群巴諾布猿。牠們以各種驚人的表現展示了同理心，尤其是牠們的雄性領袖洛迪。舉例來說，他非常保護凱蒂這頭年邁母猿。凱蒂又聾又瞎，在那棟到處都是門與隧道的建築物裡恐怕不免迷路。每天早上，洛迪都會溫柔地帶領她到戶外的草地上，讓她在最喜歡的地點晒太陽，到了傍晚再把她叫醒，然後牽著手帶她回室內。凱蒂如果癲癇症發作，洛迪就一定會守在她身邊。[42]

不過，洛迪有一次卻表現得不太有同理心，在獸醫透過鐵絲網發放維他命的時候咬了她的手。獸醫試圖把手抽走，他卻緊咬不放。接著，洛迪聽到骨頭碎裂的聲響，神情驚訝地抬起頭來，張口放開獸醫的手，但這時已經少了一根指頭。送到醫院之後，醫師無法把那根手指接回去。不過，才短短幾天後，這位獸醫就又回到動物園去，一看見洛迪就舉起她包裹著繃帶的左手，說：「洛迪，好兄弟，你知道你做了什麼事情嗎？」洛迪瞥了一眼她的手，隨即跑到展示區最內側的角落坐下，把頭低低埋在自己的雙臂之中。

後來，那位獸醫搬到了別的地方，極少回來。不過，在那起事件的十五年後，她臨時起意回來探望那群巴諾布猿。她站在人群之中，洛迪大可對她視而不見，但他卻立刻跑了過來。他想要看她的左手，但她的手垂在他看不見的欄杆下方。他一再往左望，堅持要看自己當初咬傷的那隻手，直到獸醫把左手舉起來為止。他直直盯著那隻缺了一根指頭的手，然後把目光轉向獸醫的臉，接著又轉回到那隻手。「他知道。」那位獸醫肯定地說，意指巴諾布猿相當清楚自己的行為所造成的後果。我也這麼認為，但這點很難證實，因為沒有人會從事間隔十五年之久的實驗。那位獸醫的想法如果真的沒錯，那麼這點即可證明巴諾布猿多麼重視牠們與別人的關係，這也正是潛藏於人類道德傾向底下的那種關注。

第二則故事發生在安亨動物園，當時我還在那裡。在一個暖和的傍晚，我們把黑猩猩喚回室內。不過，由於那天的天氣非常好，因此有兩頭青年母黑猩猩不肯進屋，她們樂得獨享整個戶外圈養區。然而，動物園裡的規則是只要有一頭黑猩猩沒有進屋，所有的黑猩猩就都不能吃晚餐。於是，那兩頭頑固的母黑猩猩惹得大家都煩躁不已。等到她們在幾個小時後終於進入屋內，她們就被關進一間獨立的臥房，以免遭到報復。到了第二天早上，我們所有人都已經忘了這件事情，那群黑猩猩卻證明牠們沒有忘記。一到戶外圈養區之後，那個群體的所有成員就把牠們對晚餐遭到延遲的挫折感發洩於一場集體追逐，最後更是痛毆了那兩頭母黑猩猩一頓。不可否認，那兩頭母黑猩猩違反的規則是人類強加在他們身上的，也許這點正足以讓我們意識到牠們對這項規則的強制執行有多麼難能可貴。那個黑猩猩群體似乎懂得所有成員都遵守規矩的好處。

那天傍晚，那兩頭母黑猩猩最早進入屋內。

第七章

上帝鴻溝

上帝如果不存在，就一定要被發明出來。

——伏爾泰（Voltaire）[1]

說來諷刺，莫布杜・塞塞・塞科（Mobutu Sese Seko）雖然是歷史上最缺乏同理心的人物之一，卻保存了現在全世界唯一的巴諾布猿保護區裡供巴諾布猿玩耍的那座叢林。此外，那也是金夏沙這座首都僅剩的一座叢林。在「Lola Ya Bonobo」（這是當地的林格拉語〔Lingala〕名稱，意為「巴諾布猿天堂」），一大群巴諾布猿棲息在那名前剛果獨裁者所有、草木茂盛的週末別墅中。當初那個頭戴豹皮帽、在這個貧窮國家侵占五十億至一百億美元的獨裁者，就是在這裡一面享用由歐洲空運來的美食，一面謀劃以公開絞刑處死他的對手。

剛果民主共和國是個極為龐大的國家——面積相當於西歐——領土涵蓋了巴諾布猿的原生棲地。不過，這個物種已嚴重瀕臨絕種，據估計全世界只剩下五千至五萬頭。就算還有五萬，這個數字也比不上一座典型體育館內的座位數。不幸的是，野生巴諾布猿會遭到獵殺食用，依附在被殺害母猿身上的寶寶則會被活捉，因為牠們在黑市上可以賣到好幾千美元。不過，販售巴諾布猿是違法行為，這些巴諾布猿寶寶經常遭受沒收而交給克勞蒂・安德烈（Claudine André），她是那個保護區的比利時創辦人暨主持人。在巴諾布猿天堂，巴諾布猿孤兒都送進育兒室由稱為「阿姆」（Maman）的當地婦女照顧撫養以及瓶餵。經過幾年後，這些年輕的巴諾布猿就會加入森林裡的猿群。這個猿群雖然仰賴人類提供食物，卻都能自由活動。我們就是在這裡從事同理心的研究，因為比起野生巴諾布猿，我們能以相當近的距離觀察這群巴諾布猿。可以經常看見彼此的巴諾布猿，對野地研究者而言是非常幸運的事情。況且，在濃密的枝葉中更是幾乎不可能長時間持續觀察牠們的社會互動情形。

我的同事扎娜・克蕾（Zanna Clay）耐心等待巴諾布猿之間自發性的衝突，拍攝成影片加以記錄，好讓我們分析衝突的後果。這些事件自然不免造成其中一方或者雙方的痛苦。那麼旁觀者的反應呢？牠們會安慰落敗的一方，方法是互相摩擦生殖器、短暫交合，或者用手按摩生殖器。黑猩猩之間藉由單純的觸碰所達成的效果，在巴諾布猿之間則必須採取性活動。不過，這兩個物種遵循的原則卻是一模一樣：降低彼此的焦慮。這是一種極為基本的情感反應，即便在育兒室裡的孤兒之間也觀察得到，儘管牠們根本沒有什麼機會從社會模範中學到這一點。而且，牠們也經常透過與性相關的手段來化解。

不過，巴諾布猿在其他時候就表現得有如黑猩猩，同樣也會相互擁抱或者理毛。以馬卡利回歸群體的事件為例，他是一頭成年公猿，因為遭到猛烈的群體攻擊導致手被嚴重咬傷。事後，馬卡利有幾個晚上都躲避於猿群之外，在森林裡等待時機，沒有和其他成員一起回到牠們的過夜處。等到他終於回來之後，他悄悄混進了一群在林蔭中休息的巴諾布猿。他隨即受到許多好奇的幼猿圍繞，其中有些似乎在模仿他舉起那隻傷口遭感染的肢體時彆扭的模樣。牠們伸手想碰他受傷的手，馬卡利都一再避開。他臉上露出痛苦的神情，受傷的手指舉在身前，手腕向下彎。成猿則比較圓滑，藉由理毛開始接觸他。先是一頭高階公猿上前親吻了他的脖子，然後他又受到一頭母猿理毛。幼猿是成群圍上來，成猿則似乎是依序等待，一一過來找他。第一個為他料理傷口的成員是雌性領袖瑪雅，她先短暫幫他理毛，然後捧起他的手，小心翼翼地舔舐傷口。他也任由她這麼做。此舉似乎標誌了群體接納他的回歸，促成當初攻擊他的一個主嫌走上前來。馬卡利向來與這頭公猿全然敵對，但這頭公猿短暫盯視了他的傷口一會兒之後，即為馬卡利理毛，我們完全沒有人記得在以前看過這樣的景象。[2]

這些都是社會生活裡尋常的愛恨循環。這種衝突與和好交替出現的情況同樣可以見於人類家庭、婚姻，以及每個典型的靈長類動物群體。但我們應當記住，這些巴諾布猿一點都不典型。牠們在人類手中遭遇了難以想像的虐待，小小年紀就碰上母親落入盜獵者的陷阱或是被子彈擊中死亡的悲慘命運。牠們竟然還能在爭吵之後和解，以及撫慰懊惱的同伴，說起來實在非常驚人。克蕾注意到出生在巴諾布猿天堂的巴諾布猿（那些巴諾布猿沒有結紮，有些孤兒還已經成了母親）遠比牠們的孤兒同儕更善於化解衝突，也比較傾向展現同情心。母親養育帶來的這項優勢合乎我們對情緒調節的理解，人類也是如此。舉例來說，羅馬尼亞的孤兒（因為缺乏母親養育）都有長期情感重創這項共通點。因此，巴諾布猿天堂的孤兒能夠共同建立像樣的社會生活更是令人吃驚。這點見證了牠們的恢復力以及那裡的人們對牠們的細心照顧。牠們因為獵人而喪失了一切之後，卻又受到人們充滿愛心的餵養與懷抱，而那些人也成了牠們的替代母親。牠們必須在心理上區辨這種兩足行走的猿類所表現出來這兩種強烈對比的面向，一方面如此殘忍，同時卻又如此仁慈。對於才剛處於生命初期的幼猿而言，這實在是一項複雜難解的教訓。

由於這些巴諾布猿在育兒室裡長大，因此對奶瓶深感著迷，也會利用奶瓶展現牠們的同理心。一頭成年母猿撿起一個空的塑膠奶瓶，拿到河裡裝滿泥水，然後在兩頭幼猿面前坐下來，其中一頭是她自己的孩子。接著，她把那個奶瓶輕柔地拿到其中一頭幼猿嘴邊，對著幼猿嘟起的嘴脣倒水，讓水沿著牠的下脣流入口中。水注滿了牠的口腔之後，母猿就會停止動作，等牠吞下去之後再繼續倒，然後才把注意力轉向另一頭幼猿。另一頭幼猿一看到她的目光轉過來，就知道輪到了自己，隨即也跟著嘟起嘴。母猿一樣會把奶瓶放在這頭幼猿的嘴邊，重複做倒水的動作。我在其他猿類身上從沒看過這種對別人的吞嚥能力充滿溫柔關注的行為。那頭母猿可能只是模仿扮演阿姆的角色，幼猿也跟著配合演出。

由於那條河流就在牠們身邊，這項舉動絕對不可能是出於喝水的需求。

生與死

人類為何會發展出宗教，其中一個最常被提及的原因便是我們對死亡的體認。我們對生命有限的理解經常和人類有沒有可能是唯一擁有宗教的生物這個問題一起提出。我對這個問題沒有明確的答案，只能說我們沒有理由假設別的靈長類動物對**其他個體**的死亡一無所知。如同巴諾布猿天堂裡的巴諾布猿，其他猿類也相當熟悉死亡與失去親友的現象。有時候牠們自己就是凶手，例如有一天那群巴諾布猿打死了一條劇毒的加彭膨蝰。那條蛇令牠們深感恐懼，只要一動就嚇得所有巴諾布猿往後跳開。牠們用樹枝小心戳牠，最後瑪雅才把牠高高拋起並且重重甩在地上。值得注意的是，那條蛇死了之後，牠們的表現就完全顯示牠們並不認為牠會再起死回生。死了就是死了。幼猿開開心心地拖著沒有性命的蛇屍當成玩具，掛在脖子上，甚至撬開牠的嘴巴檢視牠巨大的毒牙。

那幕情景令我想起以前目睹過的一場黑猩猩狩獵行動。我們在坦尚尼亞的馬哈勒山脈（Mahale Mountains）跟隨一群黑猩猩，突然聽到樹上高處傳來一陣騷動。黑猩猩抓到獵物的時候會發出一種特殊的尖叫聲，單是這麼一種特殊聲響的存在，就顯示了牠們想要分一杯羹的意願。若不是這樣，保持安靜顯然才是聰明的做法。那陣尖叫聲吸引了其他許多黑猩猩聚集過來。有幾頭公黑猩猩抓到了一隻紅疣猴，這是黑猩猩難以自行捕捉的一種獵物，通常要團體合作才抓得到。我抬頭透過枝葉的縫隙觀察，看見那幾頭黑猩猩在那隻猴子還活著的情況下就開始吃起牠的肉。由於黑猩猩不是「專業」掠食者，所以沒有演化出貓科動物那種有效的獵殺技巧，而牠們對待獵物的方式也反映了牠們的同理心有時而窮，就和人類一樣。許多黑猩猩都聚集過來形成一種進食集合，包括生殖器腫脹的母黑猩猩，她們通常享有進食的優先權。那整個場景非常吵雜混亂，但所有成員終究都分到了一塊猴肉。第二天，我注意到一頭母黑猩猩經過，背上騎著一頭幼黑猩猩。牠的女兒開開心心地高高揮舞著一根毛茸茸的東西，我才發現那個東西屬於那隻可憐的猴子所有：一頭靈長類動物的尾巴成了另一頭靈長類動物的玩具。

某天早上，蓋扎・泰萊基（Geza Teleki）跟隨一群黑猩猩行動，聽到遠處傳來刺耳的尖叫聲。六頭公黑猩猩狂野地來回猛衝，一面發出「喇啊」的叫聲，迴盪在山谷之中。在一條小沖溝裡，只見瑞克斯的身軀一動也不動地癱倒在亂石之間。泰萊基雖然沒有看到他跌落的過程，但覺得自己目睹的乃是這頭公黑猩猩從樹上跌落而摔斷脖子所引發的最初反應。幾頭黑猩猩停下來看了看瑞克斯的屍體，然後猛力向外衝，並且朝四面八方丟擲大石塊。在那樣的喧鬧狀況下，黑猩猩紛紛互相擁抱、交合、撫摸以及輕拍，臉上則是咧開嘴露出緊張的表情。接著，牠們又花了不少時間盯著屍體看。一頭公黑猩猩在一根樹枝上俯身看著屍體，發出嗚咽的聲音。其他黑猩猩則是觸摸或者嗅聞瑞克斯的屍身。一頭青年母黑猩猩更是一動也不動地靜靜盯著他的屍體看了整整一個小時以上。經過三個小時的擾攘之後，其中一頭年紀較大的公黑猩猩終於離開那片林中空地，朝下游走去。其他黑猩猩一一跟上，慢慢離開，同時不斷回頭望向那具屍體。[3]

猿類面對死亡的反應已有愈來愈多的報導敘述。二〇〇九年，桃樂絲死後的一張照片在網路上爆紅，因為她的遺體引來保護區內黑猩猩群的圍觀，猩群們相當專注（但靜默得令人發毛）。這在蘇格蘭的布萊爾德拉蒙野生動物園（Blair Drummond Safari Park），一頭名叫潘希的年老母黑猩猩死亡了，其過程透過影片仔細分析，原來在她死前的十分鐘，其他黑猩猩為潘希理毛或者撫摸了十幾次，潘希的成年女兒也整夜陪在她身旁。潘希死後引起的反應從猩群成員觸碰她的嘴巴與四肢（也許是想要檢視她是否還在呼吸或者是否還能動）到某頭公黑猩猩猛擊她的遺體，這種行為也曾經在其他黑猩猩死亡之後被人觀察過。這種表現看起來雖然像是麻木不仁，卻有可能是一種想要喚醒死者的行為。猿類面對死亡的反應通常綜合了兩件事，一是對死者的毫無回應感到挫折，二是繼續測試看看還有沒有辦法引起死者的回應。不過，圍聚在死者身旁的大多數個體都會默不作聲，彷彿意識到發生了什麼可怕的事

圖 7-1　桃樂絲是一頭三十歲的母黑猩猩，她在喀麥隆的一座保護區因為心臟衰竭死亡。工作人員用一輛手推車將她的遺體推出來供其他黑猩猩瞻仰，結果那群通常吵鬧不已的黑猩猩紛紛聚攏過來，盯著遺體並且相互攀抱著。牠們就像參加喪禮的人一樣安靜。

情。研究人員觀察潘希臨終前的狀況之後，得出的結論指出：「黑猩猩對死亡的體認受到了低估。」[4]

一頭名叫烏恰的青年母黑猩猩在安亨動物園裡猝死。我知道烏恰的性情相當開朗，不但活潑又溫柔，而且有一對經常抽動的耳朵（她的名字烏恰〔Oortje〕在荷蘭文意為「小耳朵」）。不過，她在那幾個星期突然變得很安靜，還開始出現咳嗽的狀況。儘管接受抗生素治療，她的病況仍然迅速惡化。當時圈養在冬季營區裡的黑猩猩群被分成兩組，相互之間只能聽得到聲音，但看不見對方。在烏恰離開的那天中午，管理人員看見一頭成年母黑猩猩近距離凝視著烏恰的雙眼。不曉得什麼原因，這頭母黑猩猩突然爆出一聲歇斯底里的尖叫，並且一陣陣揮臂毆打自己——這是黑猩猩挫折時常有的行為。這頭母黑猩猩似乎對於她在烏恰眼中察覺到的某種東西深感懊惱。烏恰在這之前一直非常安靜，現在卻回應了一聲微弱的尖叫，接著想要躺下來，結果從她原本坐著的木頭上跌落地面，就此一動也不動地躺著。身在另一區的一頭母黑猩猩也發出了類似先前那頭母黑猩猩的尖叫聲，儘管她不可能看見這邊發生了什麼事。在這之後，建築物裡的二十五頭黑猩猩全都寂靜無聲。事後的解剖驗屍發現，烏恰的心臟與腹部遭到嚴重感染。

整體而言，猿類對同伴死亡的反應顯示牠們難以放手（母親可能會把死去的寶寶帶在身邊長達幾週，直到屍體都已乾癟呈木乃伊狀），會不斷觸碰屍體，試圖喚醒死者，並出現懊惱與悶悶不樂的姿態。牠們似乎了解從活到死的轉變是無可逆轉的。牠們有些反應近似於人類關照死者的方式，例如將遺體下葬之前加以撫摸、清洗、塗油以及梳理。不過，人類還更進一步，經常會為死者準備一些可以帶在「旅程」上的東西，例如埃及法老的陵墓裡就有大量的食物、葡萄酒與啤酒、獵犬、貓、寵物狒狒，甚至是全尺寸的船隻。人類經常把死亡視為生命的延伸，沒有徵象顯示還有其他動物會這麼做。

猿類看來似乎還會擔憂別人可能死亡的問題。巴諾布猿如果觸發盜獵者為了捕捉紅河豬與麂羚而設置的陷阱，通常能自行逃脫。不過，野外有許多的野生巴諾布猿都有斷指或斷手的現象，可見牠們不是每次都可以幸運地安然脫身。野地研究人員在沼澤森林裡突然聽到尖叫聲，發現一頭名叫馬魯蘇的巴諾布猿蹲伏在地上。他的手被夾在一個金屬陷阱內，而他正拖著和那個陷阱鍊在一起、阻礙他前進的一棵樹苗。其他巴諾布猿先將那個陷阱從藤本植物中解開，接著試圖幫馬魯蘇擺脫陷阱。不過他的手一直抽不出來，最後，其他巴諾布猿只好拋下他返回平常過夜的乾燥林地。第二天早上，這群巴諾布猿做了一件以前沒有人見過的事情：牠們跋涉一英哩以上的距離，直接回到牠們前一天最後見到馬魯蘇的地點。到了那裡之後，牠們就慢下腳步，四處搜尋了一番。由於這群巴諾布猿對陷阱相當熟悉，可能推測出牠們少了一名猿群成員和陷阱大有關聯。牠們沒有找到馬魯蘇，但他卻在一個月後回到了猿群之中。他的手雖然有了永久性傷殘，但終究從那場磨難存活了下來。[5]

看來我們可以說猿類知曉死亡這件事，例如死亡與活著不同，而且是一種永久的狀態。只有其他少數動物也有這樣的理解，例如大象會把象群已逝成員的象牙或骨頭用象鼻捲起來，並在象群間傳看。有些個體會在多年後回到親屬死亡的地點，就只為了觸摸以及檢視牠們的遺骸。牠們會想念對方嗎？牠們會回憶對方生前的模樣嗎？這類問題雖然不可能找出答案，但我們絕非唯一對死亡感到著迷以及膽怯的動物。

我們曾經對安亨動物園的黑猩猩展示牠們已經去世的朋友或者對手的照片，藉此測試牠們對死亡的永久性所擁有的認知。《黑猩猩家族》（*The Family of Chimps*）這部絕佳的影片以其他紀錄片不曾達到的程度生動地捕捉了黑猩猩的性格與智力，在世界各地的電視頻道上深受喜愛。[6]我在這部片拍攝之前就已經離開荷蘭，第一次看的時候不禁熱淚盈眶，因為這部片以深切的關懷描繪了我所有的老朋友。在片中，尼基是猩群的雄性領袖，不過在後續幾年間，有兩頭公黑猩猩形成了一個對抗他的同盟。尼基必定陷入了以前不曾有過的緊張狀態，因為他在一天早上聽到身後傳來的尖叫與高呼聲，就隨即全速衝出建築物，直接奔向圈養區周圍的壕溝。一年前，尼基曾經因為水面結冰而得以橫越壕溝，也許他認為自己能再次達成這項壯舉。不過，這次他卻失敗而溺斃了。當時報紙上的報導稱之為「自殺」，但實際上比較可能是一時恐慌造成的致命後果。

尼基死後，那兩頭公黑猩猩的合作關係隨即消逝無蹤，牠們不出所料地成了對手。丹迪成為新的雄性領袖，但尼基的影響力仍然陰魂不散——這是那個猩群觀看《黑猩猩家族》的反應所揭露的事實。這部影片上映兩年多之後，那群黑猩猩的冬季廳堂在某天晚上成了戲院。燈光調暗後，那部影片投影在一面白牆上。所有黑猩猩全然寂靜無聲地看著，有些還全身毛髮都豎了起來。影片裡有一頭母黑猩猩遭到青春期的公黑猩猩攻擊，觀影的猩群裡隨即傳來幾聲憤慨的吠叫聲，但無法得知牠們是否認得片中的角色。不過，後來尼基威風凜凜地出現在牆上，丹迪隨即張開大口，尖叫著衝向那頭當初支持他對抗尼基的公猿，一躍跳進了他的懷裡。這兩頭公黑猩猩緊緊互相擁抱，咧開嘴露出緊張的表情。

尼基的「起死回生」喚回了牠們以前的合作關係。

雨中起舞

對於宗教起源提出的解釋多不勝數。對於死亡的恐懼只是其中之一，還有其他許許多多的說法。有一項聽起來像是在酒吧提出來的理論，聲稱酒醉是宗教的根源。葡萄酒與啤酒傳統上都被認為可以強化身體健康，但酒也能促進想像力。我們的祖先就像醉漢一樣自我膨脹，開始認為自己所向無敵，並且將眼光投向現世生活之後的未來。這種改變心智的連結關係至今仍可見於烈酒（「烈酒」的英文與「靈性」同為「spirit」）在宗教儀式中扮演的角色，例如希臘酒神教的儀式，以紅酒代表基督鮮血的天主教彌撒，還有猶太教徒在喝酒前唸誦的祝禱詞吉都什（Kiddush）：「福氣歸於上帝，葡萄藤果實的創造者。」欽定版聖經裡提及兩百三十一次葡萄酒，在許多宗教中都因為具有解放人類靈性的神奇特質而具有中心地位。

發酵飲料的健康效益，以及對於身體狀況的關注，都是早期宗教當中非常重要的一部分。由於當時缺乏有效的醫藥，每個人都可能因為輕微的感染而導致死亡。眾人於是轉向宗教尋求慰藉，祈禱自己的傷病能獲得治療。他們這麼做也許是對的，因為宗教信仰與健康之間的關聯已經受到充分證實。[7]宗教似乎能促進身心健康。不過，我也必須補充指出，對於宗教如何達到這種效果，目前並無一致的看法。儘管許多宗教都有關於飲食、服藥、婚姻與衛生的規則，但這顯然不是原因所在。研究指出，上教堂是一大因素，可見其中的社會層面可能才是關鍵所在。社會連結得以強化免疫系統已是廣為人知的現象，而上教堂在這方面無疑大有幫助。如果真是這樣，那麼有助於避免疾病的力量可能不是宗教信仰本身，而是人與人之間的接觸。就我們所知，讀書會或賞鳥社團的成員也可能享有同樣的效益。不過，教堂更有令人共同投入一件事物的效果，而這點確實能強化歸屬感。法國社會學之父艾彌爾．涂爾幹（Émile Durkheim）強調，集體儀式、聖樂以及同聲合唱使得宗教習俗成為一種難以抗拒的情感連結經驗。另外，有些人則把上帝描繪成依附對象，在充滿壓力的情況下為人們提供安全與慰藉。此外，許多宗教也都有女性雕像，臉上帶著溫柔而不具批判性的表情。這些母性慰藉來源——從基督教的聖母瑪利亞到希臘的狄蜜特以及中國的觀音——目的都在於減輕我們的哀傷，就像母親撫慰子女一樣。

不過，宗教的起源故事不僅止於此，還有對於超出我們控制能力之外的自然事件所感到的敬畏與驚奇。由黑猩猩在瀑布前或是暴雨之時表現出來的衝撞行為，即可看出這種敬畏與驚奇可能不是人類獨有的特質。我第一次目睹這種現象的時候，很難相信自己眼前的情景。安亨動物園的黑猩猩垂頭喪氣地坐在最高的樹下，盡力保持乾燥，臉上露出「下雨神情」（一種厭惡的表情，眉毛下垂，下唇突出）。不過，隨著雨愈下愈大，連大樹的枝葉也抵擋不住之後，兩頭成年公黑猩猩隨即起身，豎起全身毛髮，開始展現一種被人稱為兩足闊步行走的姿態（讀者可以想像得到，這種姿態使得牠們看起來像是人類的流氓一樣）。牠們踏著有節奏的大步伐搖搖擺擺地走來走去，走出遮蔽處，淋得一身濕。等到雨勢減弱之後，牠們才又坐下來。我在那之後又看過幾次這種同樣的行為，同意有些人將其稱為「下雨之舞」，因為看起來確實就像是這樣。珍．古德描述了一頭黑猩猩在一座轟然作響的瀑布附近也表現出類似的行為：

> 隨著牠接近瀑布，水流的轟隆聲愈來愈響，牠的步履因此加快，身上毛髮完全豎起。抵達溪流之後，牠可能會貼近瀑布底下，並表現出以下壯觀的行為。牠挺直站立，兩腳交替踏步，節奏性地搖擺著身體，踐踏著湍急的淺水，撿起大石

塊往旁邊拋擲。有時候，牠會爬上自樹木高處垂下的纖細藤蔓，盪入瀑布濺起的水花之中。這種「瀑布之舞」可能會持續十或十五分鐘。[8]

古德接著問道，這些行為有沒有可能儀式化而成為某種泛靈論宗教，以及黑猩猩如果能互相分享這種感受，將會有什麼結果？是不是會造成對自然元素的崇拜？不過，這些行為也可以有另一種全然不同的解讀，也就是認為猿類出於某些原因相信自己可以影響自然的進程。也許因為一時的偶然，例如在展現衝撞行為時剛好雨停了，於是牠們就以為只要全力展現這種行為即可阻止降雨。如果有人認為這種錯誤聯想是愚蠢的表現，最好想想哪一種猿類的迷信程度最為嚴重，答案毫無疑問不是黑猩猩。

年幼的黑猩猩比兒童聰明，至少這是科學家向黑猩猩與兒童展示一項簡單程序的實驗所得到的驚人結論。一名科學家把一根棍子戳進一個大塑膠盒上的洞裡，接著又陸續戳了好幾個洞，直到糖果滾出來為止。不過，其中就只有一個特定的洞才會有糖果滾出來，其他的洞都毫無作用。塑膠盒如果是黑色的，就無法得知那名科學家戳進其他洞的動作只是做做樣子而已，如果是透明盒子，即可明顯看出糖果來自何處。科學家把棍子和盒子交給了年幼的黑猩猩之後，牠們就模仿了必要的動作，而且完全不去理會那些沒有作用的洞，至少在透明盒子的情況下是如此。牠們仔細觀察了科學家的示範。然而，兒童卻是模仿了科學家的所有行為，包括那些毫無意義的動作。即便是面對透明盒子，兒童還是如此，彷彿把這個問題當成某種神奇的儀式，而不是像黑猩猩那樣將其視為一項目標導向的任務。[9]

我們這個物種的迷信程度令人難以置信；我們發展出來的許多習慣，根本不是理性動物該有的行為。如果不想冒犯命運之神，我們就會敲敲木頭祈求保佑；如果觀看自己支持的球隊比賽，就會穿上老舊的T恤求取好運；有些足球員一定要反穿內衣褲才願意走進球場；棒球選手更是奉行十幾道儀式之後才敢拿起球棒。棒球投手塔克・溫德爾（Turk Wendell）在投球的時候一定要咀嚼四片黑甘草。他會在每局結束後把那些甘草吐掉，而且一定要刷完牙之後才回來。我們也對數字非常敏感，中國人總是對四避之唯恐不及，西方人則是對十三害怕不已。我剛到美國的時候，對建築物都會略去十三樓的情形頗感驚奇，現在卻習以為常，反倒對一個相反的文化習俗大感震驚：我在不久前搭乘一艘荷蘭大型遊輪，結果服務人員為我推薦了十三號救生艇以維護我的安全。作曲家阿諾・荀白克（Arnold Schönberg）患有極為嚴重的十三恐懼症，甚至可能是因此而死。他尤其害怕十三的倍數，結果就在他的六十七歲生日前夕，一個朋友竟向他指出六與七相加正好等於十三。這朋友到底是怎麼當的？荀白克在床上待了一整天，差點撐過了他的生日，他的心臟卻在一九五一年七月十三日午夜前十五分鐘停止跳動。而且那天還是星期五。

有些家貓似乎認為自己只要抓沙發就能獲得餵食，有些狗則是會在廚房裡轉圈圈，原因是牠們以前曾經因為這麼做而得到食物。除此之外也有負面的聯想。我們家養的貓咪盧克接受了肛門附近的手術，導致每次排便都疼痛不已，結果牠因此開始「責怪」牠的貓砂箱。牠總是會等到忍不住了才接近貓砂箱，放輕腳步悄悄走近，然後以極快的速度跳進箱子排便再隨即跳出來，彷彿那個箱子會攻擊牠一樣。我們很有耐心，在半年左右的時間裡一再清理牠造成的髒亂，等著牠克服自己的恐懼。史金納把這類錯誤聯想貼上「迷信」的標籤，在對鴿子進行的實驗中，他採用了一種裝置，這種裝置會定時施放飼料，與鴿子的行為完全無關。不過，那些鴿子卻自發性地開始把飼料的出現與牠們剛做出的行為聯想在一起，於是有些鴿子不停轉圈圈，有些則是一再把頭塞進籠子的同一個角落。不過，這種行為是否等同於人類的迷信，則尚無定論。

我們有時太過於迷信，甚至因此阻礙了進步，一個經典的例子就是美國開國元勛富蘭克林發明的避雷針。他首先利用風箏證明閃電是電力，然後再發明一種方法將其能量引導到地下以避免損害。由於閃電經常擊中教堂鐘塔，因此裝設這種金屬桿的理想地點就是教堂鐘塔頂端。不過，由於一般人認為閃電是上帝生氣的表現，因此富蘭克林將焦點放在教堂的做法也就遭到了牴觸。把他發明的這種裝置架設在教堂頂就像在違抗上帝的旨意一樣。《竊取上帝的雷電》（*Stealing God's Thunder*）這本關於富蘭克林的著作取了一個非常恰當的書名。[10]不過，他的避雷針非常有效。大多數避雷針都裝設在波士頓周邊的教堂，結果該處遭到閃電擊毀的教堂比其他地方都還要少。儘管如此，有些人還是認為這種規避上帝懲罰的做法有褻瀆之嫌。後來麻州在一七五五年發生大地震，一名牧師就指控富蘭克林以其異端的傲慢引來了這場災難。

迷信會模糊真實與想像的界線，宗教以及對於上帝的信仰也是如此。在一個層次上，上帝的存在對許多人而言是絕對確定的事實；但在另一個層次上，上帝的存在卻永遠不免受到批評。宗教之所以稱為「信仰」，就是因為宗教相信看不見的事物。人類在這方面相當擅長，這點可從上述那個塑膠盒的模仿實驗看得出來。黑猩猩僅根據牠們見到的表象判斷那件任務，而對所有不必要的動作置之不理；但兒童卻是完全信任實驗者，而模仿了對方的每個動作——他們為用棍子戳洞的整個過程賦予了一種神祕的重要性。心理學家對於這項實驗暗示了黑猩猩比人來得理性的結果自然感到不滿。他們隨即談論起兒童的「過度模仿」現象，並且認為這是一件好事。實際上，這是極為明智的表現！鑒於成人的優越知識，兒童確實應該不假思索地模仿他們。這麼說來，對他們而言，盲目的信仰才是比較理性的策略。

這不表示我們的靈長類近親缺乏想像與幻想的能力。我們可以看見不少關於由人撫養長大的猿類之報導，例如華秀會仔細地為她的洋娃娃洗澡，維琪則是會假裝自己用一條想像中的線拉著一個想像中的玩具走來走去，而且那個玩具要是「卡住」了，她還會解開那條線。我先前已經提過那頭在毫無必要的情況下用奶瓶餵食幼猿的母巴諾布猿，也許她想像自己是當地協助餵養的婦女阿姆。在野生黑猩猩之中，也有人觀察到照顧假想中幼猿的行為。藍翰觀察到一頭名叫卡卡瑪的六歲幼猿懷抱著一小根木頭，彷彿那是個新生兒一樣。卡卡瑪抱著那根木頭長達好幾個小時，甚至還一度在一棵樹上做了個巢，輕柔地將那根木頭放進去。藍翰不願根據自己目睹的現象驟下結論，但不得不承認那是一頭年輕公猿玩著一個洋娃娃。卡卡瑪可能是在預期弟妹的到來，因為他的母親在當時懷了孕。我自己也看過年幼黑猩猩這麼做，溫柔地抱著一塊布或是一根掃把。有人看見一頭野生大猩猩拔起一把軟苔，將其當成嬰兒般懷抱在自己的胸部下方，似乎在為其「哺乳」。[11]

也許猿類同樣能在當下的現實之外創造出一個新的現實。在當下的現實裡，一根木頭就只是一根木頭，但在新的現實裡，那根木頭卻是個寶寶。這種認知雙重現實的能力，在我們這個物種的發展程度極高，就算護士從一個明白寫著「安慰劑」的藥瓶拿出一顆糖錠給我們服用，也還是會對我們產生改善健康狀況的效果。在某個層次上，我們知道那個藥丸不是真的；但在另一個層次上，我們卻依然相信那個藥丸會帶來效果。我們看電影的時候，也是以同樣的方式跟著銀幕上的戀情、較勁以及死亡而情緒起伏，儘管我們明知那些演員只是在演戲而已。我們非常善於暫時忽略當下的現實而投入新的現實。初音未來的成功就是奠基於此——這位日本流行歌星吸引了大批的少年歌迷，但她實際上只是個全像投影。她是由電腦產生的3D投影虛擬人物，擁有女性的形象與合成的嗓音，能跟著現場演奏的樂隊載歌載舞，高高聳立在她的觀眾上方，因為她不受人類體型的大小限制。她的演唱會門票總是在短短幾分鐘內搶購一空。觀眾跟著她一起高唱，也會熱情回應她的性感舞步，彷彿她是真人一樣。

如果像新無神論者喜歡做的那樣，堅稱只有經驗實證式的現實才重要，而且事實總是勝過信仰，這即是變相剝奪了人類的希望與夢想。我們把自己的想像投射在我們周遭的一切事物上，面對電影、舞台劇、歌劇、文學、虛擬實境，還有宗教都是如此。新無神論者就像是一群站在電影院外面的人，對我們說著李奧納多・狄卡皮歐沒有隨鐵達尼號沉入海裡。多麼驚人的啟示啊！我們大多數人都完全能夠接受這種雙重性。幽默也仰賴這種能力，先是誘使我們以一種方式看待一個情境，然後再以另一種觀點顛覆我們的認知。把現實變得更為豐富是我們最令人欣喜的一項能力，從小時候的假扮遊戲到長大後對死後世界的想像，都是這種能力的展現。

有些現實真實存在，有些則是我們單純喜歡相信有那樣的現實存在。

對明日毫不關心

波麗這頭可能患有耳朵感染的年邁黑猩猩提出了一項古怪的要求。我們到臥室探望她的時候，她一再朝一張桌子的方向揮手。那張桌子上面什麼也沒有，只有一面小小的幼兒用塑膠鏡。在她這麼揮手揮了幾分鐘之後，我們認為波麗可能是想要那面鏡子，於是拿給了她。她用一手接住鏡子，並且用另一手撿起一根乾草，然後把鏡子拿在斜前方，以便從鏡中看著自己的耳朵而把乾草插進去。她一面挖耳朵，一面透過鏡子仔細看著自己的動作，彷彿這原本就是她的意圖。不論這項行為看起來有多麼簡單，畢竟需要一定程度的腦力才做得到。首先，波麗必須知道她能在鏡中看見自己，這是極少數動物才擁有的能力。不過，鏡中自我辨識的能力在猿類身上已獲得充分記錄。第二，她必定早就計畫好了自己要做的事情，不然怎麼會立刻就把那面鏡子派上用場？

一般人經常認為動物只能夠活在當下，但波麗必定等著要指引我們幫她拿她所需的東西，計畫能力在猿類身上的發展程度其實相當高。其他的案例包括野生黑猩猩蒐集一束長長的高草莖稈，咬在嘴裡帶到幾英哩外的白蟻丘，用那些莖稈來釣白蟻吃。同樣地，動物園裡的黑猩猩也可能會在出去寒冷的戶外之前，先從夜間圍欄收集滿懷的乾草。不過，最廣為人知的計畫案例，無疑是一座瑞典動物園裡的公黑猩猩桑提諾所做的事情。每天早上，在遊客到來之前，他都會悠哉地從圍欄周圍的壕溝撿拾石頭，堆在遊客看不見的地方。這麼一來，等到動物園開門之後，他就有一批武器可以使用。如同許多公黑猩猩，桑提諾在一天當中也會有幾次豎起全身的毛髮衝刺一番，藉此威嚇群體成員。丟擲物品也是這種威嚇行為的一部分，包括對遊客丟擲石頭。大多數黑猩猩在關鍵時刻都不免發現自己兩手空空，桑提諾卻早已為此備好了石堆。他在平靜的時刻就先這麼做，在還沒進入腎上腺素高漲的情緒、猛力朝遊客投石的嚇人舉動之前。[12]

針對計畫所進行的實驗，可以追溯到科勒在一九二〇年代將香蕉掛在天花板上，然後為猿類提供了箱子和棍子。如同我們先前見過的，大象也有能力解決這種問題。近代的實驗則是為猿類提供牠們無法立刻使用、但也許可以在稍後派上用場的工具，比起立即性的獎賞，猿類都會偏好選擇這些工具，耐心地拿著工具期待未來的收穫。[13]在一項創新的實驗裡，科學家想要看看猿類能否想像出牠們以前從沒見過的解決方式。實驗人員為猿類提供一個牠們的手伸不進去的狹窄容器，容器底部放著一顆剝了殼的花生。在拿不到花生又沒有工具的情況下，受試的猿類除了盯著那顆花生看還能怎麼辦？不過，牠卻想出了解決辦法。牠到水龍頭含了一口水，吐進容器裡。但一口水不夠，於是那頭猿類必須在水龍頭與容器之間來回幾次後，才能手指取出漂浮在水面上的花生。有一頭猿類更是發揮了進一步的創意，藉由撒尿達成同樣的結果。[14]

對未來的理解以及對死亡的體認，有可能結合起來而成為明瞭生命有限的認知。不過，就算我們的靈長類近親在某種程度上和我們一樣擁有想像力以及對未來的預期，我們卻仍然不曉得牠們是不是會思索自己的死亡。京都大學靈長類研究所裡一頭名叫瑞歐的黑猩猩，提供了一個示範性的案例。瑞歐在年方盛壯的時候因為脊椎發炎導致頸部以下癱瘓。他可以吃喝，但身體卻動不了。獸醫與學生們在六個月的時間裡日夜輪流照顧他，但他的體重還是持續下降，並且產生嚴重的褥瘡。瑞歐後來恢復了健康，但最引人注意的是他對自己那段臥病在床的經歷所表現出來的反應。

所有參與照顧他的人都可以非常清楚看出的一點是，瑞歐在全身癱瘓期間，對事物的態度仍然絲毫沒變。他經常用嘴對年輕學生噴水逗他們玩——就和他生病之前一樣。他對生活的觀點在生病後也還是和生病前相同。即便在他骨瘦如柴而且滿身褥瘡的情況下，我們也還是沒有注意到他的觀點有任何明顯可見的改變。簡單地說，他看起來並不擔憂自己的未來。儘管他的病況在我們眼中看來極為嚴重，但他卻沒有因此變得沮喪憂鬱。[15]

我們引以為傲的想像力就像一把雙面刃。一方面想像力會導致我們在艱困的狀況中感到絕望，但猿類則可能不覺得需要擔心；不過，想像力也可以讓我們展望一個更好的未來而為我們帶來希望。實際上，我們可以預見極遠的未來，從而意識到自己的生命終有結束的一天。這項理解深深影響了我們的存在，促使我們不停追尋意義，同時也會說出各種苦中作樂的笑話，例如：「人生根本是活受罪，然後你就死了！」如果不是因為有這麼一道陰影籠罩著我們，我們還會發展出對超自然力量的信仰嗎？部分的答案可見於先前的研究發現：人愈是知覺到自己的生命有限，而且愈是加以思考，對上帝的信仰就會愈強烈。[16]他們感覺到人生的無常，因此像暴風雨中的船上乘客一樣，祈求更高力量的保佑。

不過，在我們認定對於死亡的恐懼就是人與動物的相異處之前，必須先提出一項重要的修飾條件。每次我只要看到波希的《人間樂園》，就不禁想到這一點。大部分的時候，與其思考自己的死亡，我們其實會暫時把這種想法擺在一旁。當然，沒有一個理智的人會真正否

圖 7-2 《人間樂園》的許多享樂追求者都活在自己的繭當中。這對愛侶置身其中的泡泡被人解讀為由龜裂的玻璃製成，藉此象徵愛的脆弱。不過，那些裂痕看起來比較像是血管，那個泡泡則像是個羊膜囊，將他們與外界隔離開來。另一方面，右側的那個男人則是透過一根玻璃管（帶有鍊金術的意涵）看著一隻老鼠。此處的象徵意義不明，但我忍不住覺得那個人是行為科學家。

認自己的生命有限，但我們許多人卻都表現得彷彿自己永遠不會死。波希的畫作為這個假象提供了一個巨大的警告。《人間樂園》裡充滿了單身的中年人，沉浸在自己小小的樂趣之中。一名專家指出：「由於他們對明日毫不關心，因此他們唯一的罪惡就是沒有意識到罪惡的存在。」[17]那些裸體人物雖然參與了一場如此盛大的聚會，卻顯得孤獨而且對外界漠不關心，有點像是當今的青少年，雖然成群結隊，卻又都個別沉浸在自己的手機裡。《人間樂園》中幅的那些享樂主義者沒有生育子女，也沒有創造出任何有價值的東西，只是封閉在自己的存在之繭裡，頂多只有在偶爾從事的情慾活動中找個伴侶而已。

如果這就是肉慾天堂，那麼顯然也是個缺乏目的與成就的地方。他們對外界毫不關心，包括終究會降臨在他們身上的死亡與毀滅，表現得彷彿自己會永生不死。不過，我們這些觀眾卻能看見可怕的右幅，因此知道在不久的未來有什麼命運等待著他們。

曾經有個電台節目邀請土耳其作家艾莉芙・夏法克（Elif Şafak）「以六十秒的時間提出一項改變世界的想法」，結果她從伊斯蘭教蘇非主義認為人應該在死前品嘗死亡滋味的建議中汲取了靈感。[18]佛教也同樣強調這一點，認為接受自己的死亡能夠讓人獲得解放。夏法克指出，由於現代世界是建立在對死亡的否定之上，因此我們都必須到一間沙龍去，就像美髮沙龍一樣，利用一個小時的時間品嘗死亡的滋味——我們自己的死亡。她說，這麼做將可讓我們的心緒更溫和，並且更懂得欣賞人生。我們雖然知道自己壽命有限，卻難以將這項理解融入我們的生活中。我認為她的提議非常適合中年人，但對於我這個年齡的人卻沒有必要。我這個世代的成員要不是已經見過自己的父母去世，也是隨時準備著迎接這件事情。我們都喪失過兄弟姊妹、朋友、配偶，甚至是子女。我們有朋友罹患帕金森氏症、癌症、阿茲海默症，或是其他令人害怕的疾病。我們年紀愈大，愈是會經歷老化帶來的生理損害，從而深切知覺到自己活在這個世界上的時間有限。

老布勒哲爾在一幅畫作裡以極度明確又病態的方式呈現了這一點。我們看見一車車的骷髏頭，來自各種背景的人物——包括農民、主教乃至貴族——則是毫無差別地被帶到另一個世界去。亡靈像無可阻擋的軍隊朝活人推進，將他們趕進巨大的陷阱裡，遠方可以看見烈焰焚燒著。地平線上有人遭絞刑處死，一條狗啃食著一名女性死者的臉，一個男人的脖子上戴著磨石被垂掛在水上。圍坐在一張餐桌周圍的晚餐賓客徒勞地抗拒著，有人拔出劍，有人奔跑著逃離逐漸逼近的屍體；右下角可以看見一名對周遭情景毫無知覺的愛人對一位女子彈奏魯特琴，女子背後則有個骷髏興高采烈地跟著一起彈。老布勒哲爾畫筆下這支令人畏懼的死亡毀滅大軍繪於一五六二年，比《人間樂園》晚了半個世紀，而那幅人間地獄場景的靈感即是來自於《人間樂園》。老布勒哲爾的這幅作品恰如其分地取名為《死神的勝利》（The Triumph of Death）。

與這幅畫作效果相當的一件現代藝術品，就是英國藝術家達米恩・赫斯特（Damien Hirst）的展示藝術作品：《生者對死亡無動於衷》（The Physical Impossibility of Death in the Mind of Someone Living）。這件作品將一條用甲醛保存的鼬鯊屍體在一面櫥窗中展示；

那條鯊魚的體型非常大，張著滿是尖牙的大嘴，將死亡的可能性近距離呈現在我們眼前。這條鯊魚展示於紐約的大都會藝術博物館之時，被人描述為「生命與死亡同時呈現在一種你不太能領悟的方式當中，直到你親眼看見那條鯊魚靜靜懸浮在其水缸裡」。[19]不過，也有人把這件作品描述為一條貴得見鬼的魚，而且還沒有搭配薯條。

由於死亡讓人非常難以接受，因此我們盡量不去想，而是假裝死者將會前往一個更好的地方，我們有一天將會再度見到他們。繁複的喪葬儀式可以追溯到我們的克羅馬儂人祖先，他們會以象牙珠、手鐲與項鍊為死者送行。除非是相信死後世界的存在，否則絕對不會有人把那麼多貴重物品放進墳墓裡。只有人類會遵循這些儀式，並且因此得到慰藉，但我還是不完全信服只有人類知道自己終將死亡。身為年輕成年公黑猩猩的瑞歐可能不是最好的例子，即將死亡的想法在那個年齡極少被接受。在許多物種當中，年老的個體都會比年輕者有智慧得多，而且活力在逐年的時間裡緩慢流失，感覺可能和瑞歐那種突然喪失活動能力的狀況頗為不同。一頭年老的猿類一旦注意到樹木愈來愈難攀爬，或是一頭大象愈來愈難跟上群體的移動，這些個體是不是有可能會把自己對生死的認知套用在自己身上？

我們很難確知這個問題的答案，但無法排除這種可能性。

佛洛伊德的恐懼

要把宗教描述得讓所有人都滿意是不可能達成的任務。我曾經到美國宗教學院（American Academy of Religion）參加一場論壇，當時有人提議我們先從定義宗教開始。不論這項提議有多麼合理，卻立刻遭到另一名與會者否決。那名與會者提醒所有人，他們曾經有一次試圖這麼做，結果導致半數的聽眾怒氣沖沖地走出門外。而且這種現象竟然還是發生在以宗教為名的學院裡！因此，且讓我們單純把宗教定義為「共同崇敬超自然、神聖或靈性力量，以及和那些力量有關的符號、儀式與敬拜活動」。這項定義並未區別靈修與宗教，但藉由強調「共同」崇敬而排除了個人的信仰，只關注群體現象。在此一定義下，宗教是人類的一種普世現象。

唯一有人提過的例外是皮拉罕人（Pirahã）。不過，聲稱這個巴西森林民族缺乏宗教的說法（他們被稱為「無神部族」），在對於原始資料的考據與檢驗後，已經不被採用。與皮拉罕人一起生活過的美國前傳教士丹尼爾·艾弗列特（Daniel Everett），說明了這些人如何對神靈說話以及為神靈跳舞。他們戴上由種子、牙齒、羽毛與啤酒罐拉環串成的項鍊，「其裝飾性只是次要功能，主要目的在於阻擋他們幾乎每天都會看到的邪靈。」[20]他們不只會看到神靈，還會受到神靈附身，以又高又尖的嗓音說話。不過，皮拉罕人非常害怕邪靈，而且拒絕提起邪靈的名字。即便在剛受邪靈附身之後，他們還是會否認邪靈的出現（「我不知道，我沒看到」）。他們的恐懼導致西方人幾乎不可能得知皮拉罕人究竟信仰什麼，但他們無疑信仰著某種東西，只是和我們習慣的不一樣而已。

宗教如果這麼普及，那麼下一個問題就是宗教為什麼會演化出來，生物學家總是思考著生存價值。宗教能夠帶來什麼樣的優勢？這個問題已經經歷無數次探究，方法是比較早期基督徒與他們周遭的羅馬人。當時羅馬帝國遭到兩場瘟疫襲擊，兩次都導致三分之一的人口死亡，結果基督徒的狀況比羅馬人好得多。基督徒為病得無力照顧自己的人供應食物和飲水，奉基督之名關照他們的需求；但羅馬人則是逃離他們心愛的人，為了避免受到感染而在親友還沒死亡之前就拋下他們。即使基督徒冒了受到傳染的風險，一項對墳墓碑文進行的研究卻發現他們的平均壽命還比較長。

可是，這樣的比較論述恰當嗎？第一個瑕疵是羅馬人本身也有深厚的宗教信仰，總是熱切安撫以及討好他們的神明，例如戰神瑪爾斯與愛神維納斯。因此，我們其實不是在比較擁有宗教信仰與沒有宗教信仰的族群。第二個瑕疵則是早期基督徒並非一般百姓：他們是遭到迫害的少數族群，因此是個緊密團結的社群，對抗共同的敵人。這點必定為他們賦予了共同的目標，而可能產生有益健康的效果。不幸的是，試圖確切指出宗教的成功之處何在，就像是詢問語言有什麼好處一樣。我相信語言有其效益，但由於世界上所有的人都有語言，我們純粹就是欠缺可供比較的材料。我們在宗教上也面臨了同樣的狀況，唯一確知的是禁止或者壓抑宗教的做法總是不免造成災難性的後果。

這種情形可見於蘇聯的史達林、共產中國的毛澤東，以及柬埔寨紅色高棉政權的波布（Pol Pot）。這些統治者都刑求、殺害以及餓死了自己國家數以百萬計的人民。紅色高棉禁止所有的宗教，並且對遭到壓迫的大眾提出這句令人背脊發涼的口號：「保有你們無益，毀了你們也無傷。」這些意識形態並未造就出特別健康的社會，從生物學的角度來看更是大難一場。另一方面，這些意識形態的反宗教態度卻也只是大環境的一部分。這三個國家都推翻了既有的秩序，所以可能不得不削減既有宗教的力量。因此，我不必然把它們的暴行怪罪於無神論本身。同樣地，標舉上帝之名而殺人，例如十字軍或西班牙征服者的做法，也經常只是政治或殖民野心的藉口而已。哥倫布對黃金的渴求不亞於他對上帝的愛。因此，單純把宗教指為肇因，也是一種有問題的說法。歸結到底，人類就是有辦法犯下難以置信的殘忍行為，不論是憑上帝之名還是藉否認祂的存在而為之。

也許這個問題可以在比較小的尺度上回答，例如一項針對十九世紀期間美國不同社群的壽命所進行的研究。以世俗意識形態——例如集體主義——為基礎的社群，解體的速度遠比基於宗教原則的社群更快。在社群持續存在的每一年當中，宗教社群存續下去的可能性是世俗社群的四倍。[21]擁有共同的宗教信仰能大幅提高信任度，我們知道協調性活動具有龐大的情感連結效果，例如一同祈禱以及從事相同的儀式。這種現象與團隊活動能夠改善關係的靈長類原則有關，包括猴子比較喜歡會模仿牠們的人類實驗者，乃至大學划船隊員進行團體訓練時會比個人訓練獲得更強的生理抗禦力（例如疼痛閾值較高）。[22]集體行動可能會刺激腦內啡分泌，其他情感連結機制也被認為具有同樣的效果，例如共同歡笑。這些同步活動的正面效果有助於解釋宗教的凝聚力以及促進社會穩定的效果。

涂爾幹把歸屬於某個宗教而帶來的效益稱為該宗教的「世俗效用」。他認為像宗教這麼普遍而且無所不在的東西必定具有某種目的——不是指更高的目的，而是社會目的。分析了早期基督徒史料的生物學家大衛．史龍．威爾森（David Sloan Wilson）同意這種看法，他認為宗教是一種適應作用，可讓人類群體和諧運作：「宗教的存在主要是讓人能夠共同達成他們無法單獨達到的成就。」[23]

建構宗教社群是我們自然發展出來的能力。實際上，鑒於宗教有多麼常與科學相互對立，我們應當記住宗教所擁有的巨大優勢。科學是人為努力的成就，宗教則是像走路或呼吸一樣來得絲毫不費吹灰之力。許多作者都指出過這一點，例如美國靈長類動物學家芭芭拉·金（Barbara King）在《演化中的上帝》（*Evolving God*）這部著作把追求宗教的衝動連結至我們對歸屬感的渴望，法國人類學家巴斯卡·博耶（Pascal Boyer）則是把宗教視為一種直覺能力：

> 科學研究與推論只出現在極少數的人類社會裡。……科學研究的結果雖然廣為人知，但達成那些結果所需的智識型態卻非常難以獲得。相較之下，宗教表現則是存在於我們知道的所有人類群體，不但易於獲得，能毫不費力地維繫，而且在群體的所有成員眼中看來都易於理解，不論他們的智力或訓練程度高低。如同羅伯特·麥考利（Robert McCauley）指出的，……宗教表現對於人類而言是極為自然的事情，科學則明顯可見並不自然。也就是說，前者契合於我們演化而來的直覺，後者則是要求我們將大部分的尋常思考方式擱在一旁，或甚至加以違逆。[24]

看看兒童接納宗教有多麼容易，對比之下，年輕人必須經過多麼漫長艱辛的努力才能在三十歲左右取得博士學位。我在埃默里大學的哲學家同事麥考利對我說，如果要說這兩者中的誰會在社會瓦解之後仍然存續下來，那麼他會賭是宗教而不是科學：「宗教徹底仰賴我所謂的自然認知，也就是自動產生的思考，而且我們大體上都意識不到。」麥考利透過這點將科學區隔開來，科學是「有意識的思考，通常以語言的形式進行，速度緩慢而且審慎」。[25]

想像看看，我們要是把幾十個小孩放在一座島上而沒有大人看顧和影響，結果會怎麼樣？威廉·高汀（William Golding）認為自己知道，因此在《蒼蠅王》（*Lord of the Flies*）書中描寫了野蠻與殺人的情景。若是從英國寄宿學校的狀況來看，這可能會是個合理的推斷。不過，實際上沒有任何證據顯示，兒童在沒有成人管理的情況下會表現出這樣的行為。如果把四歲與五歲的兒童單獨放在一個房間裡相處，他們通常會以道德用語互相協商，例如「那樣不公平！」或者「你為什麼不把你的一些玩具分給她？」[26]沒有人知道兒童如果長時間單獨相處會怎麼樣，但他們一定會建立起支配階級。年幼的動物，不論是小鵝還是幼犬，都會立刻打一架而建立起啄食順序，人類兒童也是如此。我記得那些受到學院式平等主義所灌輸的心理系學生，在幼稚園開學第一天因為看見幼兒互相打得不可開交而嚇得一臉蒼白。我們是階級性的靈長類動物，所以不管我們多麼努力掩飾，這種本性還是會在人生初期表現出來。

島嶼上的兒童可能也會進入符號使用的領域。他們也許會發展出語言，就像尼加拉瓜的聽障兒童在一九八〇年代開始用一種外人看不懂的簡易手語溝通一樣。其他許多面向也會逐漸發展出來，例如文化。那群兒童將會互相分享習慣與知識，並且在他們製作的工具或者互相打招呼的方式上展現出從眾性。他們也會發展出財產權以及因為所有權引發的緊張關係。最後，他們也無疑會發展出宗教。我們不知道會是什麼樣的宗教，不過他們一定會信奉超自然力量，也許是人像化的超自然力量，例如神明，並且會發展出相關儀式來安撫那些神明，設法促使神明依照他們的意志行事。

那群兒童可能永遠不會發展出來的東西就是科學。根據各方說法，科學只有短短幾千年的歷史，在人類歷史上出現的時間非常晚。這是一項貨真價實的成就，也是極度重要的成就，但如果把科學與宗教放在同一個層次上就未免太過天真了。以聖經故事比喻，科學與宗教的戰爭就像是大衛面對歌利亞一樣。宗教向來與我們同在，也不太可能會消失，因為宗教就像是我們的社會性本體的最外層皮膚。科學則像是我們最近剛買的一件外套，隨時都可能弄丟或者拋棄。由於科學與宗教相比之下極度脆弱，因此必須隨時警惕著社會上的反科學力量。把科學與宗教視為地位平等的競爭對手，是一種奇特的錯誤呈現，唯一的解釋是我們把科學與宗教簡化為對同一種現象的不同知識來源。唯有如此，我們才能聲稱如果其中一者是正確的，那麼另一者就必然是錯誤的。

在物理世界的知識方面，我們該做出什麼樣的選擇明顯可見。我無法理解，在當今這個時代，所有人既然都隨身攜帶筆電、搭乘飛機在天空中飛來飛去，為什麼還需要為科學辯護。想想生物醫學已經有多麼長足的進展，我們因此增添了多長的壽命。如果想要得知事物的運作方式、人類從何而來，或是宇宙如何誕生，科學方法的優越性不是明顯可見嗎？我每天都身處科學家之間，世界上絕對沒有比獲得新發現的興奮感更令人著迷的事情。的確，世界上仍然存在著許許多多的謎，但唯有憑藉科學，我們才有希望破解那些謎題。如果有人把宗教視為相當的知識來源，在大量的新資訊面前仍緊抱古老的傳說不放，那麼這些人受到的鄙夷絕對是咎由自取。不過，我也認為這種科學與宗教之間的衝突只是次要的問題。宗教遠遠不只是信仰。真正的問題不在於宗教是否屬實，而是宗教如何形塑了我們的生活，以及要是我們像阿茲特克祭師挖出處女跳動著的心臟一般將宗教拋出我們的社會之外，取而代之的會是什麼東西？有什麼東西可能會填補那個大洞，取代那個重要器官的功能？

我看過一齣外百老匯舞台劇，劇名為《佛洛伊德的最後對話》（Freud's Last Session）。戲裡，那位咳著嗽且抽著雪茄的精神分析學家質問已經成了虔誠基督徒的英國作家路易斯（C. S. Lewis），對他的信念提出挑戰。那一幕是懷疑論的精采展現，我後來在閱讀佛洛伊德的著作時都因此覺得更有感觸。佛洛伊德雖然以不容質疑的口吻將宗教斥為人造產物，而且是純粹的「幻象」，卻又不願推崇捨棄宗教。在《幻象之未來》（*The Future of an Illusion*）這部著作裡，他一直等到結尾才讓我們感受到他身後的忌憚：

> 想要把宗教逐出我們的歐洲文明，唯一可能的做法就是透過另一套教條，而這套教條從一開始就會接手宗教的所有心理特徵，具有同樣的神聖性、僵固性與偏狹性，也同樣會為了自衛而禁止思想。[27]

整個共產實驗不正是一項建立無神社會的嘗試，而結果不也確切實現了佛洛伊德的預言？看看共產運動的那些歌曲、遊行、效忠誓言以及高高揮舞的毛語錄，全都是刻意模仿宗教的做法。教條主義、僵固性以及邪惡的狂熱充分呈現在我們面前，並且在數十年的時間裡不斷成長，直到共產主義因其本身的龐大笨重與欠缺成功而自行瓦解。佛洛伊德也許就是因為目睹過這項實驗的早期階段，所以猜到了其徒勞無功的結果。

另一項追求無神社會的奇特嘗試出現在一七九三年*，當時巴黎聖母院大教堂的聖壇被置換成一個高山模型，頂端矗立著一座奉祀哲學的聖殿，那座聖殿旁燃燒著「真理火炬」。理性崇拜教派（Cult of Reason）取消了星期日這個第七天的休息日（改為第十天），把所有聖徒紀念日的節日名稱都改成世俗名稱，並且在墓園大門上方印上「死亡是永恆的安息」而粉碎了一切死後世界的希望。這個教派有其本身的女神，是個身穿古典服裝的女子，被人抬著在巴黎的街頭遊行，後面跟著一群揮舞著棕櫚葉的追隨者。遊行隊伍把她抬到大教堂裡的那座「山」，然後讓她坐在伏爾泰與盧梭的胸像之間。這個教派後來戛然而止，原因是其領導人遭到馬克西米連・羅伯斯比爾（Maximilien Robespierre）下令處死。接著，羅伯斯比爾創立了至上崇拜教派（Cult of the Supreme Being），由他自己擔任大祭司。靈魂的永生不死隨即獲得恢復，鑒於有多少無辜之人被羅伯斯比爾送上斷頭台，這點顯然是一件好事。這個教派也只持續了短短一段時間——和其大祭司在位的時間一樣短。**

佛洛伊德確切指出了西方思想中一個恆久擺盪不休的問題，在數百年來不斷來回於兩個極端之間，一個極端是把宗教嘲諷為不理性，而且如馬克思所言是「人民的鴉片」；另一個極端則是擔憂我們如果從人生中抹除宗教將會造成什麼樣的後果。到了現在，新無神論者已經重炒了過去幾百年來反對宗教的所有論點。希鈞斯聲稱「宗教毒害了一切」的說法顯示他

* 譯註：時逢法國大革命時期。

** 譯註：從一七九四年五月開始到羅伯斯比爾被處決的一七九四年七月底，只維持了三個月不到的時間。

是個不折不扣的馬克思主義者，哈里斯則是接下了巴黎的真理火炬，渴望著一個「理性宗教」。道金斯的「妄想」則與佛洛伊德的「幻象」沒什麼不同。[28]不過，我們現在已經無可避免地進入了此一循環令人害怕的階段。除了我們是不是真的有辦法做到無神論者呼籲的那種自行切割宗教的問題，更深層的議題是，如果我們真的做到這一點，那麼該如何填補那個和上帝一樣大的真空漏洞。狄波頓雖然是無神論者，卻不得不仰慕宗教對人類普世性的需求與弱點所擁有的理解，基徹則是敦促無神論者與不可知論者不要只局限在不信仰中。基徹指出，批評宗教很容易，但任何一個有頭腦的人在加入無神論運動之前，一定都會想要知道這項運動追求什麼，而不只是反對什麼：

> 我們每個人都需要一項關於我們自己以及珍貴事物的陳述，一個我們可以遵循並且據以生存的東西。……世俗思想迴避了希臘人在哲學初始之際提出的這個傳統問題：是什麼東西使得我們有限的人生如此重要又有價值？……不信仰的倡導者不論多麼辯才無礙，都不可能在沒有承認這些事實之前成功發起世俗革命。在沒有關注宗教功能的情況下暫時消除迷信，將會造成一項真空，導致最粗陋的經律主義神話也可輕易地侵入其中……[29]

人在做，天在看

我在不久前造訪溫哥華，加拿大心理學家阿拉・諾倫薩揚（Ara Norenzayan）對我說了他新書的書名。我立刻記下來，卻寫成了「Big Dogs」（大狗）。我或許有些微的讀寫障礙，也或許是佛洛伊德式的口誤*，顯示我的心思放在動物身上比放在人身上還要多。諾倫薩揚那本著作的書名其實是「Big Gods」（大神）。

他研究宗教在日常生活中扮演的角色。一項實驗探究了以宗教念頭「促發」人之後會對慷慨程度造成什麼影響。促發的做法是為人植入一項無意識的偏見，先讓受試者修正幾個句子的文法，而那些句子裡都含有「上帝」、「先知」與「神聖」等字眼。他們在沒有進一步資訊的情況下看見這些字眼，也不曉得這項實驗的目的是什麼。在這之後，每一名受試者都會在一張桌子上看見十個一元硬幣，旁邊還有一張紙條指示他們想拿幾個硬幣走就拿幾個，而且他們也知道剩餘的硬幣會被留給下一個受試者用。實驗結果令人嘆為觀止，沒有經過促發的受試者平均會留下一・八四元給下一個人，但經過上帝與宗教等念頭促發的受試者

＊ 譯註：意思可能是由潛意識介入造成的口誤。

則留下了四．二二元。接受促發的受試者約有三分之二留下了超過一半的硬幣。奇特的是，篤信宗教與否似乎沒有多少影響。被問到他們信奉什麼宗教，半數左右的受試者都回答「沒有」，但這群人當中有許多卻還是表現得和其他人一樣。[30]

這項效應要怎麼解釋？一般的想法是，像我們這樣的大規模社會需要監督管理——不論是想像中的還是真實的監督管理——才能確保高度的合作。茫茫人海中，要白吃白喝而不被人抓到是非常容易的事情。這項實驗的受試者也許在內心浮現了上帝在天上監看他們的情景，而且是一位贊同善心、不滿作弊行為的上帝。「受到監看的人會表現出良好的行為。」諾倫薩揚解釋道。這點也能說明虔誠基督徒的「週日效應」，亦即他們在星期日捐贈慈善的金錢會比較多，也比較少會在網路上觀看色情內容。[31]

不過，擁有一位超自然的監督者可能是頗為晚近的現象，因為我們在史前時代其實不需要這樣的監督者。在成員較少的群體裡，就像其他靈長類動物群，大家都認識彼此。在親屬、朋友以及其他社群成員的環繞下，我們有充分理由遵循規則並且與別人和睦相處，我們必須維繫自己的個人名譽。直到後來，隨著我們的祖先開始集結成愈來愈大的社會，先是數千人，後來更達數百萬人，這些面對面的機制也就不免瓦解。這就是為什麼諾倫薩揚認為愈大的團體需要有愈大的神明，像老鷹一樣監視著我們的一舉一動。這點正符合我自己認為道德早於宗教的想法，至少就當今的主要宗教而言絕對是如此。人類當初以小群體在莽原上四處遊蕩的時候就已經懂得遵循道德，直到後來社會規模開始成長，導致互惠與名譽的規則效力減弱之後，宣揚道德的上帝才變得不可或缺。

按照這個觀點，並不是上帝為我們帶來道德，而是恰恰相反。我們利用上帝幫助我們過著我們認為人應當過的生活，從而證實了伏爾泰笑稱上帝必須受到發明的那句話。另外，也可以想想蘇格拉底問尤西佛羅的那個問題，亦即一項行為是因為受到神明的喜愛所以合乎道德，還是因為合乎道德所以才受到神明的喜愛？後者這一點就是我們信奉上帝的目的所在。我們為上帝賦予強大的能力，就是需要祂強制我們循規蹈矩，遵守我們自從當初過著小群體生活就已經發展出來的道德規範。

對於擔心世界上沒有宗教就會欠缺利社會性的人士而言，有幾點應該能讓他們稍感欣慰。首先，原本的那項實驗並不完整。那項實驗只促發了宗教概念，而沒有涵蓋其他選項。後來的第二項實驗修正了這個缺陷，讓受試者在接受測試前先接觸了良好公民的詞語，例如「市民」、「陪審團」以及「法院」。結果，他們也表現得和那些受到宗教用語促發的受試者一樣無私，平均會留下四．四四元。這個結果為世俗社會提供了希望：如果訴諸社群價值、社會契約以及法律執行的做法，在引發慷慨心態的效果上也不亞於宗教，那麼宗教的正面影響也許終究是可以被複製的。

第二，近來一項研究比較了信教與不信教的受試者幫助別人的原因。那項研究發現非信教者對別人的處境比較敏感，他們的利他行為是奠基在憐憫的感受上。相較之下，驅使信教者的力量則似乎是義務感以及他們的宗教所教導應遵從的行為方式。行為結果雖然一樣，潛在的動機卻似乎不同。[32]明顯可見，善行可以有許多理由，宗教只是其中之一而已。

歐洲北部目前正在嘗試世俗模式，而且已經達到相當高的發展程度，以致兒童會天真地詢問為什麼那些叫做「教堂」的大型建築物上頭有那麼多的「加號」，許多人也已經不曉得他們平日使用的許多慣用語其實源自聖經，包括「洗手以禮」（意同置身事外）以及「如水桶裡的一滴水」（意同滄海一粟）。公民機構已經接管了教會的許多功能，例如照顧貧病與老年的人口。這些國家的公民雖然大部分都抱持不可知論或是非信教者，卻還是堅定支持這類措施。這是一項在經濟與道德上的重大實驗，其結果可以讓我們得知大型民族國家是否能在沒有宗教的情況下打造一份運作良好的道德契約。如果是像我一樣相信道德主要產生自內心的人，就有充分的理由支持這項嘗試。不過，我也同意佛洛伊德、基徹以及其他人的看法，亦即這項嘗試如果要獲致成功，需要的絕對不只是上帝的死亡證明書。

第八章

由下而上的道德

踩高蹺沒有什麼意義，因為我們踩在高蹺上的時候還是一樣必須用雙腿走路；而我們就算坐在全世界最高的寶座上，也還是一樣坐在自己的臀部上。

——蒙田[1]

我這輩子第二次走進馬德里普拉多美術館的五十六號展間，感覺就像是走進一座聖殿。閱讀了那麼多關於波希的文獻，又在不久之前和幾個老朋友一起走訪了我家鄉的波希藝術中心（Jheronimus Bosch Art Center）之後，《人間樂園》原作的鮮豔色彩與歡樂氣氛仍然令我深感驚喜。摻雜了綠色與藍色的背景、紅色的水果、豔麗的鳥兒，以及眾多的淡粉紅色裸體人物（還有少數的黑色人物），共同造就了欣喜歡樂的氣氛。而且我這次的感受更加強烈，原因是我剛從隔壁展間走了過來，那個展間裡就懸掛著《死神的勝利》，整幅畫作滿是陰鬱的褐色，沉重得令人覺得彷彿也要跟著死了一樣。當然，這正是那位畫家的用意，因為老布勒哲爾完全有能力畫出鮮豔的色彩。

五十六號展間是個天花板挑高而且照明充足的房間，展示其中的《人間樂園》前方圍著繩索防止觀眾靠得太近。我在一群遊客後方探頭觀看，檢視著這件結合了上百幅畫的經典作品當中的細節。在美術館的禮品部，可以買到這件畫作的T恤、月曆、日誌本以及滑鼠墊。著名神經科學家安東尼奧．達馬吉歐（Antonio Damasio）當初為了他的著作《尋找史賓諾莎》（*Looking for Spinoza*）而踏上一場方向與我相反的朝聖之旅，內心的感受想必和我現在一樣。他是到尼德蘭的海牙（Hague）與萊茵斯堡（Rijnsburg）去看那位啟蒙時代哲學家的住處。

達馬吉歐想要對史賓諾莎獲得更多了解。史賓諾莎是葡萄牙裔荷蘭人，他的猶太人父母不願被迫改變信仰，於是逃離了他們祖國的宗教法庭。達馬吉歐本身也是葡萄牙裔，因此對史賓諾莎懷有自然而然的認同感，而把他與另一位哲學家康德做了對比，指稱康德希望以理性思考對抗激情所致的危險，史賓諾莎則認為激情是他的思想背後的推動力。達馬吉歐把史賓諾莎描繪成最生物學導向的哲學家，同時感嘆他只因為對亞伯拉罕的神有所懷疑，就導致了他的觀點遭到貶抑。一如達馬吉歐，我來到普拉多美術館欣賞波希這些流落海外的作品，心中覺得這位畫家對道德的起源以及宗教在其中扮演的角色仍有許多洞見要告訴我們，儘管波希同樣極少受到他應得的肯定。他深深影響了超現實主義，但這項藝術運動卻是在他去世四百年後才被頌揚為新奇、令人振奮，而且是意識擴展的徵象。波希把夢境化為真實，並且在畫中呈現人類恆久的缺點與怪癖，就像他同時代作家，鹿特丹的伊拉斯摩斯以文字描寫的內容一樣。伊拉斯摩斯廣受喜愛的諷刺作《愚人頌》（*Praise of Folly*）以優美的拉丁文描述了人類有多麼虛榮而且天生愚蠢。我不禁認同這些想要迫使「萬物之靈」面對現實的早期嘗試。

一個絕佳的例子是同樣展示在五十六號展間裡的另一幅波希三聯畫，名為《乾草車》（The Hay Wain）。這幅畫描繪了一輛載運一大疊乾草的馬車從一大群人當中穿過。仔細一看，才發現那些人是在爭奪乾草。在中古荷蘭語，「hoy」（乾草）象徵虛榮、虛空、虛無。[2]這幅畫呈現人為了微不足道的乾草爭得你死我活，不惜拔出刀子、拳腳相向，還有些人被輾壓在車輪底下。神職人員同樣捲入其中，只見一個肥胖的僧侶等著修女幫他裝滿他的乾草袋。貴族與教宗尊嚴無損地騎乘在馬背上跟著那輛乾草車，顯示富人不需要和窮人一般見識即可取得他們想要的東西。乾草車不停前進，就像吹笛手那樣引誘所有人跟著朝右幅的方向走，地獄就在那裡等著他們。對於宣揚「豐盛福音」的教會而言——也就是向信徒保證他們必可在金錢上獲得賜福——這幅畫將提供絕佳的討論話題，因為波希在其中傳達了貪婪不僅醜陋而且毫無意義。這顯然是基督教道德中歷史最悠久的一項訊息，當初耶穌就曾說過，富人要進入天堂比駱駝穿過針眼還要困難。這幅三聯畫揭露了物質財富腐化人心的影響，把追求物質財富的行為描繪如一生投注於爭搶乾草，實在是名副其實。

然而，我們對波希卻還是幾乎完全不了解。不但對他的生平知道得極少，對他的觀念與信仰更是幾無所悉。我們只能盡力解讀他的作品，卻完全無法確認這樣的推測是否符合他的意圖。如同偉大的德國藝術史學家歐文．潘諾夫斯基（Erwin Panofsky）針對波希所下的結論：「我們在這個上鎖的房間門上鑽了幾個洞，但不曉得為什麼沒有找到鑰匙。」[3]

我看著《人間樂園》的左幅，不禁再度注意到這項令人震驚的暗示：樂園裡的種種生

圖 8-1　波希描繪了自然發生的過程，在這幅《人間樂園》的局部畫面中（經過些微修改），可以看見怪異畸形的動物從混濁的池子裡冒出來。這幅場景還包括了兩個掠食的例子。畫家把這個看似演化過程的場面安排在亞當與夏娃的腳下，是不是帶有挑釁的意味？

物有可能產生自一種非上帝創造的程序。倒不是說波希是演化論者，現代的演化思想直到十八世紀才興起於法國與英國——雖然比達爾文早，卻遠在波希之後。他這幅三聯畫裡指涉的其實是亞里斯多德的「自然發生說」，這種觀點認為，只要把水、泥土以及糞便結合成一團腐爛的混合物，即可產生有生命的生物（但有可能是畸形生物）。《人間樂園》裡有兩池混合液，從中冒出了長有羽毛和鰭足的野獸、長有翅膀的魚、一頭會游泳的獨角獸、一隻三頭鳥、一隻有前腿的海豹，以及各式各樣的兩棲類動物。對生活在海平面之下的荷蘭人而言，水是他們先天就深感著迷的對象。波希經常以死水暗示邪惡，但這裡的水卻產生了生命。就我所知，並沒有其他畫作描繪過這種情景，身為生物學家的我也不禁受到這幅情景觸動。其中最精采的部分是一隻有著鴨嘴的生物氣定神閒地閱讀一本書，顯示知識的果實可以獲取自樂園的泥漿中。

藉由把這些新生的物種安排在亞當與夏娃旁邊，波希似乎暗示了這些許的生命型態與人類的創造之間有所關聯。波希雖然經常被描繪成一名虔誠的基督徒，卻總在他的畫作裡播撒懷疑論的種子。

卑微的起源

從泥巴裡爬出的動物令人聯想起我們自己卑微的起源。一切事物都是由簡單的狀態發展而成，這點不僅適用於我們的身體——前鰭發展成手、肺發展成鰾——也同樣適用於我們的心智與行為。宗教為我們灌輸了道德並非源自這種卑微起源的信念，哲學也是如此予以擁抱。不過，這種觀點卻完全不符合現代科學對於直覺與情感的優先性所得到的發現。此外，這種觀點也不符合我們對其他動物獲得的理解。有些人說動物就是動物，而我們人類則是會追求理想。不過，要證明這個說法有誤相當輕而易舉。不是因為我們沒有理想，而是其他動物同樣也有理想。

蜘蛛為什麼會修補自己的網？原因是牠們心中有個理想的網，織出的網一旦偏離了那個理想，牠們就會努力將其修補回原本的形狀。「灰熊媽媽」[4]怎麼保護她的幼仔安全？只要有人曾經走在一頭母熊與她的熊寶寶之間，就會發現母熊心中有個理想的配置狀態，而她可不喜歡這樣的狀態受到干擾。動物世界充滿了修補與矯正的行為，包括修復損壞的河狸壩與蟻丘，乃至捍衛地盤以及階級的維繫。低階的猴子如果不遵從階級制度，就會擾亂既有秩序，從而導致一片混亂。矯正在定義上就是規範性的行為，反映了動物認為事物應有的狀態。與同樣具有規範性的「道德」最直接相關的一點，就是社會性哺乳類動物會追求和諧的關係，牠們竭盡全力避免衝突。把自然界視同競技場的觀點明顯可見是錯的。在一項野地實驗中，兩頭成年公狒狒拒絕伸手撿起一顆丟在牠們之間的花生，儘管牠們都看見那顆花生落在腳邊。終生研究野生阿拉伯狒狒的瑞士靈長類動物學家漢斯・庫莫（Hans Kummer），描述了兩頭後宮領導者共同身在一棵果樹上，卻發現樹上的水果不夠餵飽牠們雙方的家庭，於是雙雙**轉身跑開**，藉此預防牠們無可避免的衝突。牠們各自的母狒狒與子女也都跟在牠們身後，完全不摘取那棵樹上的水果。由於狒狒擁有巨大尖銳的犬齒，因此極少有什麼資源值得牠們為之打架。[5]公黑猩猩也面對了同樣的兩難。我從我辦公室的窗戶經常可以看見幾頭公黑猩猩圍繞著一頭生殖器腫脹的母黑猩猩，與其互相競爭，這些公黑猩猩們卻總是盡力維持和平。牠們一再瞥看那頭母黑猩猩，但整天的時間都投注於為彼此理毛。直到大家都達到充分放鬆的狀態，其中一頭公黑猩猩才會試圖與母黑猩猩交配。

如果爆發了爭執，靈長類動物的反應就像是蜘蛛對蛛網損毀的反應一樣：牠們會進入修補模式。促成和解的驅動力是社會關係的重要性。針對許多不同物種進行的研究顯示，兩名個體愈是親近、一起做的事情愈多，牠們在衝突之後言歸於好的可能性就愈高。[6]這些行為反映了牠們能夠體認到友誼和家庭連結所在的價值，這點經常得需要牠們克服恐懼或者壓抑攻擊性。如果不是因為重修舊好的必要性，那麼猿類就沒有理由要親吻以及擁抱先前的對手。在這種情況下，聰明的選擇應該是要遠離對方。

談到這裡，就又回到了我的由下而上道德觀。道德律不是由上而下強加於動物身上，也不是衍生自經過縝密思考的原則；而是自遠古以來就已經根深柢固的價值觀裡產生出來。其中最根本的一項即是衍生自群體生活的生存價值觀。對於歸屬、和睦相處以及愛與被愛的渴望，促使我們竭盡全力與我們依賴的對象保持良好關係。其他社會性靈長類動物也懷有這項價值觀，在情緒和行動之間也同樣仰賴此一篩選機制，以便達成彼此都能接受的生活方式。公黑猩猩壓抑牠們為同一頭母黑猩猩大打出手的衝動，或是公狒狒裝出沒有注意到一顆花生的模樣，都是這種篩選機制發揮作用的結果，重點就在於抑制。

在我們那個黑猩猩群裡，年紀最小的母黑猩猩名叫塔拉，她有個淘氣的習慣總是惹得年紀較大的母黑猩猩忍不住抓狂。她有時會在戶外園區找到死老鼠，或是從廢棄的洞裡挖出一隻。然後她會從尾巴拎起那隻死老鼠，小心翼翼地遠離自己的身體，接著找個還在睡覺的同伴，偷偷放在對方的背上或頭上。她的惡作劇對象只要一感覺到（或是聞到）那隻死老鼠，就會立刻跳起來，一面高聲尖叫，一面瘋狂甩動身體以便擺脫那噁心的東西。受害者甚至會抓起一把草擦拭身上碰觸到死老鼠的地方，以便將臭味完全擦掉。這時塔拉就會立刻撿起她的老鼠，再去找下一個目標。最引人注意的是，她完全不會受到懲罰。她的受害者都惱怒不已，塔拉也只是猩群裡的底層成員，她卻不會因為自己的惡作劇而遭受任何後果。她善用了成年黑猩猩對年幼者懷有的高度耐心。

情緒控制在生死攸關的情境中相當有效，例如雪梨塔龍加動物園（Taronga Zoo）主任管理員艾倫．施密特（Allan Schmidt）對我講述過的一個例子。他們的黑猩猩展示區在世界上是數一數二的好，可是有一天，兩歲大的森貝不慎被一個繩圈纏住。她自然嚇壞了，結果她的尖叫聲立刻引起母親施巴趕來幫忙。施巴把繩圈從森貝身上解開，然後將她帶回地面上，抱著她好好安撫了一番。等到森貝恢復冷靜之後，施巴就爬回樹上咬斷那個繩圈避免再

圖 8-2　三頭成年公黑猩猩在一頭具有性吸引力的母黑猩猩（前景）身旁進行理毛「協商」。低階公黑猩猩為高階公黑猩猩理過毛之後，就比較有機會能在不受反對的情況下從事交配活動。

次發生危險。想想看，要把一個年幼的寶寶從具有致命危險性的繩索上救下來需要做到哪些事情，情急之下的第一步無疑是拉扯繩索或者那個寶寶，但這麼做肯定會把情況弄得更糟。森貝的母親沒有這麼做，而是藉由解開繩圈為她提供了適當的協助，因此展現了她對其危險性的理解。這項理解也可以解釋她後續採取的安全措施。

我們是哺乳類動物，這種動物的特色就是對彼此的情緒相當敏感。雖然我通常偏好舉靈長類動物的例子，不過我描述的內容有許多也同樣適用在其他哺乳類動物身上。以美國動物學家馬克・貝科夫（Marc Bekoff）的研究為例，他分析了狗、狼與郊狼玩耍的影片，得出的結論認為犬科動物的玩耍活動會遵循規則、建立信任、需要考慮別人，還能教導年幼的個體應該表現出什麼樣的行為舉止。高度定型化的「玩耍鞠躬」動作（前腿蹲低，臀部抬高）有助於將玩耍行為與性或衝突區隔開來，否則恐怕會導致混淆。不過，只要有一個玩伴表現出不當的行為或者無意間傷害了對方，玩耍就會立刻停止。犯錯者藉由再次做出玩耍鞠躬的動作「道歉」，對方就有可能「原諒」那項過錯而繼續玩耍。角色互換會使玩耍顯得更令人興奮，例如群體中的優勢成員向著一條幼犬仰躺在地，表現出暴露腹部的屈從姿態。牠藉此讓那條幼犬「贏」，這可是牠在真實生活中絕不可能允許的事情。貝科夫也看出了這種行為與道德的關聯：

> 在社會遊戲中，個體雖然是在相對安全的環境中玩樂，卻也學到了別人可以接受的基本規則——例如可以咬得多用力、互動可以達到多麼粗暴的程度——以及如何化解衝突。牠們特別重視在玩耍中遵循公平原則以及信任別人也會做到這一點。社會行為規範決定了哪些行為受到准許、哪些又不准許，這些規範的存在也許和道德的演化有關。[7]

就貝科夫看來，公平玩耍指的是一條狗要成為良好玩伴所必須表現出來的行為。大狗追逐小狗的時候必須放水，而且每一條狗都必須控制自己咬對方的力道。這些規則構成了我所謂的一對一道德。不過，公平還會表現在另一個領域，也就是資源的分配。雖然已經有許多人針對分配正義提出過各式各樣的崇高原則，其背後的情緒卻比一般認定的還要基本。畢竟，即便是幼童也會因為分到的披薩比兄弟姊妹小而發脾氣，高聲大叫：「不公平！」他們展現了第一級的公平性，也就是對自己得到的比別人少而感到不滿。如果沒有這種情緒，誰會在乎東西怎麼分配？

狩獵採集者的平等主義顯示我們對資源分配的關注具有長久的演化歷史。獵人甚至不准切割自己的獵物，以免他們偏袒自己的家人與朋友。人類學家在全球各地從事最後通牒賽局的實驗，結果發現全世界的人類都重視平等。最後通牒賽局是由兩名玩家對分一筆金額。不過，唯有雙方都接受分配結果，他們才能拿到那筆錢。不論在世界上什麼地方，我們這個物種都偏好平分的結果，也許是因為負責分配的那一方知道自己只要分配不均一定過不了關。對遭逢不公平分配提議的受試者進行的腦部掃描揭露了負面情緒，例如鄙夷與憤怒。[8]

人類從事最後通牒賽局的方式相當複雜，因為我們不只展現第一級公平性，也就是對自己得到比較少表達抗議，而且我們也會預期別人出現這種反應，試圖預防這種情形發生。我們做到這一點的方式是主動提倡平等，從而達到第二級公平性，也就是偏好一般性的公平結果。湯瑪斯・霍布斯（Thomas Hobbes）早就暗示了衝突避免所扮演的關鍵角色：「每個人應該都自然而然會尋求對自己有利的事物，並且純粹為了和平而意外尋求了公正的結果。」[9]我同意這位政治哲學家的說法，只是我絕對不會使用「意外」一詞。如此明確且具普世性的人類傾向必定有其存在的原因。

這種傾向的歷史有多麼古老，在莎拉・布羅絲南（Sarah Brosnan）與我發現捲尾猴也有此一傾向之後即顯得清楚可見。這項實驗在後來廣受喜愛，做法是讓兩隻猴子執行同一件任務，其中一隻因此得到小黃瓜片，另一隻則是得到葡萄。受試的猴子不論獲得什麼獎賞，只要雙方得到的獎賞相同，執行起任務來就毫無問題。不過，雙方的獎賞如果不相等，牠們就會以極為猛烈的姿態表達抗拒，因此能讓人明白看出牠們的感受。我經常把牠們的反應播放給觀眾看，觀眾總是笑得差點跌下椅子——我認為他們可能發現了那種行為與自己有多麼相似，因而感到訝異。[10]在看見那幕情景之前，他們並未意識到自己的情緒和猴子有多麼近似。收到小黃瓜的猴子先是滿足地咀嚼著自己的獎賞，但一發現同伴得到的是葡萄之後，就隨即大發脾氣。在那之後，她就會把自己那寒酸的小黃瓜片往外一丟，並且激烈地搖動實驗隔間，幾乎要把那隔間給拆了。這種行為的潛在動機與人類示威者上街抗議失業或工資太低的原因沒什麼不同：占領華爾街運動的癥結點就在於有些人得以在葡萄當中打滾，而我們其他人卻只能待在小黃瓜的國度裡。

只因為別人獲得更好的待遇就拒絕享用本身毫無問題的食物，和人類在最後通牒賽局中的表現極為相似。經濟學家把這種反應稱為「不理性」，原因是有總比沒有好。牠們說猴子不該拒絕自己可以吃的食物，人也不該拒絕自己可以得到的金額，不論那筆金額有多小。錢畢竟就是錢。不過，如果說這種反應不理性，那麼這就是一種超越物種的不理性。看見這種反應鮮明地展現在猴子身上，有助於我們理解到自己對公平的感受不是產生自我們引以為傲的理性，而是根植於基本情感之中。

但我應該補充指出，我們的猴子實驗並未展現第二級公平性——我們從沒見過獲得葡萄的猴子與得到小黃瓜的猴子分享自己的獎賞。不過，這不表示進階公平性是人類獨有的特質。我們也該看看與我們親屬關係最接近的猿類。首先，猿類經常會化解和自己無關的食物紛爭。我看過一頭少年母猿干預兩頭幼猿為了一根樹葉茂密的樹枝而爆發的爭執。她搶過那根樹枝，折成兩段，然後分給雙方各一半。她是純粹只想要阻止牠們的爭吵，還是對分配的概念有所理解？高階公猿也經常會為了化解爭執而絲毫不拿取引起爭執的那些食物。此外，還有一頭名叫潘巴妮莎的巴諾布猿被人觀察到對於自己擁有特權的現象感到擔憂。潘巴妮莎在一間認知實驗室接受實驗，獲得了大量的牛奶和葡萄乾，但是她可以感覺到朋友與親屬在遠處以羨嫉的目光盯著她看。過了一會兒，她就拒絕了所有的獎賞。她看著實驗者，一再以手勢指向她的同伴，直到牠們也分得部分的食物為止。在那之後，她才安心吃了屬於她的部分。猿類有能力預想未來，潘巴妮莎要是公然吃光那些獎賞，那麼等她返回群體之後，可能就會遭遇不良的後果。[11]

不過，第二級公平性最令人信服的證據，卻是來自布羅絲南對黑猩猩的研究。在我們一一完成了所有額外測試，以回應批評者認為要證明猴子確實重視平等與否的問題之後，布羅絲南接著安排了一項大規模的黑猩猩實驗計畫。我們發現，個體只有在自己付出了努力的情況下，才會對公平性懷有敏感度。[12]單純在餵食猿類的時候給予不公平的對待，並不會引發任何負面反應，只有把食物當成工作的獎賞才會。於是，黑猩猩在實驗中能夠因為從事一項簡單的任務而獲得葡萄或胡蘿蔔片（牠們一樣比較喜歡葡萄）。一如預期，獲得胡蘿蔔片的黑猩猩只要看見同伴獲得葡萄，就會拒絕從事那項任務，或是把胡蘿蔔片丟到一旁。截至這個階段為止，得到的結果都與猴子的實驗一致。不過，沒有人預期到獲得葡萄的黑猩猩也會感到懊惱。如同布羅絲南在她報告當中指出的：「我們無意間發現，黑猩猩如果看見同伴得到價值較低的胡蘿蔔，而不是和自己一樣得到價值較高的葡萄，就有比較高的機率會拒絕葡萄的獎賞。」[13]

因此，公平與正義的最佳看待方法就是將其視為一種古老的能力。這種能力衍生自一種需求，也就是在資源競爭時保有和諧的必要性。猿類和我們同樣具備這兩個階段的公平性，猴子和狗則僅具備第一階段。維也納大學的弗里德里克．蘭吉（Friederike Range）發現，狗如果看見同伴舉起前腳與人「握手」能夠得到獎賞，而自己卻沒有，就會拒絕這麼做。[14]我們在狗身上看見這種反應不該感到意外，這種反應就是合作性動物長久演化出來的結果。在乎別人得到什麼東西也許顯得頗為小心眼，但長期而言這種特質卻可以讓人避免受騙，把這種反應稱為「不理性」實在是搞錯了重點。你和我如果經常一起狩獵，而你總是把最好的肉拿走，那麼我顯然必須換個狩獵夥伴。這三個厭惡不平等的物種——黑猩猩、捲尾猴和犬科動物——都喜歡吃肉且從事群體狩獵，也許這並不是意外。對獎賞的分配懷有敏感度，有助於確保收穫與努力的一致性，這點對長久的合作關係來說相當重要。

由此即可談到下一個層次的道德，也就是我們遠遠勝過其他靈長類動物的層次。我們深深關注群體層次，並且為周遭所有人發展出了對與錯的概念，不只是關於我們自己以及我們的近親。倒不是說這個層次在猿類完全不存在——我先前討論過牠們的「社群關懷」——但這個層次需要更高的抽象能力以及預料能力，也就是在別人的行為對我們根本沒有直接影響的情況下，必須能夠預見到如果讓他逍遙法外可能會造成什麼樣的後果。我們有能力想像這種情形對公共利益的影響。同樣地，這個層次背後的潛在價值觀並沒有那麼複雜，因為社群的正常運作無疑得合乎所有成員的利益。不過，我們很難在其他動物身上看到類似的行為。我們建立誠實與可靠的名譽，對於騙子與不合作的人也深感不以為然，甚至會因此排擠他們。我們的目標是要促使所有人守規矩，把集體利益放在個人利益前面。道德的用途在於把群體生活的效益散播給所有人，並且遏制勢力強大的菁英對別人的剝削。在這一點上，我採取生物學裡把道德視為內團體現象的傳統觀點，這種觀點可以追溯到達爾文。如同博姆概述的：

我們的道德規範只會完全適用於團體，不論是語言團體、同住在一棟建築物裡或者擁有相同種族認同的一群不識字人口，還是一個民族。面對文化異族，我們似乎會把一種特殊的貶抑性道德「折扣」套用在他們身上，甚至經常不認為他們是完整的人……[15]

不過，就算可以確定道德是為了團體內部的需求演化而成，我們並沒有將整體人類納入考量，此現象也不需要是必然的結果。現在，我們迫切想要超越道德本位主義，而將我們對於有尊嚴的人類生活所學到的知識應用在整個世界上，包括陌生人，甚至是敵人。敵人也有權利是一種新穎的概念：關於戰俘待遇的日內瓦公約源自極為晚近的一九二九年。我們愈是擴展道德的範圍，就愈需要仰賴我們的智力，因為我雖然相信道德深深植根於情感當中，生物結構卻沒有幫助我們為現代世界這種極具規模的權利與義務做好準備。我們是演化為群體動物，而不是全球公民。儘管如此，我們還是致力於思索這些議題，例如全球人權。而且完全沒有理由把本書倡導的自然化道德視為一座我們無法逃脫的監獄。自然化道德的觀點陳述了我們如何達到當前的狀態，但人類早就擁有在古老的基礎上建構新建築的長久歷史。

巴諾布猿與無神論者

巴諾布猿會對一名無神論者說什麼？我見過全世界最精通語言的巴諾布猿坎吉，他原本和他的妹妹潘巴妮莎一起生活在亞特蘭大。坎吉對英語口語的理解力雖然令人震驚，聰明的程度也不亞於我見過的任何一頭巴諾布猿，但他的語言表達能力（透過電腦面板上的符號）自然達不到學術辯論的程度。不過，且讓我們想像看看。

巴諾布猿首先會敦促那名無神論者不要再「拚命睡覺」。對一個東西的不存在激動不已是毫無意義的事情，尤其是對像上帝這種全然取決於個人解讀的東西。的確，身為自我宣告的無神論者如果必須背負汙名（可惜在這個國家就是如此），那麼挫折感絕對可以理解。仇恨會產生仇恨，所以有些無神論者才會激烈地譴責宗教，並且聲稱宗教一旦消失將會是一大解脫。且不提宗教其實根深柢固得絕對不可能遭到屏除，歷史上想要憑藉武力做到這一點的嘗試都不免招致悲劇收場。說不定這一點可以藉由緩慢而輕柔的手段做到，但如此一來，我們就必須至少在一定程度上欣賞並且重視我們的宗教傳承，即便我們認為這已經過時。也許宗教就像是一艘載運我們橫越海洋的船隻，讓我們得以發展出道德運作良好的巨大社會。現在我們既然望見了陸地，有些人就已準備下船。不過，誰說陸地真有表面上看來的那麼穩固？

我完全支持縮減宗教的角色，把強調重點從全能的上帝轉到人類潛力上。當然，這不是什麼新觀點，而是人文主義的主張。現在，人文主義經常被視為反宗教，但人文主義在剛開始的時候絕非如此。[16]早期的人文主義確實批評教會神學，認為教會神學與實際生活脫節，但整體上該主義仍與基督教的價值觀相容。不過，我在此處必須小心，因為把任何價值觀稱為「宗教」價值觀都是有問題的說法。普世人類價值似乎是受到了各種不同宗教的挪用，每個宗教以各自的敘事立場支持特定價值觀，並將其據為己有。直到十八世紀，人文主義才發展成為一項不同於宗教的選擇，藉由提供一種以理性而非超自然為基礎的道德生活觀點獲得大眾喜愛。不過，人文主義畢竟仍是非宗教，而不是反宗教。儘管宗教不一定對人文主義表現寬容，但人文主義對宗教寬容的態度卻使其能聚焦在最重要的事情上，也就是以自然人類能力為基礎建立一個更美好的社會。由此而來的結果，就是西方追求世俗化社會這項仍持續進行的實驗。如同板塊的漂移，這種變動也是極為緩慢漸進的。人類非但不能也不會在一瞬間突然改變，宗教也不是源於某種外星文明的空降產物。宗教是我們自己創造出來的，是我們的一部分，與我們各自的文化緊密交纏。我們應當與宗教和睦相處、並且從中學習，即使我們的目標終究是要踏上全新的方向。

巴諾布猿一定會敦促無神論者採取類似的長期觀點。好消息是，道德社會中的主要元素不需要宗教參與，因為那些元素來自我們的內在。人文主義雖然強調理性，卻認為我們這個物種不僅是充滿智力的動物，也是激情洋溢的動物，這正是巴諾布猿完全能夠理解的一點。我們擁有社會性動物的情感——不是隨便一種動物，而是哺乳類動物。先前從生物學角度試圖解釋人類行為的做法，常因為過度強調基因以及太執著於和社會性昆蟲比較而了無進展。可別誤會了，螞蟻和蜜蜂確實都非常善於合作，對於牠們的研究也大幅增進了我們對利他行為的理解。演化論的邏輯適用在如此多樣的物種和類群身上，正顯示這項理論的成功。然而，昆蟲沒有哺乳動物那般為了同理心與關懷而演化出來的神經迴路，就算昆蟲的行為在表面上看起來類似我們的行為，實際上卻不是仰賴相同的過程。這就像是拿電腦與人類棋王的下棋行為互相比擬一樣：雖然走出同樣的棋步，得出那個結果的方式卻完全不同。

巴諾布猿欣然指出牠自己也不是昆蟲。把我們自己拿來和靈長類近親比較，可以避免那種簡化性的說法，也就是聲稱我們是自身本能的奴隸。採取這種思考方式的人，只要看見人類沒有遵循演化路徑，就會立刻揮舞著「錯誤」一詞。他們覺得責怪我們比更正自己的理論來得容易。問題是基因與行為之間有著許多層次，包括蛋白質的編碼（這就是基因的作用）乃至神經程序以及心理運作。我們受到與生俱來的價值觀與情感所驅使，但這些要素只是引導行為，而不是明確的處方箋。價值觀與情感會把我們推往特定的方向，但仍為我們保留了許多空間。因此，我們有能力關懷無力回報的對象、收養沒有親屬關係的幼童、與陌生人合作，以及對不同物種的成員發揮同理心。而且我們也不是唯一懂得這麼做的動物；最新的例子是一頭母灰鯨為了保衛自己的幼仔抵擋虎鯨的攻擊時，獲得了一群座頭鯨的幫忙。[17] 哺乳類動物會受到別人的痛苦影響，從而造成利他行為遠遠超越基因中心理論所預期的程度。

這也是為什麼巴諾布猿不會同意把演化與道德視為互相對立的論點，例如知名美國神經外科醫師班傑明．卡森（Benjamin Carson）所說：「歸根結柢，你如果接受演化論，就是揚棄道德，因為你不必遵循道德規範，而是依據自己的慾望決定自己的良知。」[18] 這種說法的問題在於，如果世界各地的人都發展出了是非對錯的觀感，那麼我們最深刻的一項「慾望」必定是要生活在一個道德的世界中。卡森認定道德違反我們的本性，而且我們的慾望全都是不好的，但本書的重點就在於主張事實恰恰相反。如果我可以感謝上帝的話，那麼我絕對要感謝祂讓我們和其他靈長類動物共同擁有群體動物的背景，使得我們重視社會連結。如果沒有這項背景，那麼宗教就算耗盡力氣為我們灌輸美德與惡行的觀念，我們也絕對無法理解其中的重點何在。我們之所以能接納這些觀念，純粹是因為我們經由演化而領會人際關係的價值、合作的效益，以及信任與誠實的必要性等等。就連我們對公平性的感知也是衍生自此一背景。

就以下所述，巴諾布猿將會與無神論者抱持相同的觀點。認為宗教不論在道德當中扮演了什麼角色，都是來得相當遲的人物。道德律先出現，然後現代宗教才依附了上去。不是大型宗教為我們帶來道德律，而是我們為了鞏固道德律才發明了大型宗教。我們現在才剛開始探究宗教如何藉著把人結合在一起並且強制推行良好行為來達成鞏固道德律的目的。我絕對無意淡化宗教的這項角色，其在過去具有關鍵的重要性，在可見的未來也會持續如此，但此一角色絕非道德的泉源。

最後，巴諾布猿會嘲笑試圖區別「實然」與「應然」這種智識的折磨。所有關於道德演化的辯論，都不免被這項區辨搞得複雜難解。哲學界廣泛接受的觀念認為，我們無法從人類或動物的存在本身推導出所謂的道德理想。他們說，「實然」屬於描述性，「應然」則屬於規範性。這是一種無法輕易解決的嚴肅考量，但先把我們的前提搞清楚，將會是個不錯的開始。如果認為動物只是「放蕩」的個體，對於自然界賦予牠們的衝動缺乏控制，那可就錯了。動物和我們一樣，也偏好特定的結果，對偏離那種結果的狀況也會產生恐懼或暴力的反應。誰說巴諾布猿可以為所欲為？即便在性方面，巴諾布猿面對的限制雖然比我們少，卻也還是需要滿足若干條件，包括找到願意合作的伴侶以及優勢公猿的不在場環境。巴諾布猿得面臨其他成員對於牠諸多行為懷有的預期，只要牠一旦嚇到寶寶，或者想要竊取母猿的食物，群體的其他成員就會立刻提醒牠那些行為規範。就算巴諾布猿欠缺超出其本身處境的是非概念，牠的價值觀和人類道德背後的價值觀也不是全然不同。巴諾布猿一樣會努力去融入群體、遵守社會規則、對別人發揮同理心、修復破損的關係，也會抗議不公平的安排。我們也許不願意稱之為道德，但巴諾布猿的行為也絕非不受規範。

巴諾布猿對無神論者的忠告就在提出這項評論之後畫下句點。在牠的眼中，無神論者只是表達抗議，而沒有倡導任何事物。我們面對的重大挑戰是往前邁進、超越宗教，尤其是超越由上而下的道德。我們最廣為人知的「道德律」為我們認為合乎道德的事物提供了不錯的事後概述，但範圍有限，而且充滿漏洞。道德的起源其實很卑微，而且可見於其他動物的行為。所謂道德只是一層薄薄的飾面，掩飾了卑劣人性的這種悲觀觀點，完全不合乎科學在過去幾十年來發現的一切。相反地，我們的演化背景為道德提供了一大助力。如果沒有這樣的背景，我們絕對沒有辦法在符合道德期待的曲折路上，走得那樣領先和順遂。

致謝

從靈長類動物行為推導至宗教與人文主義也許看似有些牽強，但實際上有其道理。我對這些議題的興趣始於我對靈長類動物的合作與衝突化解所進行的研究，因為那些研究促使我思考同理心乃至人類道德的演化。我針對這個主題所寫的第一本書是《生性本善》（1996），其中幾乎沒有提到宗教，但有許多人認為道德與宗教密不可分，另外也有許多人質疑這兩者之間的連結。我覺得時機已然成熟，應該把對於人生的宗教與非宗教觀點納入本書當中。要回答我們這個物種為何如此樂於將行為區分出對錯的問題，那些觀點絕對不可或缺。

此外，本書也納入了波希的作品。對我而言，他向來存在於我人生的背景當中。我把阿納姆動物園的一頭黑猩猩取名為耶羅恩（Yeroen），就是因為波希的名字在荷蘭文裡是「Jeroen」。在一九七〇年代期間與我一起從事研究工作的學生因為知道我對這位畫家的喜愛，而在我的博士論文考試之後給了我一項驚喜，送了我一本關於波希的書，書裡收錄了豐富的插圖。本身是畫家的德國記者厄特爾（Marianne Oertl），藉著突顯波希與我的人性觀之間的關聯而更為加深了我的興趣。她認為波希是一位早期的人文主義者，而這也正是我在本書當中對他的描繪方式。

二〇〇九年，美國人類學家赫迪和我獲得烏特勒支的人文大學（University for Humanistics）授予名譽博士學位，從而進一步激勵我在與哲學家庫奈曼（Harry Kunneman）以及其他人的討論當中探究人文主義的觀點。不過，就我看待道德的方式而言，其主要來源當然向來都是我對動物行為裡的利社會面向所進行的研究。本書取材自長達數十年的研究，其中涉及太多的同事、學生與經費來源，無法一一盡列於此。且讓我感謝我最近的合作對象與團隊成員，他們為本書中提及的研究結果以及令我的敘述內容增色不少的真實故事都做出了許多貢獻：Kristin Bonnie、Sarah Brosnan、Sarah Calcutt、Matthew Campbell、Devyn Carter、Zanna Clay、Marietta Dindo、Tim Eppley、Pier Francesco Ferrari、Katie Hall、Victoria Horner、Kristi Leimgruber、Tara McKenney、Teresa Romero、Malini Suchak、Joshua Plotnik、Jennifer Pokorny、Amy Pollick、Darby Proctor、Diana Reiss、Taylor Rubin、Andy Whiten以及 Yuko Hattori。我很感激埃默里大學約克斯國立靈長類動物研究中心給予我們機會從事我們的研究，也很感激那些參與其中並且成為我人生中一部分的許多猴子與猿類。

多年來，我和許多哲學家互動過，而他們都幫助我更加理解他們那門學問看待道德的方式。哲學家思考道德已有幾千年的歷史，生物學家則是才剛起步而已。我要感謝他們所有人以及其他專家與朋友針對本書手稿的不同部分所提出的建議與評論：Isabel Behncke、Nathan Bupp、Patricia Churchland、Bettina Cothran、Peter Derkx、Ursula Goodenough、Orin Harman、Sarah Hrdy、Philip Kitcher、Harry Kunneman、Robert McCauley、Ara Norenzayan、Jared Rothstein 以及 Christopher Ryan。在丹波希，波希藝術中心的 Thomas Vriens 幫忙查證了幾個關於那位畫家的段落，但對於畫作的解讀完全是我自己的觀點。

感謝我的經紀人 Michelle Tessler 對我持續不斷的支持，以及我在諾頓出版社（Norton）的編輯 Angela von der Lippe 對於本書手稿的批判性閱讀。不過，一如以往，我的總司令仍是我的太太凱瑟琳，她總是熱切閱讀我每天的產出，並且以她的坦誠意見幫忙改進我的文稿。不僅如此，她還會細心呵護我，使我心情愉快。

註釋

第一章　人間樂園

1 Friedrich Nietzsche（1889），p. 5。

2 這座城市又稱為「s'Hertogenbosch」，是十二世紀荷蘭南部的一座省城，在波希在世期間（約為一四五〇至一五一六年）是荷蘭第二大城，僅次於烏特勒支。

3 二〇〇七年，夏普頓與希鈞斯在紐約公共圖書館針對宗教進行辯論。見 www.fora.tv。

4 這篇部落格文章在二〇一〇年十月十七日發表於〈The Stone〉，可見於 http://opinionator.blogs.nytimes.com/2010/10/17/morals-without-god/。

5 Marc Kaufman，"Dalai Lama gives talk on science"，*Washington Post*，13 November 2005。

6 在Melvin Konner（2002），p. 199，他主張把注意力聚焦於黑猩猩而不是巴諾布猿：「無論如何，黑猩猩的表現遠勝於巴諾布猿，因為巴諾布猿已經近乎絕種。」

7 「人族」是我們為人及其兩足行走祖先賦予的新標籤；以前稱為「人科」。

8 Jürgen Habermas（2001）領取德國書商和平獎（Peace Prize of the German Book Trade）的得獎感言。德文原文當中使用了「Schuld」一詞，同時帶有該受譴責以及有罪的意思：「Als sich Sünde in Schuld verwandelte, ging etwas verloren.」翻譯於 www.csudh.edu/dearhabermas/habermas11.htm。

9 John Gray（2011），p. 235。

10 Allain de Botton（2012），p. 11。

11 Karl Pearson（1914），p. 91。

12 Sam Harris（2010）為他的著作取了這個副標題：*How Science Can Determine Human Values*。

13 PLoS Medicine Editors（2011）。

第二章　解釋善性

1 Charles Darwin（1871），p. 72。

2 Catherine Crockford et al.（2012）。

3 J. B. S. Haldane，引用於 Oren Harman（2009），p. 158。

4 John Maynard Smith，引用於 Harman（2009），p 167。

5 關於費雪與馮紐曼，見 Harman（2009），p. 110。

6 摘自 Frans de Waal（1996），p. 25。

7 普萊斯在一九七一年寫給現代創造論之父亨利・莫里斯（Henry Morris）的信件，引用於 Harman（2009），p. 248。

8 崔弗斯接受 Carole Jahme 的訪談，刊登於 *Guardian*，7 October 2011。

9 Ernst Mayr（1997），p. 250，寫道：「相信目的因的赫胥黎反對自然汰擇，因此完全不代表真正的達爾文思想。……說來可嘆，赫胥黎的觀念雖然如此混淆不清，他〔探討道德〕的論文卻直到今天仍經常被指為彷彿深具權威性。」

10 關於胡克的那句話以及韋伯福斯與赫胥黎那場辯論的其他細節，見 Ronald Numbers（2009），p. 155。

11 赫胥黎寫給達爾文的信件，23 November 1859，收錄於 Leonard Huxley（1901），p. 189。

12 赫胥黎寫給 Frederick Dyster 的信件，10 October 1854，收錄於 Leonard Huxley（1901），p. 122。

13 摘自 Leonard Huxley（1916），p. 322。

14 摘自 T. H. Huxley（1894），p. 81。

15 Adrian Desmond（1994），p. 599。

16 Michael Ghiselin（1974），p. 247。

17 Robert Wright（1994），p. 344。

18 為了替自己的評估辯護，George Williams（1988），p. 180，寫道：「我承認道德淡漠也許恰當描述了物理宇宙。至於生物界，則是需要更強烈的用語。」

19 Frans Roes（1997），p. 3，主持的一場訪談引用了道金斯的話語：「連同其他許多人，包括赫胥黎在內，我說的是在我們的政治與社會生活裡，我們有權拋棄達爾文主義，也就是說我們不想活在一個達爾文主義的世界裡。」

20 Francis Collins（2006），p. 218。

21 道金斯在「Real Time with Bill Maher」節目上的發言，11 April 2008。

22 摘自達爾文寫給赫胥黎的一封信，27 March 1882，收錄於 Desmond（1994），p. 519。

23 Charles Darwin（1871），p. 98。

24 Robert Boyd 與 Peter Richerson（2005）稱之為「大錯誤假說」。

25 Jessica Flack et al.（2005）。De Waal（1992）提供了中立仲裁的資料。

26 Roger Fouts 與 Stephen Mills（1997）。

27 Jill Pruetz（2011）。

28 Christophe Boesch et al.（2010）。

29 Friedrich Nietzsche（1887），p. 51。

30 Marcus Aurelius（2002）：「沒有人會對接受幫助感到厭倦；而與自然一致的行為，例如幫助別人，就是其本身的獎賞。既然如此，你怎麼可能厭倦幫助別人？畢竟，藉由幫助別人，你就是在幫助自己。」

31 Lara Aknin et al.（2012）。

第三章　族譜裡的巴諾布猿

1 林肯曾以富有同情心的態度針對南方叛軍說過一句話，後來經常被人改寫成如此。一名婦人對他提出埋怨，指稱他應該摧毀敵人，而不是與敵人友好，結果林肯回答道（Ury，1993，p. 146）：「夫人，我一旦把敵人變成我的朋友，不就是把敵人摧毀掉了嗎？」

2 Jean-Baptiste Lamarck（1809），p. 170。

3 居維葉（Georges Cuvier）的〈拉馬克悼詞〉（Elegy of Lamarck）於一八三二年十一月二十六日在巴黎宣讀於法國科學院。

4 The Colbert Report，30 January 2008。

5 Frans de Waal（1997a），p. 84。

6 Richard Wrangham 與 Dale Peterson（1996），p. 204。

7 Frans de Waal（1989），p. 215。

8 Frans de Waal（1997a），p. 81。

9 貝恩克可見於 www.ted.com/talks/。

10 Robert Ardrey（1961）寫道：「我們來自崛起的猿類，不是墮落的天使，而猿類乃是身懷武器的殺手。」

11 Gottfried Hohmann，引用於 Parker（2007）。

12 Susan Block，“Bonobo Bashing in the New Yorker”，*Counterpunch*，25 July 2007，可見於 http://

www.counterpunch.org/2007/07/25/bonobo-bashing-in-the-new-yorker/。

13 古市剛史，見 Parker（2007）。

14 Glenn Shepard（2011）。

15 Laurinda Dixon（1981）。

16 波希的名字「Hieronymus」是「Jerome」的拉丁文。荷蘭人通常把這位畫家的名字稱為「Jeroen」，而他自己在畫作上的簽名則是「Jheronimus Bosch」。

17 Desiderius Erasmus（1519），p. 66。

18 Takeshi Furuichi（2011），p. 136。

19 Gottfried Hohmann 與 Barbara Fruth（2011），p. 72。

20 Robert Yerkes（1925），p. 246：「我要是講述牠〔那頭巴諾布猿〕對潘吉〔一頭生病的黑猩猩〕那種充滿利他精神而且明顯帶有同情心的行為，恐怕會引人懷疑我把猿類理想化了。」

21 梭狀細胞又稱為紡錘體神經元。見 John Allman et al.（2002）。

22 James Rilling et al.（2011），p. 369。

23 Kay Prüfer et al.（2010）。如欲進一步瞭解「兩極化猿類」，見 de Waal（2005）。

24 Harold Coolidge（1933），p. 56。

第四章　上帝已死，還是只是陷入了昏迷

1 Jonathan Swift（1667-1745），引用於 Maturin Murray Ballou（1872），p. 433。

2 「新無神論者」這個標籤主要是指四名身為宗教批判者的暢銷作家以及他們的追隨者：哈里斯、丹尼特、道金斯與希鈞斯。

3 A. C. Grayling 在一場訪談中提出的說法，刊登於 *Guardian*，3 April 2011。

4 在一五二五年出生於同一個區域的老布勒哲爾深受波希影響。不過，他比較沒有那麼著重於道德說教，而是對日常生活比較感興趣。他的居住與工作地點主要在安特衛普與布魯塞爾。

5 The O'Reilly Factor，4 January 2011，可見於 www.youtube.com/watch?v=2BCipg71LbI。

6 希鈞斯（2007）在轉向無神論之前，曾經自豪自己是聖公會信徒、接受衛理公會的教育、娶了信奉希臘東正教信徒的妻子、追隨印度教上師賽・巴巴（Sai Baba），並且由猶太教拉比證婚。

7 Christopher Hitchens（2007）。

8 Sam Harris（2010），p. 74：「保守伊斯蘭教這個特別易於攻擊的目標。」

9 John Draper 的 *History of the Conflict between Religion and Science*（1874）以及 Andrew White 的 *A History of Warfare of Science with Theology in Christendom*（1896）。

10 Olaf Blanke 與 Shahar Arzy（2005），p. 17。

11 Frans de Waal et al.（1996）。

12 提及新無神論者「確信加速宗教的滅絕將可讓世界變得更美好」之後，Dan Dennett（2006）接

著指出：「我對這點仍然抱持不可知論的立場。我不知道宗教消失之後會有什麼東西取而代之——或是有什麼東西會不請自來——所以我仍然熱衷於探索改革宗教的可能性。」

13 Joseph Smith（1938）。

14 Bernard Barber（1961），p. 596。

15 Jerry A. Coyne，"Science and religion aren't friends"，*USA Today*，11 October 2010。

16 葛詹尼加的訪談刊登於 *Annals of the New York Academy of Sciences* (The Year in Cognitive Neuroscience) 1224（2011），p. 8。

17 愛因斯坦：「我對於〔波耳（Niels Bohr）及其他人提出的〕這種立論所不喜歡的地方，在於其中那種基本的實證態度，因為在我的觀點當中，這種態度根本站不住腳。……『存有』向來都是我們在心理上建構出來的產物，是我們自由設想的東西。」引用於 Michael Dickson（1999），這篇文章的主題在於探討理論與觀察的糾纏不清。

18 Matt Ridley（2001）對於倫敦動物園最早的猿類展示提出的描寫。

19 二〇一一年五月舉行於美國的蓋洛普民調發現，百分之三十的受訪者認為聖經是上帝的真實話語，百分之四十九認為聖經是一部啟發性的經典，百分之十七則認為聖經是一本收錄寓言與傳說的書籍。

20 我評論了這本探討強姦行為的著作，刊登於 *New York Times Book Review*，2 April 2000。

21 二〇〇九年皮尤研究中心（Pew Research Center）詢問美國民眾是否同意「演化論是對於地球

上人類生命的起源最好的解釋」。佛教徒（百分之八十一）與印度教徒（百分之八十）的同意比例最高，居中的是天主教徒（百分之五十八）與主流新教徒（百分之五十一），最低的是福音派新教徒（百分之二十四）與摩門教徒（百分之二十二）。

22 摘自李卡德與他的父親何維爾（Jean-François Revel）這位著名法國哲學家之間的一場討論，李卡德說科學做出了「une contribution majeure à des besoins mineurs」（Revel and Ricard，1997）。李卡德近來指稱他現在已有不同的想法，認為科學大幅改善了人類境況。

23 Leo Tolstoy（1882）尋求答案的問題包括：「我的人生有什麼意義？」「我的人生會有什麼結果？」「存在的一切事物為什麼會存在，我又為什麼會存在？」

24 愛因斯坦在一九二九年十月二十五日的一封信裡寫道（Jammer，1999，p. 51）：「身為史賓諾莎追隨者的我們，在一切存在事物的美妙秩序和遵循法則當中看見我們的上帝，也在展現於人與動物當中的靈魂裡看見我們的上帝。至於信仰人格化的上帝是否應該受到質疑，則是另一個問題。……我自己絕對不會這麼做，因為在我看來，擁有這麼一種信仰勝過於對人生完全沒有任何超越性觀點，而且我也懷疑我們是不是有可能為大多數的人類提出另一種更加崇高的手段以滿足其形上需求。」

25 庫茲在二〇一一年接受的訪談：www.superscholar.org/interviews/paul-kurtz/。

26 Charles Renouvier（1859），p. 390：「à proprement parler, il n’y a pas de certitude; il y a seulement des hommes certains.」

27 Ursula Goodenough（1999）。

28 John Steinbeck（1951），p. 178。

第五章　善心猿的寓言

1 Michel de Montaigne（1877），vol. 1，p. 94。

2 Keith Jensen et al.（2006），p. 1013：「黑猩猩做出的選擇完全奠基於自身利益，毫不關注因此對同種成員造成的影響。」

3 Ernst Fehr 與 Urs Fischbacher（2003）。

4 Joan Silk et al.（2005），p. 1359：「黑猩猩缺乏關注他者的偏好，可能表示這類偏好是人類衍生特性，和〔其他〕高等能力緊密相關。」

5 Victoria Horner et al.（2011a）。

6 John Skoyles（2011）；見 Victoria Horner et al.（2011b）的回應。

7 報復策略受到 Frans de Waal（1992）的統計證實。

8 David Freedberg 與 Vittorio Gallese（2007），p. 197。

9 Roy Mukamel et al.（2010）在神經生理學上首度示範了人類鏡像神經元的存在。

10 B. F. Skinner（1953），p. 160。

11 Temple Grandin 與 Catherine Johnson（2004），p. 11。

12 Ivan Norscia 與 Elisabetta Palagi（2011）。

13 Frans de Waal（2009），p. 61。

14 在一八五五年八月二十四日寫給 Joshua Speed 的一封信裡，林肯寫道：「〔這件事〕具有持續不斷令我深受折磨的力量。」見 http://showcase.netins.net/web/creative/lincoln/speeches/speed.htm。

15 Grit Hein et al.（2010）。

16 Dale Langford et al.（2006）。

17 Tony Buchanan et al.（2011）。

18 Inbal Ben-Ami Bartal et al.（2011），p. 1429。

19 John Darley 與 Daniel Batson（1973）。

20 Teresa Romero et al.（2010）。

21 Shinya Yamamoto et al.（2012）。

22 Jill Pruetz 與 Stacy Lindshield（2011）。

第六章　多餘的十誡

1 Immanuel Kant（1788），*Critique of Practical Reason*，見 www.gutenberg.org/cache/epub/5683/pg5683.html。

2 Edward Westermarck（1912），p. 19。

3 根據法國媒體的報導，Tristane Banon 將史特勞斯卡恩比喻為「chimpanzé en rut」。

4 Philip Kitcher（2006），p. 136，使用的「放蕩」一詞借自 Harry Frankfurt（1971），他在自由意志的脈絡中討論了這個概念。

5 Christophe Boesch（2010）。

6 Klaus Scherer（1994），p. 127。

7 關於大腦皮質的相對大小，見 Katerina Semendeferi et al.（2002）與Suzana Herculano-Houzel（2009）。

8 關於猿類的延遲享樂，見 Theodore Evans 與 Michael Beran（2007）。

9 Jesse Prinz（2006），p. 37。

10 Konrad Lorenz（1960）。

11 Chris Coe 與 Leonard Rosenblum（1984）描述了這項研究，其中低階公猴的反應「顯示牠們認知到自己違反了社會規範」。

12 摘自 Frans de Waal（1982），p. 92。

13 Jessica Flack et al.（2004）。

14 見 Kevin Langergraber et al.（2007），Joan Silk et al.（2009），以及 Carl Zimmer，“Friends with benefits”，*Time*，20 February 2012。

15 David Hume（1739）提及作者有多麼經常由描述事物現狀跳到事物應有的狀態，並且接著指出，p. 335：「這種改變無可察覺，但具有重大影響，因為這種應該或者不應該表達了某種新的關係或肯定，因此必須受到觀察與解釋，同時也應當提出理由，因為這種新關係怎麼能夠從其他完全不同的事物推導出來，看起來全然難以想像。」

16 Patricia Churchland（2011）。

17 Eric de Bruyn（2010）。

18 Wilhelm Fränger（1951）。

19 Henry Miller（1957），p. 29。

20 Philip Kitcher（2011），p. 207。

21 以色列法官在假釋委員會上做出的有利判決在午餐前接近百分之零，午餐後則是百分之六十五左右（Danziger et al.，2011）。

22 Blaise Pascal（1669）：「Le cœur a ses raisons, que la raison ne connaît point」，摘自 *Pascal's Pensées*，Gutenberg ebook，www.gutenberg.org。

23 Claudia von Rohr et al.（2012）。

24 Francys Subiaul et al.（2008）。

25 Victoria Horner et al.（2010）。

26 Edward Westermarck（1917），p. 238。

27 Edward Westermarck（1912），p. 38。

28 Christopher Boehm（2012）。

29 Richard Lee（1969）。

30 Michael Alvard（2004）與 Joseph Henrich et al.（2001）。

31 節引自 Milton Diamond（1990），p. 423。

32 關於人類的性多樣性，包括與巴諾布猿的比較，見 Sarah Hrdy（2009），Christopher Ryan 與 Cacilda Jethá（2010），Robert Walker et al.（2010），以及 Frans de Waal（2005）。

33 喬治亞州眾議員 Lynn Westmoreland 在 The Colbert Report 節目上的話語，14 June 2006。

34 Christopher Hitchens（2007），p. 99。

35 Sam Harris（2010）。

36 英國哲學家 Simon Blackburn 在二〇一〇年公開反駁哈里斯之時提出了這項「傻瓜樂園」的論點：www.youtube.com/watch?v=W8vYq6Xm2To&feature=related。

37 植物對於親屬關係的認知，Susan Dudley 與 Amanda File（2007）。

38 二〇〇四年普林斯頓大學檀納講座（Tanner Lectures）當中的辯論。見 Stephen Macedo 與 Josiah Ober（2006）。

39 Michael Specter，"The dangerous philosopher"，*The New Yorker*，6 September 1999。

40 美國哲學家Mark Johnson（1993），p. 5，寫道：「在我們的思考與行為當中，我們若是自認為擁有脫離肉身的普世理性，能夠產生絕對性的規則、決策程序以及普世適用或確切無疑的法則，可以讓人在任何情境中分辨對錯，乃是一種道德上不負責任的表現。」

41 這項辯論極為複雜，像我這種不是哲學家的人士無法詳細闡述。除了先前提過基徹與邱吉藍的著作，我也推薦 Martha Nussbaum（2001）與 Richard Joyce（2005）。

42 密爾瓦基郡立動物園的巴諾布猿故事，由猿類管理員 Barbara Bell 向 Jo Sandin（2007）與我講述。

第七章　上帝鴻溝

1 Voltaire（1768），p. 402：「Si Dieu n'existait pas, il faudrait l'inventer.」

2 馬卡利的指頭因為長期感染而不得不受到獸醫截肢。

3 Geza Teleki（1973）。

4 James Anderson et al.（2010），p. R351。

5 Nahoko Tokuyama et al.（2012）。

6 Bert Haanstra 的一九八四年紀錄片，The Family of Chimps。

7 Jeffrey Levin（1994）與 William Strawbridge et al.（1997）。

8 Jane Goodall（2005），p. 1304。

9 Victoria Horner 與 Andrew Whiten（2005）。

10 Philip Dray（2005）。

11 Richard Wrangham 與 Dale Peterson（1996）以及 Richard Byrne（1995）。
12 Mathias Osvath（2009）。
13 Mathias 與 Helena Osvath（2008）。
14 Natacha Mendes et al.（2007）。
15 Tetsuro Matsuzawa（2011），p. 304。
16 Ara Norenzayan 與 Ian Hansen（2006）。
17 Carl Linfert（1972）。
18 BBC，The Forum，10 October 2010。
19 Roberta Smith，“Just when you thought it was safe”，*New York Times*，16 October 2007。
20 Daniel Everett（2005），p. 30。Andrew Nevins et al.（2009）對於皮拉罕人沒有神話與信仰的說法表示懷疑。
21 Richard Sosis 與 Eric Bressler（2003）。
22 Emma Cohen et al.（2010）。
23 David Sloan Wilson（2002），p. 159。
24 Pascal Boyer（2010），p. 85。
25 Michael Fitzgerald，“Why science is more fragile than faith”，*Boston Globe*，8 January 2012。另見 Robert McCauley（2011）。

26 William Arsenio 與 Melanie Killen（1996）。

27 Sigmund Freud（1928），p. 89。

28 面對沒有上帝的世界可能會是什麼模樣這個問題，哈里斯回答：「那個世界會有一個理性宗教。」Gary Wolf，“The church of the non-believers”，*Wired*，November 2006。

29 Philip Kitcher（2009）。

30 Ara Norenzayan 與 Azim Shariff（2008），以及 Shariff 與 Norenzayan（2007）。

31 Deepak Malhotra（2010）與 Benjamin Edelman（2009）。

32 Laura Saslow et al.（2012）。

第八章　由下而上的道德

1 Michel de Montaigne（1877），vol. 3，p. 499。

2 十五世紀荷蘭人對於人生有這麼一句話：「Tis al hoy en stof.」（一切都是乾草與塵土。）

3 Erwin Panofsky（1966），p. 357。

4 「灰熊媽媽」一語在二〇〇八年因為出自副總統候選人 Sarah Palin 之口而廣為流行。

5 Hans Kummer（1995）。

6 Frans de Waal（2000）。

7 Marc Bekoff（2001），p. 85。

8 Joe Henrich et al.（2001）與 Alan Sanfey et al.（2003）。

9 Thomas Hobbes（1651），p. 36。

10 我在二〇一二年發表的ＴＥＤ演說結尾播放了猴子關注公平性的影片，可見於 www.ted.com/talks。

11 潘巴妮莎的事件由 Sue Savage-Rumbaugh 講述於 Frans de Waal（1997a），她認為她的巴諾布猿在大家全部獲得相同獎賞的情況下最是開心。

12 Megan van Wolkenten et al.（2007）。

13 Sarah Brosnan et al.（2010）。

14 Friederike Range et al.（2008）。

15 Christopher Boehm（2012）。

16 Peter Derkx（2011）。

17 Candace Calloway Whiting，"Humpback whales intervene in orca attack on gray whale calf"，*Digital Journal*，8 May 2012，可見於 http://digitaljournal.com/article/324348。

18 Jonathan Gallagher，"Evolution? No: A conversation with Dr. Ben Carson"，*Adventist Review*, 26 February 2004。

【Life and Science】MX0014

我們與動物的距離

在動物身上發現無私的人性

The Bonobo and the Atheist:
In Search of Humanism Among the Primates

作　　者 ❖ 法蘭斯・德瓦爾（Frans de Waal）
譯　　者 ❖ 陳信宏
封面設計 ❖ 兒日設計
內頁排版 ❖ 張靜怡
總 編 輯 ❖ 郭寶秀
責任編輯 ❖ 力宏勳
行銷業務 ❖ 許芷瑀

發 行 人 ❖ 凃玉雲
出　　版 ❖ 馬可孛羅文化
104 臺北市中山區民生東路二段 141 號 5 樓
電話：(886) 2-25007696
發　　行 ❖ 英屬蓋曼群島商家庭傳媒股份有限公司城邦分公司
臺北市中山區民生東路二段 141 號 11 樓
客服服務專線：(886) 2-25007718；25007719
24 小時傳真專線：(886) 2-25001990；25001991
服務時間：週一至週五 9:00 ～ 12:00；13:00 ～ 17:00
劃撥帳號：19863813　戶名：書虫股份有限公司
讀者服務信箱：service@readingclub.com.tw
香港發行所 ❖ 城邦（香港）出版集團有限公司
香港灣仔駱克道 193 號東超商業中心 1 樓
電話：(852) 25086231　傳真：(852) 25789337
E-mail：hkcite@biznetvigator.com
馬新發行所 ❖ 城邦（馬新）出版集團【Cite (M) Sdn. Bhd. (458372U)】
41, Jalan Radin Anum, Bandar Baru Seri Petaling,
57000 Kuala Lumpur, Malaysia
電話：(603) 90578822　傳真：(603) 90576622
E-mail：services@cite.com.my

輸出印刷 ❖ 中原造像股份有限公司
初版一刷 ❖ 2021 年 12 月
定　　價 ❖ 520 元（如有缺頁或破損請寄回更換）

城邦讀書花園
www.cite.com.tw

ISBN：978-986-0767-52-0（平裝）
ISBN：978-986-0767-53-7（EPUB）

國家圖書館出版品預行編目資料

我們與動物的距離：在動物身上發現無私的人性／法蘭斯・德瓦爾（Frans de Waal）著；陳信宏譯．-- 初版．-- 臺北市：馬可孛羅文化出版：英屬蓋曼群島商家庭傳媒股份有限公司城邦分公司發行, 2021.12
面；　公分．-- (Life and science ; MX0014)
譯自：The bonobo and the atheist: in search of humanism among the primates.
ISBN 978-986-0767-52-0（平裝）

1. 動物行為　2. 利他行為　3. 利他主義

383.7　　110018589